普通高等教育“十三五”规划教材

采矿工程概论

主　编　占丰林　刘洪兴
副主编　蔡丽蓉

北　京
冶金工业出版社
2020

内 容 提 要

全书共分6章，主要内容包括：采矿的作用和有色金属矿床概述，炸药、爆破器材和控制爆破技术，矿山地下和地面运输，矿山通风，岩石力学、ANSYS仿真分析和胀锚拱理论以及采矿方法选择、地下和露天采矿方法等。

本书既可作为地质工程、测绘工程、安全工程、矿物加工工程等专业的教材，也可供采矿工程技术人员和管理人员参考。

图书在版编目(CIP)数据

采矿工程概论/占丰林，刘洪兴主编. —北京：冶金工业出版社，2020.3

普通高等教育"十三五"规划教材

ISBN 978-7-5024-8404-0

Ⅰ.①采…　Ⅱ.①占…　②刘…　Ⅲ.①矿山开采—高等学校—教材　Ⅳ.①TD8

中国版本图书馆CIP数据核字（2020）第025347号

出 版 人　陈玉千

地　　址　北京市东城区嵩祝院北巷39号　邮编　100009　电话　(010)64027926

网　　址　www.cnmip.com.cn　电子信箱　yjcbs@cnmip.com.cn

责任编辑　郭冬艳　美术编辑　吕欣童　版式设计　禹　蕊

责任校对　卿文春　责任印制　李玉山

ISBN 978-7-5024-8404-0

冶金工业出版社出版发行；各地新华书店经销；三河市双峰印刷装订有限公司印刷

2020年3月第1版，2020年3月第1次印刷

787mm×1092mm　1/16；10.5印张；256千字；160页

38.00元

冶金工业出版社　投稿电话　(010)64027932　投稿信箱　tougao@cnmip.com.cn

冶金工业出版社营销中心　电话　(010)64044283　传真　(010)64027893

冶金工业出版社天猫旗舰店　yjgycbs.tmall.com

前　言

随着我国市场经济的发展壮大，行业分工越来越细，对专门人才、特色人才和复合应用型人才的需求日益旺盛，这对我国高等教育的人才培养具有重要影响，高校专业特色化是当前人才培养的方向。冶金类高等院校为了“走特色办学之路”，不仅在地质工程、测绘工程、安全工程和矿物加工工程等专业开设了“采矿工程概论”课程，还在英语和国际贸易等专业开设了同类课程。

目前，开设“采矿工程概论”课程的专业越来越多，教材使用量也越来越大。作者多年教授“采矿工程概论”课程，使用过多种不同的教材，发现目前市场上用于“采矿工程概论”课程的教材内容较陈旧，专业知识不够深入、系统、全面，不能适应形势发展的要求。

本书根据作者多年来的教学工作经验积累，并参阅大量的国内外专家、学者的观点和著作，博采众家之长，尽可能把最新的研究成果和先进的采矿设备、采矿方法及最新岩石力学理论展现在读者面前。本书主要具有以下几个特点：

(1) 创新性。本书借鉴国内外最新的研究成果，把先进的采矿设备、采矿方法及最新岩石力学理论介绍给读者。首次将计算机仿真分析和胀锚拱理论编入本书。

(2) 全面性和前瞻性。传统“采矿工程概论”教材一般只包括矿山爆破、矿山运输、矿井通风和采矿方法方面的内容，但由于近十年来岩石力学和计算机仿真分析方面发展迅速，已逐渐成为采矿工程的主要内容之一，故本书专门编写一章关于“岩石力学”方面的内容，加入最为常用的计算机仿真分析和最新岩石力学理论，具有前瞻性。本书内容比较全面，适合多个不同专业使用。与采矿工程相关的一些专业，如地质工程、测绘工程、安全工程、矿物加工工程等专业，以及冶金类院校具有有色冶金特色的英语和国际贸易等专业开设的“采矿工程概论”课程也可以使用本书。

(3) 实践性。本书注重理论联系实际，使用的资料数据均来自国内外实际矿山和最新科研项目与成果。

本书由江西理工大学占丰林教授、刘洪兴讲师担任主编，蔡丽蓉讲师担任副主编。其中第 1 章第 1.1、1.2 节、第 5 章第 5.6~5.10 节和第 3、4、6 章由占丰林编写，第 2 章由刘洪兴编写，第 1 章第 1.3 节和第 5 章第 5.1~5.5 节由蔡丽蓉编写，全书由占丰林统稿。本书由江西理工大学资助出版。

本书在编写过程中参考了国内外相关书籍、论文等有关文献，在此对这些文献的作者表示诚挚的感谢。

由于编者水平所限，书中不妥之处，恳请广大读者批评指正。

编　者
2019 年 10 月

目　录

非金属矿床及燃料矿床与金属矿床不同，它们所含的有用矿物或有用元素比所含的废石多。非金属矿物（也称工业矿物）一般是在矿山加工成最终产品，或者把经过初步加工的矿物装运到别处，出售前再作进一步处理。

煤通常在矿山洗选，最大限度地把夹杂在煤中的页岩和其他杂质清除出去，然后装运至发电厂、炼焦炉或其他用户。最近的发展趋势是将发电厂直接建在矿山，这就是“坑口发电厂”。

露天矿有如下几种类型：第一类是开采金属矿石的露天矿，这类露天矿一般是划分成台阶进行采掘的（见 6.3 节）；第二类是露天煤矿，这类露天矿是先将其上覆盖的岩土（也称废土、剥离层或废石）剥离掉，然后采掘暴露出来的煤；第三类是采石场，采石场是开采石料、砂子或砾石的露天矿；第四类是砂矿，其开采的有用矿物赋存在河床、古河床或洪水冲积平原里的砾石下的基岩上面，使用的回采方法有淘盘选、水力开采或采金船采掘等；第五类是海水加工场，即开采食盐或镁矿的露天矿，这类露天矿是用蒸发脱水或化学处理的方法提取有用矿物，虽然严格说这不算是开采，但目前也把它划入采矿工业范畴。

地下矿的开采方法很多见 6.2 节。其中有矿块崩落法、分层崩落法、分段崩落法、深孔崩矿的矿房法、留矿法、房柱空场法、方框支架法，以及许多其他的采矿方法。存在多种采矿方法的理由是因为矿体有各种不同的形状，而每一个矿体的矿石和围岩又有不同的物理性质，所有这些因素都与采矿方法的选择有关。

地下采煤也有几种方法，但不如开采金属矿床那样多，因为大多数有经济价值的煤层，都是形状类似的大面积的缓倾斜层状矿床。地下采煤的主要方法是房柱法和长壁法。

溶解开采法是另一种重要的地下开采方法。使用溶解开采法开采，是把一种液体通过钻孔泵入岩层内，使矿床液化或溶解，然后把它抽到地面。硫磺和食盐的开采就是这种方法的例子。铜和铀也可以用化学溶液把它们从埋藏在地下的矿石中溶解提取出来。

水力开采是用水枪把含矿的砾石层破碎下来，再用泵将它泵到选矿厂。锡或金的砂矿床就是采用这种方法开采。这种方法也可以用来开采地下沥青矿，而且在地下煤矿和磷灰石矿床的开采中也做过小规模的试验。

海洋采矿是指从海水、海底表层沉积物和海底基岩下获取有用矿物的过程。海洋采矿一般分为三个方面：一是海水中含有大量的有用金属和非金属元素，可以从海水中提取食盐、镁、钾和碘等多种有用元素；二是海底表层矿床开采，即海底基岩以上的沉积矿床或砂矿床，已经进行开采的有海滨砂矿和贝壳等；三是海底基岩矿床开采，指那些存在于海底基岩中的矿产，已经开采的有海洋石油和天然气、煤、铁、硫、岩盐和钾盐等。

其他一些描述地下矿山的名词是根据人员、设备和矿石进出地下的方式而定的。例如：竖井矿山是指用垂直巷道（竖井）开拓的矿山；平硐矿山是指用水平巷道（平硐）开拓的金属矿（a drift mine 是指平硐开拓的煤矿）；斜井矿山是指用倾斜巷道（斜井）来开拓的煤矿。

以上关于露天矿和地下矿的描述是采矿人员惯用的一些名词术语，而不是严格的定义。例如，虽然常常把开采金属矿的露天矿称为“open-pit”，但把开采非金属矿的露天矿称为“open-pit”也没有错。虽然“strip mine”通常是指露天煤矿，但有些露天铀矿也称为“strip mine”。砂矿这个词原本是用来描述一个矿床的地质特征，而现在已经用来描述一种采矿方式了。虽然大多数砂矿都是露天矿，但也有一些是通过平硐和井筒来开采的。“quarry”通常是指开采石料、砂子和砾石的露天矿，但有时开采这类物料的地下矿也可以使用，特别是开采建筑石料的矿山最爱用这个词来描述。

矿山也可按产品的类别不同分为三大类：金属矿、非金属矿和煤矿。金属矿通常又分为两类：黑色和有色金属矿。矿山有时也划分为煤矿和非煤矿山。

采掘技术也适用于军事或土建工程的岩土开挖工作。通常在军事或土建工程的开挖工作中，挖通是它的目的。它们与采矿工程的主要区别在于开挖地点的选择。采矿必须在赋存矿体的地方进行，而对于军事或土建工程，其开挖地点的选择则受很多因素限制。这些因素可以不考虑开挖的难易而由有关部门硬性规定。军事和土建工程的开挖工作与采矿工程之间的另一个重要区别是时间问题。通常，由于急需或经济上的原因，前者的时间问题很重要。而对于采矿工程来说，在基建期间由于考虑到经济问题，对时间是重视的，但当矿山进入正常生产时期（这常常要经历很多年），时间就不是十分重要的了。然而，不管开挖工作的目的如何，开挖所用的方法和机械都是类似的。

采矿工程师是专门从事矿山工作的，这个职业需要有许多领域的知识，例如土木工程、机械工程、电力工程和冶金工程以及地质学、化学方面的知识。

图 1-1 所示为从找矿、勘探、开拓、采矿和选矿到产品销售的矿山工作的范围。每一步都需要有计划、设计和实施。要想获得采矿事业的成功必须有许多专家通力合作。采矿工程师主要是从计划、设计和实施的方面参与开采期间的采矿工作和开采前的基建工作。他也可能监督或管理一个方面的工作，或者成为一名负有更大责任的采矿公司经理。由于矿床的开采通常要持续很多年，计划和施工是连续起作用的，故他必须能预见到矿床性质、技术发展和经济条件的变化，并对此作出相应的反应。

1.1.3 采矿与人类文明

从史前到现在，采矿为人类的衣食住行提供了原料。采矿产品对人类的重大影响是显而易见的，因为人类学家都以它来命名人类文明发展的各个阶段：旧石器时代、新石器时代、青铜时代（在东方为公元前 4000~1800 年，在欧洲为公元前 2000~1000 年）和铁器时代（青铜时代以后）。

1.1.4 采矿技术的发展

原始时代的矿工是靠其双手和木制、骨制、石制的工具以及后来的金属工具进行采矿的。随着阶级社会的出现，采矿就变成奴隶们在奴隶主监督下进行的更有组织的劳动，这种劳动无疑是按奴隶主的意愿来进行的。古代社会改革了一些劳动工具，发明了斧子和槌子，制造了篓筐来装运岩石或进行排水，使用了梯子和绞盘来帮助运输，采用了蜡烛或各种形式的灯用于照明。

地下矿的挖掘深度曾达数百米。例如，在红海古埃及开采绿宝石的矿山深达 243.8m，其规模足以同时雇用 400 名工人工作。在西班牙的一些古罗马矿山也深达 198.12m。

古时候，采矿工作在地中海附近已普遍进行。那时也有人（如赫罗多德斯和阿里斯多德）提到过采矿，但著名的采矿论文到 16 世纪才出现。最有名的论著是 1566 年 G. 阿

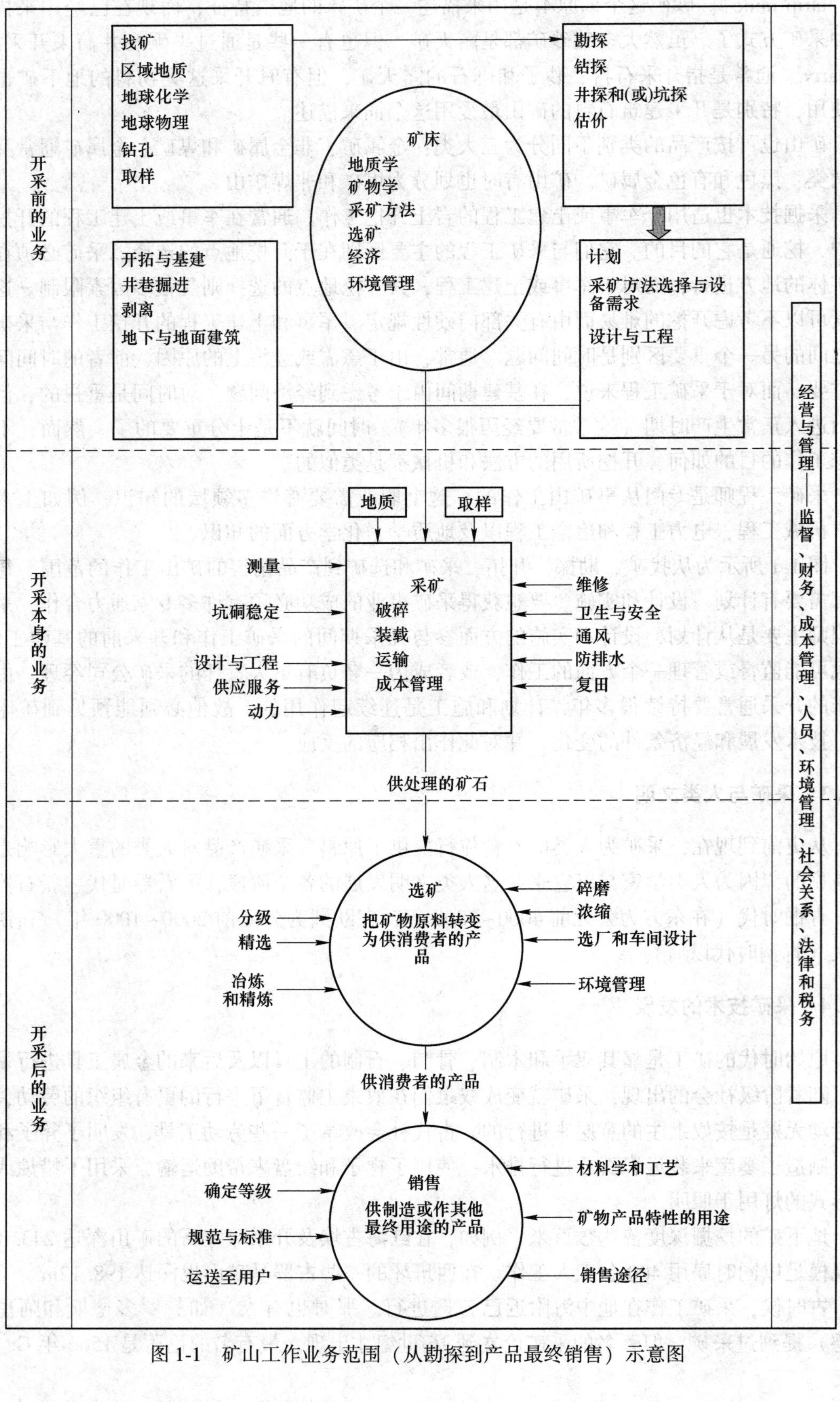

图 1-1 矿山工作业务范围（从勘探到产品最终销售）示意图

格里科拉所著的《De Re Metallica》。其唯一的英译本由 H. C. 胡佛和他的妻子 L. H. 胡佛翻译，并于 1912 年出版。

在西半球，印第安人（特别是印加族人）在西班牙人到达以前就开采银和金。在美洲，最早有记载的开采是 1524 年西班牙人在古巴开采铜矿。新英格兰的移民进行过少量的开采。1718 年两名法兰西人在密苏里州的拉摩特矿开始开采铅矿。

17 世纪和 18 世纪期间，工业革命增加了对金属的需要，从而促进了探矿工作和加速了新矿井的开发。在开采作业中，第一个重大变革是 1627 年在匈牙利采用了黑火药爆破岩石；随后，黑火药就在康沃尔锡矿使用。1718 年，科尼什锡矿用泵进行了排水，这对以后能够开采更深的矿脉起了很大的促进作用。

蒸汽机和空气压缩机的出现，远远地超过了人的体力，使得可用于开采的能量大大增加。19 世纪末，风动凿岩机就代替了人工凿岩。电的发明大大地促进了生产的机械化，使得机器的应用更加方便了。

第一次世界大战前夕，露天矿采用了蒸汽铲，这是提高矿山生产率的另一个里程碑。

从 20 世纪 60 年代采掘工业的状况可以窥见自 1920 年以来其技术进步的程度。

地下煤矿不需进行凿岩爆破，而是用各种类型的连续采煤机把煤从煤层中采出来，并经皮带运输机从工作面连续地运送至地面。在露天煤矿，正使用着也许是世界上最大型的机械来剥离覆盖岩土和进行采煤。1970 年最大的索斗铲的铲斗容积达 $168m^3$，最大的机械铲的铲斗容积为 $138m^3$。

在南非的地下金矿，人们在地表以下 3219m 深的地方进行凿岩爆破，开采每吨含金平均不到 28g 的金矿石。某些地下矿井，例如，密执安州的白松铜矿和密苏里州的铅矿，矿工很少徒步去工作。带有液压操纵钻臂的自行式凿岩台车开到工作面，很快就穿凿出 3.7m 深的炮孔，用专用的装药车进行压气装药，爆下的岩石由大型前端式装载机采装并用汽车运至卸载点。

用大容量的扇风机把新鲜空气压入井下，在温度高的矿井内，空气还要预先冷却，然后在整个矿井循环。

在某些矿山使用掘进机掘进平硐和阶段之间的竖井或斜井，从而取消了凿岩爆破作业。一些平巷掘进机的刀盘头部直径达 6.7m。

矿山顶板的支护有许多方法。锚杆支护是把锚杆穿入顶板内 1.8~4.6m，将顶板岩层锚固在一起形成横梁，从而使松散破碎的岩块不致冒落。喷浆支护是把水泥、砂和水混合的砂浆喷射在岩壁上，以防止岩石风化和剥落。把化学药剂和各种水泥的配料用泵注入岩体内，用胶结材料充填裂隙以增加岩体的强度。在岩体中的坑硐往往因地下水的作用而变得不稳定，但可用冻结法使之保持暂时稳定。这种方法有时也用来控制过大的地下水流。

就产量来说，开采坚硬矿岩的大型地下矿山，1970 年日产量已达 45000t 以上。在大型露天矿中，很多矿山每天都要运走好几万吨矿岩。在犹他州肯尼柯特铜业公司的宾厄姆谷露天矿，每天就可挖掘 30 万吨矿石和废石。目前，大型露天铜矿和铁矿的机械铲的铲斗容积已达 $12.2m^3$。1970 年最大的汽车载重量达 203t，其中有些是用电动轮的。

今后的采矿的发展计划包括采用涡轮机作为运输设备的动力、原子爆破、化学采矿和不用炸药破碎岩石的方法。

矿山向大型机械化和高效率设备的方向发展，使采矿的劳动生产率提高了很多倍，同时也为增大矿山生产能力、适应人们对矿石不断增长的需要发挥了重要的作用。表 1-1 列出有关矿山生产能力的一些资料。

表 1-1　有关矿山生产能力的各种实例

<table>
<tr><td>古代</td><td>1. 埃及：公元前 1900 年第 12 朝代（根据古书记载），为雕塑 10 个 2.64m 高、152mm 厚的塑像而采掘花岗岩，所用劳力共计为 20 名士兵、30 名水手、30 名专家和 2000 名工人。
2. 建造 80 个金字塔估计需要 35330 万吨岩石。
3. 公元前 1370 年，一家埃及冶炼厂雇用 700 名工人，一年生产了 250kg 金子和 1620kg 银锭。
4. 公元前 600~500 年，地下坑道的掘进速度：软岩为 0.53m/h；硬岩为 7.6~9m/a</td></tr>
<tr><td>20 世纪</td><td>1. 1968 年钻巷机掘进平巷速度为 0.6~9m/h，平均 2.4~3.7m/h。钻头直径为 0.9~11m，平均为 3.4m。最大日生产率达 122m 以上，通常为 30~61m。
2. 南非快速凿井的速度：1951 年纪录为 154m/月；1961 年纪录为 384m/月（1968 年仍保持不变）。
3. 据 1968 年报道，天井钻进平均速度为 1.5m/h。
4. 据 1971 年报道，用连续采矿机开采钾碱的效率为 711~1016t/h。
5. 据 1971 年报道，用无轨运输设备的分层充填开采法，平均采矿效率达 51t/(工·班)。
6. 据 1971 年报道，联合采煤机额定效率为 406~508t/h。
7. 据 1971 年报道，用挖掘船开采海底锡矿，其生产能力为 382275m³/月。
8. 1968 年，美国煤矿（包括所有类型煤矿和褐煤矿）的平均劳动效率为 17.57t/(人·日)。
9. 1969 年，美国铁矿（包括所有类型铁矿）的平均劳动生产率为 39.17t/(人·日)。
10. 美国生铁产量：
<table>
<tr><td>年　份</td><td>1900</td><td>1910</td><td>1920</td><td>1930</td><td>1940</td><td>1950</td><td>1960</td><td>1970</td></tr>
<tr><td>美国生铁产量/百万吨</td><td>15.6</td><td>31.1</td><td>42.1</td><td>36.2</td><td>48.2</td><td>67.5</td><td>69.7</td><td>93.3</td></tr>
</table>
世界煤产量：
<table>
<tr><td>年　份</td><td>1900</td><td>1910</td><td>1920</td><td>1930</td><td>1940</td><td>1950</td><td>1960</td><td>1970</td></tr>
<tr><td>世界煤产量/百万吨</td><td>777</td><td>1166</td><td>1320</td><td>1414</td><td>1799</td><td>1805</td><td>2630</td><td>3250</td></tr>
</table></td></tr>
</table>

1.1.5　人、技术与矿物经济学

由于种种原因会使某一个矿床成为有用的矿床。这些原因是：也许该矿床是个富矿，也许比其他矿床更易于开发，也许该矿床的地理位置有利，也许大量需要这种矿产品。因此，矿床的价值并不是固定不变的，而是根据人们对它的需要而变化。为了说明这一点，也许有必要在下面举几个例子。

20 世纪 20 年代在委内瑞拉就发现了塞罗博利瓦尔铁矿床，但当时对它并不重视。直到在伯明翰靠近地表的有用铁矿石量开始减少时，才发现委内瑞拉的矿石品位高而且埋藏近地表，可以把它运到伯明翰且比当地的矿石还便宜。

早在 20 世纪 50 年代，在加利福尼亚山口就发现氟碳铈（一种含有稀土元素的矿物）矿床。但当时想不到它有多大的重要性。直到 20 世纪 60 年代彩色电视广泛流行的时候，由于需要氟碳铈矿中所含的铕，才知道它很重要。

1.1.6　在采矿过程中保护资源

矿床是一种消耗性的资产。矿物采完后是不能再生的，所以随着矿床的开采，储量就

不断减少。矿业主与工厂主或农场主不同，他必须不断地去寻找新的矿源，以维持其矿山企业的持续生产。

精干的矿业主常用计划开采的方法来保护矿源。这种方法能确保矿床在整个开采年限内利润最大。采矿工作必须根据可能预计到的全部开采年限来考察经济效果，而这对其他企业来说是不必要的。采矿的经济指标受有效开采的影响。这通常就意味着要尽最大可能把品位低的矿石与富矿一起采出来。

为了实现矿源保持不断，可通过几种不同途径。上述方法属于经济上的途径，这是一种重要的方法。第二种方法是通过全面的地质分析绘制矿床图并找出新矿石。这样做很有效，使很多矿山能用新发现的矿床来补充已采过的矿床。

技术研究对保持矿源起着极大的作用。新方法和新机械使人们能够开采品位越来越低的矿石。众所周知，重新处理一些老矿山的废石堆和冶金设备的废料，都是为了提取以前不能回收的金属。像改进顶板支护那样的技术，可以减小矿柱尺寸，从而使采出的矿石更多。在矿井中使用沥滤溶解法，可以从那些对任何其他处理方法来说品位都是很低的矿石中回收金属。此外，还可从排出的矿井水中萃取金属。

改进萃取工艺可以加强对矿产资源的保护，例如可以从铜矿石中回收钼和铼这些含量低微而有价值的金属。此外，还有许多从矿石中提取稀缺副产品的例子。

精明的矿业主总是企图把采出的矿岩尽可能加以利用。废石可用作建筑材料，选厂的尾砂常常被送往地下矿井做充填材料。甚至矿山巷道也可能在以后被用来储存煤气或其他材料。

熟练的管理、稳定的开采能力和持续不断的工作能使矿山生产蒸蒸日上，这对保护矿产资源虽说不上有惊人的帮助，也具有极其重要的作用。

1.1.7 采矿对环境的影响

要从地下采出矿石而不使自然环境发生某些改变通常是不可能的。一个矿山需要有道路、动力和水，还必须在岩层中开掘坑硐。通常，地下矿使地表发生的变化比露天矿要小。矿区的地表土地必定要被矿石加工厂、车间、办公室、更衣室和仓库设施所占用。从矿石加工中排出的废料必须予以处置。这些废料可能是固体、液体或气体。此外，还必须调节矿内大气和控制其他设施，以保障工人的健康。

将环境保护措施用于生产已有几十年的历史了。这些措施包括覆土造田、水的净化、防尘和有毒气体的渗滤。经过几十年的发展，这些环境保护技术已有了进步，今后随着工艺的改进，采矿对环境的危害将会不断减小。目前正在提出和制定的环境保护条例给矿山工作者提出了一些问题，其重要程度取决于各矿山本身的特殊条件。这些问题包括：要使污染控制达到预期效果，现有的方法和设备是否有效；能否按规定的时间实现对污染的控制；对有关附加费用的开支有何影响。

人们对矿物和燃料的需要量在逐年增加，部分原因是人口增长，另外与发达地区和欠发达地区生活水平的提高有关，社会将不断地处理环境保护与采掘工业之间的矛盾。而进行环境保护所用的设备和方法反过来又需要采矿工业的产品。

对于矿山企业与其他部门在土地使用上的矛盾，有一个变通的解决办法，就是有组织地重复使用土地。实际上这个办法就是先用能确保环境公害最小的方法采矿，随后再为其它用途使土地复原。在露天采煤和开采磷酸盐时，准备为城建、休养、植林和放牧等各种各样用途而复原土地，就是这方面的例证。

1.1.8 采矿的未来

人类与其早已开创并承袭下来的矿业有着依存关系，这种关系将不断持续下去。技术发展的需要将增加对采矿工业的要求，促使它生产更多数量和品种的元素。在更好地了解矿床成因及位置、找出矿层在地壳中赋存深度的方法等的基础上，大力发展勘探技术，就可满足上述要求。同时，技术的进步也会使目前尚被认为是无用的许多岩石成为矿石。

采矿方法在某一方面的改变，不但可使采矿工作更加安全，而且也可减少其对环境的污染。

地质勘探工作者、采矿工程师和冶金工作者所采用的工艺对其他行业的科学工作者和工程师的工作也有参考价值。例如，采矿工程师在环境保护方面取得的研究成果，对其他部门也可能有很大的好处，空气调节的发展就是其中一例。同时，采矿行业又从其他科学领域的发展中得到好处。这种互相促进使得各个领域都获得了加速发展。

目前，采矿研究工作正在政府部门、私人研究基金组织、大学和工业部门中进行。其中绝大多数研究工作是以矿物为导向的。

采矿科学技术的发展从古代人类社会就开始了，目前正在发生迅速的变化。毫无疑问，只要人类仍生活在地球上，采矿工作就将不断地继续下去。

1.2 有色金属矿床

1.2.1 有色金属

目前几种化学元素的分类方法对有色金属类别的定义有所不同。不论哪种分类方法，铁、锰和铬通常都归入黑色金属。自然界中的钠和钾常以氯盐形式存在，而钙、锶和钡倾向于非金属，这些通常不予考虑。本书更倾向于考虑金属的地质、矿物和加工特性的分类（表 1-2）。

表 1-2 有色金属的地质、矿物和加工特性分类

类别	元素周期表分组							
	Ⅰ	Ⅱ	Ⅲ	Ⅳ	Ⅴ	Ⅵ	Ⅶ	Ⅷ
重金属元素	铜	锌，镉		铅				镍，钴
微量元素		汞		锡，钛，锆	砷，锑，铋			
轻金属元素	锂	镁，铍	铝					
耐火元素					铌，钽，钒	钼，钨		
贵重元素	银，金							铂，锇，铱，钌，铑，钯
稀土元素			铼，钪，钇					

续表 1-2

类别	元素周期表分组							
	Ⅰ	Ⅱ	Ⅲ	Ⅳ	Ⅴ	Ⅵ	Ⅶ	Ⅷ
分散元素	铷，铯		镓，铟，铊	锗，铪				
放射性元素		镭	铀，钍，钚					

有色金属工业是苏联重工业中从事矿床开采的最好行业之一，包括采矿、选矿和冶金，并生产有色金属作进一步加工。第二次世界大战后，为便于制造原子弹，又分离出这样一个部门，它面临的挑战是铀和其他放射性元素以及后来铍和锂的矿石开采与加工。

1.2.2 有色金属矿床与矿石

赋存在地球表面或内部并在数量、质量、赋存条件和可加工性方面能满足工业生产要求的矿产资源矿床称为地质矿床。在现有技术和工业发展水平上经济可行的矿床被归入可开采的类别。

地质矿床是由一个或几个矿体组成的，矿体的生成经历了多阶段地壳地质演化与蚀变的全过程。在一定的地质和物理化学条件下，在一定的时期内一定成分的成矿矿物的富集就是一个成矿阶段。在矿体生成过程中，通常有 4 个或 6 个，有时有 10 个这样的成矿阶段。

成矿阶段涵盖矿物富集的全过程，它由属于同一成因作用的一系列连续的时期构成。矿床通常由一个成矿阶段组成，很少有两个或两个以上的成矿阶段。例如，矿床的上部可能含有原生热液阶段和近地表矿二次氧化阶段的矿物富集体。矿床也可形成于不同地质时代共有的单型进程的多个阶段中。

矿产资源矿床形成的区域规律和地质因素是地壳演化过程中内生和外生作用的结果。矿物资源形成所需的物质以岩浆熔体、液体和气体溶液的形式从地球的上地幔和地表进入。岩浆成因的（内生）矿床又细分为若干组。

岩浆矿床是在岩浆熔体浸染到地壳并冷却的过程中形成的。铬、铁、钛、镍、铜、钴、铂族等矿石均与基本组分侵入有关；钯、钽、铌、锆和稀土（RE）矿主要赋存于岩浆岩的碱性岩体中。云母、长石、宝石、铍、锂、铯、铌、钽、部分锡、铀、稀土的矿床成因与伟晶花岗岩有关。与超碱性岩伴生的碳酸盐岩形成铁、铜、稀土、磷灰石和云母矿床。在接触交代矿床中有铁、铜、钴、铅、锌、钨、钼、锡、铍、铀、金、铋、岩石晶体、石墨等矿产资源，尤其在矽卡岩中。铜、镍、钴、锌、铅、铋、钼、钨、锡、锂、铍、钽、铌、砷、锑、汞、镉、镧、硫、硒、金、铀、镭以及石英、重晶石、萤石、石棉等均存在于气溶性和热液性矿床中。

在外源作用下形成的沉积矿床可分为沉积型、砂型和风化型。沉积型沉积矿床是在海洋、湖泊、河流和沼泽底部形成的，在沉积岩周围形成层状地层。含金、铂、金刚石等的砂型沉积矿床是在海洋的海岸沉积物、河流或湖泊沉积物以及河谷斜坡上堆积形成的。铀、铜、原生硫矿石及镍、铁、锰、铝土矿、菱镁矿、高岭土等沉积矿床与古、现代风化壳相联系，其中渗透矿床较为典型。原有矿床在深部高压、高温条件下发生转变，在岩石变质过程中形成变质层和大理岩、红柱石、蓝晶石、石墨等新矿床。

矿产资源可应用于各种工业领域：

(1) 燃料和能源（石油、天然气、化石煤、可燃页岩、泥炭、铀矿）；

(2) 作为钢铁和有色金属工业原料基地的矿产资源（铁锰矿、铬铁矿、铝土矿、多金属矿、铜镍、钨、钼、锡、贵金属矿石等）；

(3) 矿山、化工原料（磷钙土、磷灰石、板状矿床、钾镁盐、硫及其化合物、重晶石、硼矿、含溴碘溶液）；

(4) 天然建材及非金属石材（大理石、花岗岩、碧玉、玛瑙、水晶、石榴石、刚玉、金刚石等）；

(5) 水文矿产资源（地下甜水、矿化水）。

矿物资源分类只是一个约定俗成的惯例，因为同一种矿物资源的工业应用领域可能随着技术的进步而有所不同。

某些岩石和与之关联的矿物资源的形成发生在地壳演化的各个不同阶段。它们在地壳演化史上的可重复性导致了类似矿产资源群的形成也具有可重复性，这些类似矿产资源群来自最古老的地质历史阶段至以成矿期为标志的丛林地质历史阶段。

有色重金属矿区以铜、铅、锌、镍、锑矿床为代表。其中最大几个矿的金属储量达数千万吨或数亿吨，其金属含量通常就是矿床中金属含量的百分比。大部分铜矿可采自层状铜质砂岩和页岩矿床，热液网状斑岩铜矿脉也是其一大来源，铜矿石也可从火山成因黄铁矿和热液脉矿床中开采。这种金属产量的很大一部分过去都是从岩浆硫化铜镍矿中提炼出来的。

在自然界中，铅和锌经常同时存在于多金属矿床中，成层的板状碳酸盐岩沉积在其中，起着重要作用；此外，铅锌矿是从赋存于热液矽卡岩脉间和岩脉外的碳酸盐岩中热液交代的火山成因黄铁矿矿床中开采的；镍矿石主要从岩浆硫化物铜镍矿床和硅酸盐风化层中开采出来；所有锑矿床均为热液层状和脉状矿床。

锡、钨、钼、汞、铍、锂、钽、铌矿的最大储量可达数十万吨，矿石中金属含量通常不超过1%；锡矿石的很大一部分是在热液硫化物锡石和石英锡石矿床开采过程中采出的；钨矿主要赋存于热液脉、网状黑钨矿脉和矽卡岩矿床中。

贵金属矿床以黄金、铂系和银系金属为代表。它们的储量通常达数十吨或数百吨（很少数千吨），而金属含量如黄金的含量很少超过10g/t，也就是0.001%。最丰富的金矿类型是含金的石英和其他成分的热液矿脉和网状矿脉。从火山成因的热液复合金-银矿石中开采黄金具有重要价值。

铀、钍和镭矿床属于放射性矿床。在一些矿床中，铀矿储量达数千吨或数万吨，很少更大的，常见金属含量为矿石的1/10。通常经近地表渗流浸润过的沉积矿床在铀矿床中很常见。存在多种多样的热液交代矿床和脉铀矿床。

分散元素矿床（铟、铪、锗、铟、镉、镁、铼、铷、硒、钪、铊、碲、铯等）以沉积、岩浆和变质系列矿床为代表。分散元素是在其他金属矿石的加工过程中作为副产品提取出来的。

铈、钇系稀土元素没有独立的矿床，这些元素的矿石也大多是在开采有色、稀有和放射性金属矿石的岩浆、碳酸盐岩、钠长石、热液矿床和砂矿时作为副产品提取的。

1.2.3 矿床的技术含义

技术沉积物是指地球表面上或矿内巷道里矿产物质的富集，是由于采选冶和其他作业丢弃的块状固体废料库坝中物质分离的原因而形成的，且在数量和质量上能满足商业用途要求（可用于金属和其他有价值成分的提取、生产燃料和制作建筑材料）。

这类沉积物包括采矿废石场、选矿厂尾矿坝、火电厂的灰渣处理区、冶金和其他作业废料堆场。所谓的工业废料掩埋场就是废弃电力电子设备、汽车、机械、设备和城市垃圾废物的倾倒场所，这些废物被归类为技术沉积物，许多稀有和分散元素通常存在在这些沉积物中。例如，锗的主要来源是火电厂的粉煤灰，铼主要来自焙烧钼精矿产生的粉尘，硒和碲来自于多金属矿石，镓出自铝土矿和霞石加工废料。技术沉积物作为多种矿产类型的重要来源，已越来越受到重视。在工业化发展中国家，80%以上的非金属建筑材料是由表土覆盖层生产的，20%的铜（美国超过30%）是由氧化铜矿堆和高浓度尾矿经细菌和酸性浸出生产的。在技术沉积物中累积20~30年以上的有价成分总量与常规矿石年产量相当，有时甚至超过其总量。

与传统矿床一样，技术沉积物也具有一定的有价成分分布结构、次生变质带、氧化带、偏析带等，但与天然（地质）矿床不同，它们的有价值组分含量较低。倾倒废物以便为废物的下游循环再造提供更有利的条件（稳定边坡、最低倾倒成本、流水工序应用）。废物利用通常在经济上是可行的，因为沉积物在表面，其中的物质部分分解。然而，这些沉积物必须在适当的时候加以利用，因为在许多情况下，它们会通过大量的转变而失去可加工性和实用价值。例如，含重有色金属硫化物的沉积物可能会由于自发的细菌浸出作用而耗尽，直至金属全部损失。在某些情况下，在倾倒过程中需要单独储存以提高价值，否则可能不会形成技术沉积物。单独倾倒需要一定的费用，在某些情况下会显著增加采矿成本。

1.2.4 有用矿物回收方法

矿床开采的结果是输出矿石——一种含有金属或金属化合物的天然矿物产品，其数量和形式可以满足商业用途。即使是天然的高品位矿石，通常也需要进行选矿。有色金属矿石是多晶的（多杂质复矿），并伴有商业上无用的矿物。如果矿石伴生有价值的成分（金属、非金属），且这些成分的回收在经济上是可行的，那么这种矿石就被认为是复矿。从一般矿物的化学组成来看，矿石分为硅酸盐、硅质、氧化物、硫化物、碳酸盐和混合矿物。从封闭在原生沉积岩、岩浆岩和变质岩中的矿床中开采的所有矿石都称为原生矿石，而从河流、湖泊、海洋和海洋砂中开采的矿石称为砂矿。

矿石结构由矿石矿物集合体中单个矿物颗粒的组合决定。构造可分为等粒、非等粒、鲕粒（具有集中的圆形矿物堆积）、斑晶（具有单个粗矿物颗粒的等粒体）、放射状等。矿石按其有价值的矿物分布性质可分为组成均匀、不均匀和极不均匀的矿石。

矿石开采和加工过程中最重要的是物理性质包括硬度、强度、节理、密度、熔点、磁性和电磁性质、导电性、放射性、溶解度、吸附和粒度组成。

矿石中有价值的成分是矿产资源的组成部分，从商业应用的角度看，其开采具有技术经济可行性。

主要成分与附属的有价组分是有区别的。商业矿产资源中含有重要的有价值成分，这些成分决定了矿产资源的基本价值、用途和名称。当有两种或几种主要组分时，矿物资源的特征是复杂的（例如铜钼或铜铅锌矿）。伴生矿物和分散元素也是矿物成分，只有与主要的有价成分共同提取，才具有经济可行性。有价矿物以较低的浓度被纳入矿物资源组成中，被提取成可供选择的精矿或累积在主要有价成分精矿产品中。分散元素以同构、精细分散或其他杂质（通常浓度较低）的形式存在于主要或伴生有价成分的组成中，只能在冶金或化学精矿分离过程中提取。

全面回收和利用所有有价值的组分是有效利用地球内部的一个条件。有价成分的概念并不固定，而是随工业需要、采矿、选矿和矿物产品加工的工程和技术进展而变化。

矿物资源中一种主要成分的商业含量具有重大的意义，因为这种成分的开采和使用在经济上必须是可行的。任何一种矿物产品的商业含量都可能因经济地理沉积条件、地质结构、矿物组成和性质、采矿和加工技术和设备、生态要求而有很大的差别。矿产品标准规定了商品含量的极限值，并在此基础上估算矿产储量。

矿物产品的联合加工是由不同的选矿和冶金技术及操作组成的生产过程，可提供最有效的成分优选。根据特性（不同的密度、磁化率、传导、吸附、润湿等）优选组分是基于以液相或气相以及在使用不同领域力场和作用（磁场、电场、重力、吸附等）的界面上创建矿物粒子、离子或分子浓度的一个梯度。联合加工是通过在单个设备（组合工艺）或在一套顺序排列的设备（组合流程图）中综合应用多种力场使用多种特性来实现的。

矿物产品的联合选矿是在不改变矿石中所含矿物的相和化学成分的情况下进行的，即它是多种选矿方法综合作用的结果。组合流程通常由一次重力作业（重介质分离、跳汰、螺旋分离器选矿、流槽选矿等）和下游磁选或浮选组成。典型流程有铁（重力-磁选）、锰（重力-浮选）和稀有金属矿石（重力-磁选或电选-浮选）。广泛应用的联合选矿工艺有重力浮选：摇床浮选（金刚石矿）、浮选跳汰机浮选（稀有金属矿），还有磁场种类（磁铁矿、钛磁铁矿）、磁场浮选、流场、振动场或超声波场。

1.2.5 矿床评价与矿物资源

矿物资源是有用材料的总称，其中所含的化学元素和矿物的浓度比地壳中的含量比例要高得多。它们是不可再生的自然资源。矿产资源中可供开采的部分称为矿产品基地，通过地质找矿和勘探对其进行定量评价。开采矿产资源的准备包括通过地质勘探形成采矿业的矿产基地，以评估矿产资源在可用的自然环境中的商业储量，并对作为矿产资源的技术沉积物以及在这些地区开采和加工的企业布局进行注册登记。

找矿和勘探成本通常占金属（钢铁和有色金属）生产成本的1.5%~5.0%，少数情况为20%~30%（一些有色和稀有金属）。采选成本占产品总成本的6%~10%（对铁或铝）到70%~80%（对某些有色金属及合金）。

矿产生产在连续不断的增长，特别是在20世纪得到了大规模的发展。1901~1980年，锡、铅、锌、银、汞、锑矿石以及钻石的采出矿石量占到其总量的90%~95%，铁、铜和金矿石分别占87%、85%和70%，同时矿产资源类型的数量急剧增长，并开始商业生产铝矾土、钛、钼、钽、铌和其他矿石。

矿业产出增长不规律。从19世纪末到20世纪初以及从20世纪50年代中期到70年代中期，许多矿产资源类型开采的产出量都呈现高比例增长。例如，在1950~1975年，铌精矿产量增加了20多倍，铝土矿产量增加了11倍，镍钛精矿产量增加了5~5.5倍。

对许多类型的矿产品来说，产量增长主要是由于大型和超大型矿床的开采。更高的开采强度涉及贫矿床开采和新地质-工业类型的开发。例如，在19世纪末，大多数未开采的原铜矿石品位为5%~8%，但这个数字在1925年下降到0.7%~3%，在20世纪70年代末下降到0.4%~1.5%。目前停采的大型斑岩型铜矿床实际上在20世纪50年代是开采旺期。

采矿产量的增加导致近地表矿田的枯竭和更大的采矿深度，有色金属矿石的平均开采深度已从几十和几百米增加到1000m（在某些特定企业达2~3.9km）。例如，位于北极纬度和大陆架等偏远地区的矿田已被开采。地质条件越来越复杂，电力和投资要求的提高，客观上导致矿产资源勘探、开采和初级加工成本的增加。然而，单位成本上升的趋势在很大程度上被更大的产量和其他商品成本的相对增加抵消。因此，以其他产品和服务价格表示的单位成本不会超过20世纪80年代铜品位为5%~8%时以类似方式计算的成本。环境控制费用（占工业化国家所有采矿投资的8%~20%）的增加是一个客观事实。

每种矿物资源类型储量的78%来自相对数量较少的大矿床和巨大矿田，而其余部分则来自中型和许多小型矿床。在传统意义上，商业价值和储备数量用于识别在世界整体储备方面至关重要的那些特殊矿床，大型矿床在矿产资源丰富的大国，中型矿床位于大国的中小区域，小型和微型矿床则属于个别地区和企业。

尽管个别长期开采的矿藏已经枯竭，一些国家的矿物资源勘探储量也有所减少，但在可预见的将来，20世纪80年代初达到的采矿水平是安全的。但是，大部分已查明的矿产资源集中在相对贫矿或深部矿床中，地质条件复杂。

矿产资源的商业性开发包括评价（地质找矿和勘探）和开采（采矿、选矿和加工），其范围和强度取决于工业和社会经济发展的特点以及矿产部门在国民经济中的地位。矿产资源是不可再生的，这就要求合理利用和减少采矿、加工和处理过程中的损失，利用二次材料，并遵循生态和经济的方法开发矿产资源。

开展矿产勘查是为了在勘查评价过程中对矿床给出一个真实的评价，从而估算矿床的商业价值。补充勘探项目的储量也是过去评估过的矿藏，但由于不同的原因分配在平衡表外。它们根据新的地质成因概念、情势变更、更完善的勘探技术以及矿物开采和加工新技术对这些项目重新进行的评价，使一些项目无需额外的实地工作就可以进行初步勘探。

勘探是为了确定商业估价、采矿企业规划、开始采矿和待开采矿产资源加工所需的地质和工业矿床参数。例如，矿体的赋存形态就是这样确定的，这对未来选择采矿方法至关重要。在考虑地质边界的基础上，建立矿体等值线，并根据矿床测试数据，确定基本组分和伴生组分的平均含量、有害杂质的可利用性、矿产资源分布的性质等。有价组分品位数据是确定评估标准并最终解决正在勘探项目商业价值问题的基本依据。这些数据在确定矿物资源的可加工性方面同样有用。矿床研究是分阶段进行的，通过对找矿孔网格局的定期致密化，进行越来越详细的勘探，对储量的估算越来越准确，对所研究矿床的技术经济评价也越来越详细、完整。

矿床勘探方法依赖于一套能提供最大限度完整信息的相关工程设施。找矿的关键工序是钻孔：冲击式钻机（砂矿勘测）、柱架式凿岩机（岩心或无岩心）和深孔凿岩设备；深探孔、浅井、平硐等应用于特别复杂的情况（通常作为有色、稀有金属矿产勘探），其目的是验证勘探钻孔数据，澄清最复杂矿区的构造，进行技术取样。通常须以钻孔为基础进行最终详探；在某些工程中，还会有深探井和探矿作业井。勘探作业的主要类型是开口孔（水平、垂直和倾斜）和地下（通常较短）孔：柱架式凿岩机和穿孔机（无芯）。为了以最小的成本获得最大的矿床结构信息和有用矿物分布规律，通常使找矿孔分布在有希望区域（层位、构造）的整个厚度上，而勘探剖面（勘探交会线组群）主要分布在区域走向上。勘探网的密度取决于地质矿床结构的复杂程度，并根据这种复杂程度来估计储量。随着勘探工作的不断深入（从普查到勘探再到运营），勘探网的密度越来越大。以脉状稀有金属矿床为例，勘探网可密集到几十米甚至更密。

应用不同的地球物理和地球化学方法于勘探阶段。地球物理工作的主要目的是通过明确矿床位置，跟踪控矿面和找矿面；并通过勘探交会线的相互关系查明矿床的构造。应用地球化学方法圈定层位、分区和矿块（指标元素有异常分布）是寻找地下埋藏矿床的有效探矿方法。

矿床找矿工程设施的选择取决于工作类型：可能有掘沟用的挖沟机和铲车，用于剥离基岩及砂矿槽探的推土机，用于钻凿竖井和测绘钻井的移动设备，用于钻凿深井和深孔的升降机械，用于钻凿勘探孔的各种类型钻机，以及试样分析仪器，用于操作数据处理的计算机控制的地球物理野外测试设备等。

根据原始地质资料和测试数据编制作为矿物储量估算依据的简易层位平面图和剖面图。同样的数据也用来绘制作为预测图依据的地质构造详图。这些是远期项目的基础。

矿床评价是利用地质（地质评价）和经济计算（经济评价）相结合的方法来确定其商业价值，从区域预测到完全枯竭期间的、勘探和商业化的所有阶段都需要进行矿床评价。

找矿过程解决了确定矿床的商业价值、矿产资源总量范围和质量（包括可加工性、可能的工作条件等）问题。勘探储量数据用于技术和经济计算，可根据生产范围和其他参数计算确定几个标准版本中的矿床商业化主要指标——所有这些都反映在一份特别的技术和经济报告中。研究矿床的地质评价、区域评价和经济评价在初步找矿阶段具有同等的重要性。前者包括详细研究矿物的区域化情况，正确评估已查明储量的可靠性，并确定进一步扩大储量的所有潜力；后者包括估计在项目商业化期间将支出的所有费用项目（建立采矿企业、道路、电力线路、基础设施等）以及预期的经济效率。在详细勘探阶段，地质评价的一项主要任务是确定已勘探和估计的储量的可靠性程度，以便排除与后来的采矿数据不符的不利后果。

最后确定矿体的赋存形态、空间位置、质量和加工性能、开采技术经济条件等。勘探中矿床的地质-经济评价是基于对已查明储量的估计，然后根据标准进行的。估算标准的技术经济依据是相应矿产品类型的批发价格、短缺程度、工作条件、可加工性及其他数据。

由于矿床是为商业化准备的，为了确定开采已探明矿床的盈利水平，在考虑时间因素的情况下，应从已探明的单一类型矿田中进行多变量比较经济评价并选择经济效益最好的项目。

1.3 中国有色金属工业

新中国成立到2019年的70年来，我国建立了完整的有色金属工业体系，特别是改革开放以来，有色金属工业持续快速发展，成为世界第一有色金属大国，产业整体实力显著增强，在国际同行业中的地位明显提高；70年来，我国有色金属工业实现了由小到大的历史大跨越，取得了辉煌成就，正阔步走在建设有色金属强国的新征程上。

（1）建立了完整的有色金属工业体系。新中国成立后，我国用了3年的时间对处于崩溃状态的有色金属工业恢复了全面生产。1953年开始大规模建设，当时苏联援建的156项基本建设项目中，就有13个有色金属项目。新中国成立时国内仅有十几家有色金属企事业单位，仅能生产铜、铅、锌、锡、锑、汞、黄金、白铼等品种及钨精矿。新中国成立70年来，有色金属企事业单位从十几个发展到上万个，由原来只能生产几个有色金属品种，发展到64种均能生产，十种常用有色金属年产量由1万多吨增长到5000万吨以上，并为尖端科学和国防现代化提供了各种新型材料，形成了从常用有色金属到稀有稀土金属，从地质勘探、勘察设计、建筑施工、科研院所、大中专院校，从采矿、选矿、冶炼、合金加工一整套完整的有色金属工业体系，为我国有色金属工业的发展奠定了坚实的基础。

（2）有色金属产业规模跃居世界第一。新中国成立70年，特别是改革开放以来，我国有色金属产业规模大幅度提升。1949年十种常用有色金属产量仅有1.33万吨，2018年达到5760万吨，是1949年的4331倍，1950~2018年，年均增长12.9%。2018年我国有色金属产量超过紧排其后的9个国家产量合计数。十种有色金属产量2002年超过1000万吨大关，达到1012万吨，并首次超过美国跃居世界第一位；2007年超过2000万吨大关，达到2370万吨；2010年超过3000万吨大关，达到3136万吨；2012年超过4000万吨大关，达到4025万吨；2015年超过5000万吨大关，达到5159万吨。我国十种常用有色金属产量已连续17年居世界第一。1949年我国铜材产量仅有2102吨，1978年为18.3万吨，2018年达到1705万吨，1950~2018年，年均增长14.2%；我国1955年开始生产铝材，当年产量仅有163吨，1978年为10.6万吨，2018年达到4121万吨，1956~2018年，年均增长20.1%。

新中国成立70年，特别是进入新世纪后有色金属工业企业经济效益大幅度提高。我国有色金属工业产品销售收入1950年仅有2614万元，1978年为84.3亿元，2018年为44905亿元；实现利润1950年仅有844万元，1978年为12.2亿元，2018年虽比2017年回落仍达1644亿元。

新中国成立70年，有色金属进出口贸易大幅度增加，尤其是加入世贸组织后，进出口总额出现快速增长。我国有色金属产品进出口总额1950年为2.9亿美元，1978年为8.1亿美元，2018年为1605亿美元。其中，出口额1950年为1.6亿美元，1978年为3.0亿美元，2018年为454亿美元；进口额1949年为1.3亿美元，1978年为5.1亿美元，2018年为1151亿美元。

（3）科技创新引领装备技术升级。建国以来，中国有色金属企业通过产学研技术攻关，自主创新和引进技术消化、吸收再创新，不断突破技术瓶颈，逐步缩小了与国际先进技术水平的差距。在引进消化吸收基础上，实现了自主创新，成功研发了一批共性、关键技术，并应用生产，迅速实现了产业升级。到20世纪末，我国有色金属工业的技术装备已经达到或接近国际先进水平。进入21世纪后，在国家创新驱动方针指引下，研发了一批具有国际领先水平的先进工艺技术和装备，创新发展取得新的重大成果。

新中国成立70年，特别是进入21世纪以来，加快了产业基础研究和协同创新，在矿山、冶炼、加工与新材料等领域取得了重大技术突破。电解铝技术进步最为明显，自主研发的300kA大型预焙槽铝电解技术，首次采用中国技术和装备在伊朗、印度、越南、哈萨克斯坦等国建厂。近年来600kA超大型槽已系列生产，属世界首创，国际领先，电解铝技术已达到世界领先水平。铜冶炼自主研发的旋浮铜冶炼、氧气底吹、双底吹和“两步炼铜技术”等，已达到世界先进水平。一批先进的铜、铝加工技术取得重大突破。中厚板高端航空铝材已用于大飞机和军工等领域，高铁用铝材全部实现了国产化。超粗、超纯和超细均质硬质合金、核电锆铪材、航空航天用高强镁合金、钛合金大规格挤压材/锻件以及稀有金属其他深加工材料都取得了重大进展。

（4）信息化及两化融合助推产业发展。近年来，随着互联网、云计算、大数据等领域的突破，新一代信息通信技术与有色金属产业的深度融合，正在引发影响深远的产业变革，形成新的生产方式、产业形态、商业模式和经济增长点。智能制造、电子商务和网络服务正在改变有色金属工业的面貌。有色金属矿山的数字化建设已经起步。例如，云锡集团“区域矿山”的基础就是以矿山生产安全六大系统建设为突破口，通过建立三维模型、模拟仿真、网络优化、智能调度、远程实时通信、监控平台开发等，把大量现代信息技术与传统矿业开发有机结合起来，建成了“一个中心、两个平台、多个子系统”的区域矿山信息系统，使区域矿山的数字化水平大幅提升。智能化管控技术在电解铝等行业得到推广应用。如，内蒙古锦联等企业的电解铝生产过程智能化管控技术达到世界领先水平，实现了对生产设备、生产策略、物流、质量、能耗、槽况、生产操作质量等要素的闭环管控，降低电解铝企业的能耗和排放。互联网、电子商务为有色金属交易、物流、融资和动态监控提供了更为有效的支撑，促进了跨地区、跨行业的上下游产业链整合。目前基于互联网技术的个性化定制、全寿命周期管理、网络精准营销和在线支持服务，已经在我国有色金属产业展现。截至2017年底，由工信部评选出的有色金属企业信息化和工业化两化融合管理体系贯标试点企业有近100家。

（5）多元化投资拉动产业跨越式发展。新中国成立70年来，有色金属工业固定资产投资规模不断扩大，投资结构逐步优化。21世纪的前14年，投资持续大幅度增长，投资主体多元化成为推动产业快速发展的重要因素。1950年有色金属工业固定资产投资额为0.3亿元，1978年为13.5亿元，2014年达到6947亿元，2006年首次超过1000亿元为1182.7亿元，2008年超过2000亿元，2010年超过3000亿元以上，2011年超过4000亿元，2012年超过5000亿元，2013年超过6000亿元，2014年达到6947亿元后出现回落。2015年，国有控股企业固定资产投资占13.8%，民营企业固定资产投资占82.2%，外商控股企业固定资产投资占4.0%。2015年，国有控股企业资产总额占37.0%，民营企业资产总额占54.6%，外商控股企业资产总额占8.4%。21世纪以来，中国铝业集团、中国五矿集团公司、中国有色矿业集团公司等中央国有企业加大投资力度，不断扩大产业规模；金川集团股份有限公司、陕西有色金属控股集团有限公司、江西铜业集团公司、铜陵有色金属集团控股有限公司、云南锡业集团有限公司、西部矿业集团有限公司等地方国有企业也得到大力发展。与此同时，大量的民营资本进入有色金属行业，先后投资建成了魏桥集团有限公司、南山铝业股份公司、信发铝电集团、东方希望稀土铝业公司等大型铝冶炼企业；祥光铜业公司、宏达（集团）有限公司等大型铜、铅、锌冶炼企业，以及金龙精密铜管股份有限公司、海亮集团有限公司、凤铝铝业有限公司、兴发集团有限公司、丛林集团有限公司、忠旺集团有限公司等一批技术装备水平先进的大型民营铜、铝加工企业。

（6）结构调整转型升级初现成效。新中国成立70年，特别是21世纪以来，有色金属工业把结构调整作为推动行业发展的重要途径。改革开放以来，我国有色金属产业始终围绕传统产业升级改造、优化资源配置、推进企业兼并重组和优化产业布局，不断调整和优化产业结构。有色金属工业由低端向高端、由高速发展向高质量发展转型升级。例如，一批航空、汽车用铝板带项目建成投产，支持了大飞机、铝结构汽车等高端制造业的发展；手机用1.7mm厚TC4冷轧钛合金带卷的试制成功，填补国内空白。又例如，光伏、动力电池的发展，为多晶硅、动力电池材料发展提供了新动能。再例如，铝-空气电池、纳米陶瓷铝合金等实现产业化应用，智能材料研发取得重要进展，记忆合金、磁致伸缩材料等展现了新材料发展应用的广阔前景。特别是进入21世纪后，有色金属产业结构调整成效显著：一是全部淘汰了落后产能，实现了传统产业转型升级。早在2005年，中国就在电解铝行业淘汰了落后的自焙电解槽生产技术。“十二五”期间，中国已经淘汰了电解铝生产能力200多万吨、铅冶炼能力近400万吨、锌冶炼能力100多万吨落后的生产工艺装备；二是优化资源配置，提高产品附加值，完善冶炼加工一体化。一批铝企业，实现了氧化铝-电解铝-铝加工及煤-电-铝一体化。铝加工企业向深加工和组（部）件及装备中高端方向发展；三是推进企业兼并重组，积极稳妥发展混合所有制企业，培育打造具有国际竞争力的企业集团，提高产业集中度，增强企业实力和竞争力；四是按照市场化原则，优化产业布局。统筹考虑境内外资源、能源、环境和运输等生产要素，优化产业布局。山东魏桥、信发集团利用境外铝土矿资源，建成了大型氧化铝项目；金川和中铝集团利用境外铜资源分别在广西防城港和福建宁德建设了现代化的40万吨铜冶炼厂；五是扩大铝应用，交通车辆的“以铝代钢”、电力电缆行业的“以铝节铜”、家具领域的“以铝节木”；六是有色金属在新能源、新一代信息技术高端装备制造等战略性新兴产业得到广泛应用。

（7）认真践行绿色低碳生态文明理念。近年来，有色金属企业在重点解决污染防治，推动节能减排、绿色发展。有色金属企业绿色发展、和谐发展、生态文明等企业文化成为共识。一是坚持源头减量，过程控制，推动节能减排和低碳技术的推广应用，取得了显著成绩；二是依靠科技进步，积极推进节能减排技术的开发和推广。重点发展采选高效节能工艺和设备，自热强化熔炼和电解工艺、设备和自动控制技术，湿法冶金节能技术、电解铝液直接连续制备合金铸造坯、铸轧板坯、有色金属加工节能技术等；加强炉窑保温，改进燃烧方式和气氛，提高热效率；以信息技术为核心，节能技术优化集成，把生产过程能源利用效率始终控制在最佳状态；优化原料结构，提高精料比例，节约能源。有色金属加工领域，以加工过程的连续化、自动化为重点，缩短工艺流程，达到节能、节材和环保的目的；三是加大“三废”治理力度。对有色金属生产过程产生大量的废渣、废水和废气等三废的进行治理，加大科研投入，依靠技术进步，改变了“三废”对环境污染的状况，甚至变废为宝。对于废渣的治理包括：将大量废石加封于采空场内，进行平整或造田；将废石细碎后与水泥浆化后胶结充填。对于废水的治理包括：适当处理后返回复用；净化后作冷却水用或达标排放。对于废气的治理包括：水喷淋降尘；选用通风装置系统进行排风收尘后返回利用；排风收尘后经无害化处理，达标排放；四是大力发展循环经济，提高尾矿砂、熔炼渣和废水、余热资源化利用水平。依托“城市矿产”示范基地和再生资源加工园区，创新回收模式和无害化处理技术，提高了有价元素回收利用水平。中铝集团等11家矿山企业与行业协会、矿业联合会共同倡导发布了《绿色矿山公约》，正式提出了“绿色矿山”的概念。

（8）原铝综合交流电耗达到世界领先水平。早在2005年，我国电解铝淘汰了落后的自焙电解槽生产技术，随后又淘汰了160kA以下预焙阳极电解槽。在320kA大型预焙槽技术基础上，相继研发和应用了400kA、500kA及600kA超大型预焙槽技术，使原铝综合电耗等主要技术经济指标居世界领先水平。铜冶炼自贵溪冶炼厂引进奥托昆普闪速熔炼技术开始，国内主要铜冶炼企业均先后引进了先进的铜冶炼技术。铜冶炼自主研发的旋浮铜冶炼、氧气底吹、双底吹和“两步炼铜技术”等，已达到世界先进水平。氧气底吹-热铅渣还原和漩涡闪速一步炼铅关键技术的突破，为炼铅业降耗起到了重要的支撑作用。

原铝综合交流电耗处于世界领先水平。1983年我国原铝综合交流电耗为17560kW·h/t，2018年降到13577kW·h/t，2018年与1983年相比，每吨原铝电耗下降3983kW·h，比同期世界（不含中国）原铝综合交流电耗低1300kW·h/t左右。2005年我国原铝综合交流电耗为14575kW·h/t，提前达到国际原铝协会制定的2010年14600kW·h/t铝节能目标。

铜铅和电锌冶炼综合能耗均有大幅下降。1992年铜冶炼综合能耗为1279kg(标准煤)/t，2015年下降到733(452)kg（标准煤)/t，比1992年同口径综合能耗下降了546kg(标准煤)/t；2018年铜冶炼综合能耗下降到231kg(标准煤)/t，比2005年同口径综合能耗下降了215kg(标准煤)/t。1989年铅冶炼综合能耗为664kg(标准煤)/t，2015年铅冶炼综合能耗下降到655(466)kg(标准煤)/t，比1989年同口径综合能耗下降了9kg(标准煤)/t；2018年铅冶炼综合能耗下降到342kg(标准煤)/t，比2005年同口径综合能耗下降了124kg(标准煤)/t。1991年电解锌综合能耗为2299kg(标准煤)/t，2015年电解锌综合能耗下降到1953(1091)kg(标准煤)/t，比1991年同口径综合能耗下降了346kg(标准煤)/t；2018年电解锌综合能耗下降到874kg(标准煤)/t，比2005年同口径综合能耗下降了217kg(标准煤)/t。（注：2005年及以前年份计算产品综合能耗的电力折标煤系数为0.4040kg(标煤)/kW·h，2016年至今计算产品综合能耗的电力折标煤系数为0.1229kg(标煤)/kW·h；括号内的产品综合能耗数为2015年度按电力折标煤系数调整后计算的当年产品综合能耗。）

（9）境外项目开发取得积极效果。20世纪80年代，中国国际信托投资公司以国际资本市场融资方式，参股澳大利波特兰铝厂。20世纪90年代，中国有色金属工业总公司以国际市场融资方式，购买美国铝业公司为期30年的40万吨/年氧化铝生产能力。1998年6月，中赞谦比希铜矿项目合资合作合同签字仪式在人民大会堂隆重举行，标志着我国海外开发铜矿资源正式起步。

进入21世纪以来，随着我国有色金属企业实力的增强，开始积极参与全球产业的战略重组和整合，注重在全球范围内整合配置资源，打造全球性产业链，形成了新的全球发展战略。尤其是随着“走出去”战略实施与“一带一路”倡议项目落地，有色行业一批重大海外项目相继开工运营，达产达标。中铝集团的秘鲁铜矿项目和几内亚博法铝土矿项目全面开工；五矿的拉斯邦巴斯项目顺利投产达产；中国有色集团立足赞比亚，拓展刚果（金），采矿、冶炼进入成熟运营期；中金岭南于2018年9月全部收回了海外资源投资额，其在多米尼加的迈蒙矿通过风险探矿，新探明铜、锌资源近200万吨，相当于再造了一个迈蒙矿。魏桥集团“赢联盟”模式示范作用明显，为扩大非洲地区铝土矿资源利用提供了借鉴。洛阳钼业、紫金矿业依靠混合所有制的灵活经营机制，在境外资源并购中抢占先机。华友钴业在刚果（金）投资建设了多个铜钴项目，国内母公司所需的钴原料，近50%由刚果（金）子公司供给。截至2018年底，我国企业获得境外权益铜资源储量在1亿吨以上，形成的权益矿山铜产能在180万吨以上，权益铝土矿资源储量在60亿吨以上，权益铝土矿产能在3000万吨以上。

（10）有色金属产业国际地位稳步提升。新中国成立70年，有色金属工业企业由小到大，由弱到强经历了艰辛的发展历程。特别是改革开放以来，我国有色金属工业市场竞争力、国际市场的影响力和企业抗风险能力日趋增强，有色金属大国的地位正越来越引起国际同行业的关注。2018年中国铜铝铅锌产量分别占世界总产量的38%、57%、44%和43%；消费量分别占世界总消费量的48%、57%、42%和50%。2019年世界500强企业中，中铝集团、中国五矿、正威国际、山东魏桥、江西铜业、金川集团、铜陵有色、海亮集团等8家入榜。2018年有色金属企业销售收入100亿元以上企业达45家，其中1000亿元以上企业达12家。

有色金属是最早与国际标准、价格接轨的产品之一。加入世贸组织后，进口铜铝资源，出口钨、锑、稀土金属等产品，成为有色金属进出口贸易大国。国际金融危机时，企业抓住有利机遇，采用并购、对外直接投资等方式，在境外开发矿产资源和国际产能合作。一是大力开发境外矿产资源，增强资源保障能力；二是在境外投资建厂；三是设计、施工和工程总承包国外有色项目；四是企业对外投资规模逐步增加，投资领域不断拓展；五是上海期货交易所在全球市场影响力明显上升，有色金属价格话语权开始体现，上海期铜已经逐步与伦敦铜形成“互为引导，交叉影响”的态势，共同成为全球最具影响力的定价参考依据。

新中国成立70年来，建成了门类齐全的有色金属工业体系，铸就了全球第一有色金属大国地位。特别是近年来，有色金属产业的资源保障力、市场影响力、技术引导力和文化感召力稳步提升，为建设有色金属强国奠定了坚实基础。

2 炸药、爆破器材与控制爆破技术

爆破工艺学已成为一门很有生机的学问。尽管其他开挖成本在不断上升，但随着更有效装药方法的发展，爆破成本不断降低。爆炸材料的最重要发展是20世纪50年代中期推广了硝酸铵——燃料油（铵油）爆炸剂，它在1970年的市场出售量中按重量计算占75%以上。1959年在市场上出现的浆状（水胶）炸药，约占消耗量的10%。曾经最为常用的硝化甘油基炸药仅占市场出售量的15%左右。炸药消耗的增减趋势是十分稳定的，浆状炸药的使用在逐渐增长，而硝化甘油炸药的使用量则在逐渐减少。在爆炸物发展的同时，装药技术也得到发展。猛炸药药卷的单个装填基本上已被干爆炸剂的压气和螺旋装药以及浆状炸药的泵送和挤压装药所取代。

本章主要叙述炸药的种类、性质和装填方法。“炸药”这一术语时常作为一个集合词使用，指的是能发生爆炸的所有产品。猛炸药和爆炸剂的区别将在以后叙述。

2.1 炸药反应特征

炸药或爆炸剂是一种化合物或由多种化合物组成的混合物，当受热、碰撞、摩擦或冲击时，它就发生自行传播的高速放热反应。这种反应产生了更为稳定的爆炸产物（通常是气体），随其高温膨胀而产生了巨大压力。“爆轰”一词系指在炸药中传播速度高于炸药未反应区的局部声速而导致产生冲击波的放热反应，而“爆燃”则表示放热反应的传播速度低于声速。猛炸药可以爆轰，而低级炸药（如黑火药）通常只能爆燃。一种炸药的作功能力是由冲击能和爆炸产生的膨胀气体的能量决定的。

对于由碳、氢、氧和氮的化合物组成的混合物来说，零氧平衡时释放的能量最大，零氧平衡的要点是，有足够的氧使混合物中所有燃料完全氧化，而没有剩余的氧与混合物中的氮反应生成氮的氧化物。理论上，零氧平衡时爆炸产生的气体是 H_2O、CO_2 和 N_2，而实际上可能产生少量的 NO、CO、NH_3、CH_4 及其他气体。当炸药中含有诸如硝酸钠或铝之类的组分时可产生固态爆炸产物，通常为金属氧化物。

最简单的爆炸剂混合物铵油炸药的反应方程，可说明氧平衡、爆炸产物和释放热量之间的关系。这些方程的条件假设是理想的爆轰反应，亦即假设各组分充分混合，粒度、约束条件、药包直径和起爆力均适宜以及有防水措施等。燃料油严格说并不是 CH_2，但这样看待简化了反应方程，其准确性足以符合此处要求。

这些反应方程说明了氧化剂（硝酸铵）和燃料-敏化剂（燃料油或铝）之间的简化反应。炸药中常常含有诸如抗酸剂、吸收剂或稳定剂之类参与爆炸反应的附加组分。爆炸时至少要部分消耗纸筒、石蜡涂层及炮孔塑料衬垫。因此最终的反应就比下述简化方程式要复杂得多。

$$3NH_4NO_3(94.5\%) + CH_2(5.5\%) \longrightarrow 7H_2O + CO_2 + 3N_2 \approx 0.94\text{kcal/g} \quad (2\text{-}1)$$

$$2NH_4NO_3(92.0\%) + CH_2(8.0\%) \longrightarrow 5H_2O + CO + 2N_2 \approx 0.82\text{kcal/g} \quad (2\text{-}2)$$

$$5NH_4NO_3(96.6\%) + CH_2(3.4\%) \longrightarrow 11H_2O + CO_2 + 4N_2 + 2NO \approx 0.61\text{kcal/g} \quad (2\text{-}3)$$

反应式（2-1）表示含 94.5%硝酸铵和 5.5%燃料油的零氧平衡混合物的理想反应，爆炸产物中没有有毒气体，每克铵油炸药爆炸释放约 0.94kcal❶ 热量。在反应式（2-2）中，由 92.0%硝酸铵和 8.0%燃料油组成的混合物产生负氧反应，反应结果使燃料油中碳仅氧化为有毒的一氧化碳气体而不是相对无害的二氧化碳。在反应式（2-3）中，由 96.6%硝酸铵和 3.4%燃料油组成的混合物中燃料不足，因而形成了一种正氧状态，硝酸铵中的一些氮同这种多余的氧结合成一氧化氮，而它接触大气便生成极毒的二氧化氮。因此，零氧平衡的混合物释放能量最大，同时产生有毒气体也最少。

虽然这种简单铵油混合物按单位成本的配方可释放最高能量来说是最优的，但常常还是希望得到能量和密度都更高的产品。铵油混合物中加铝的效果示于反应式（2-4）中：

$$6NH_4NO_3(87.6\%) + CH_2(2.5\%) + 2Al(9.9\%) \longrightarrow$$

$$Al_2O_3 + 13H_2O + CO_2 + 6N_3 \approx 1.32\text{kcal/g} \quad (2\text{-}4)$$

爆热较高是由于 Al_2O_3的高生成热之故。含铝爆炸剂的密度和单位重量的能量虽然都有提高，但其成本也较高。

简要地观察一下密苏里大学罗拉分校 R. L. 阿什描绘的爆轰过程将有助于进一步说明此问题。引自阿什的著作并经修改的图 2-1，描绘了一个浆状炸药柱或浆状爆炸剂柱，在其左端起爆，爆轰已传播到药柱的中部。主要反应发生在冲击波阵面和叫做恰普曼-焦盖（C-J）面的后边界之间。这个主要反应带的宽度是每种爆炸物或爆炸混合物的固有特性。爆炸反应能可靠地传播的临界直径或最小直径是反应带宽度的函数。反应带宽度取决于诸组分的类型、粒度、密度及约束条件等。由于军用炸药（如泰安或梯恩梯）的反应带很窄，所以它们的临界直径很小。卷装炸药有稍宽的反应带，爆炸剂及浆状炸药的反应带更宽，因此，它们的临界直径比硝甘炸药和胶质炸药大。当接近爆炸剂和浆状炸药的临界直径时，它们的爆速和爆炸性能就显著地下降。

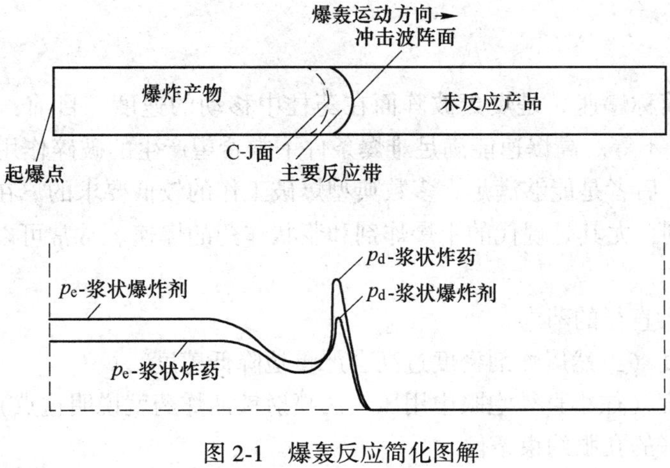

图 2-1 爆轰反应简化图解

❶ 1kcal = 4.1868J。

图 2-1 的压力分布图表明施加到被爆岩石上的爆炸力。图中对浆状炸药和浆状爆炸剂作了一般比较。岩石首先受到用爆轰压力 p_d 表示的冲击波阵面的超声速冲击。正是这个爆轰压力赋予炸药的破碎作用的能力。在这之后接着是一个短暂的压力释放过程，随后又迅速建立起由爆炸产物产生的气体压力。后一个效应称为炮孔压力或爆炸压力 p_e，这个压力使炸药对岩石产生抛掷作用。由于猛炸药成分的大部分反应是在主要反应带中完成的，所以爆轰压力高。随后的炮孔压力则取决于产生的气体量和爆热。爆炸剂和浆状炸药的有效反应发生在 C-J 面之后，这些反应包括大颗粒成分的反应及反应速度慢的金属燃料（如铝）的氧化。由于这些滞后反应的结果，使爆炸剂的爆轰压力通常低于猛炸药，因为更多的能量是在稍后的爆炸阶段中释放出来的。但是，总的有效的爆炸压力接近于某些猛炸药。重要的是在比较炸药与爆炸剂时要注意上述这些特点。仅根据爆轰压力来看，猛炸药可得到较高的指标，但就总的性能而言，爆炸剂是很有竞争力的。

2.2 炸药特性比较

炸药可按各种特性进行分类。炸药的某一特性可能起关键的作用，也可能几乎不起作用，取决于具体的应用场合。

2.2.1 威力（猛度）

“重量威力”和“药卷威力”这些术语，原先是用来表示炸药含硝化甘油的百分率的，当硝化甘油是产生能量的主要成分时，采用这些术语是有用的。但是，随着低含量硝化甘油炸药的出现，这样表示的威力大小就会使人误解，甚至是错误的。因而在比较不同炸药的有效性时，这种威力表示方法应该废弃不用。虽然炸药可以按多种方法进行比较，例如计算的能量值、地震效应值、应变脉冲测量和爆破漏斗法，但其中任一种方法都不能对各式各样的炸药作出充分的评价。最有希望成为一种标准化的评价方法是水下冲击波和气泡能量的试验方法。

2.2.2 爆速

爆轰速度（简称爆速）是爆轰波阵面在药柱中移动的速度。目前，商品炸药的爆速为 1676~7620m/s 不等。高爆速能满足难爆条件下常希望产生的破碎作用，而低爆速炸药则产生抛掷作用，后者是能够满足大多数典型爆破工作的较低要求的。在不同的现场条件下可能有很大区别，尤其是现代的干爆炸剂和浆状炸药的爆速。常常可以用如下方法来提高爆速：

（1）使用较大直径的药卷。

（2）提高密度（虽然爆炸剂密度过高会严重地降低感度）。

（3）减小粒度（往小直径炮眼中用压气法喷射铵油炸药就说明这点）。

（4）提供良好的孔眼约束条件。

（5）提供高的耦合比（耦合比是炸药直径除以孔眼直径所取得的百分率）。

（6）使用威力较大的起爆源或起爆药包。

2.2.3　密度

常用的密度是装药密度，即单位装药长度的炸药重量，通常用 kg/m（或 lb/ft）来表示。图 2-2 是确定装药密度的诺模图。对于卷装猛炸药来说，药卷数（每 22.65kg 重的药箱中装 32×203mm 药卷的个数）是一个实用的指标，它约等于 141 除以密度。商品炸药的相对密度为 0.5~1.7。炸药密度决定着能装入给定炮孔容积的炸药重量，在穿孔费高的情况下，装药密度尤其重要。单位容积炸药的能量虽然不是经常提到的炸药性质，但实际上它是一个更重要的因素。

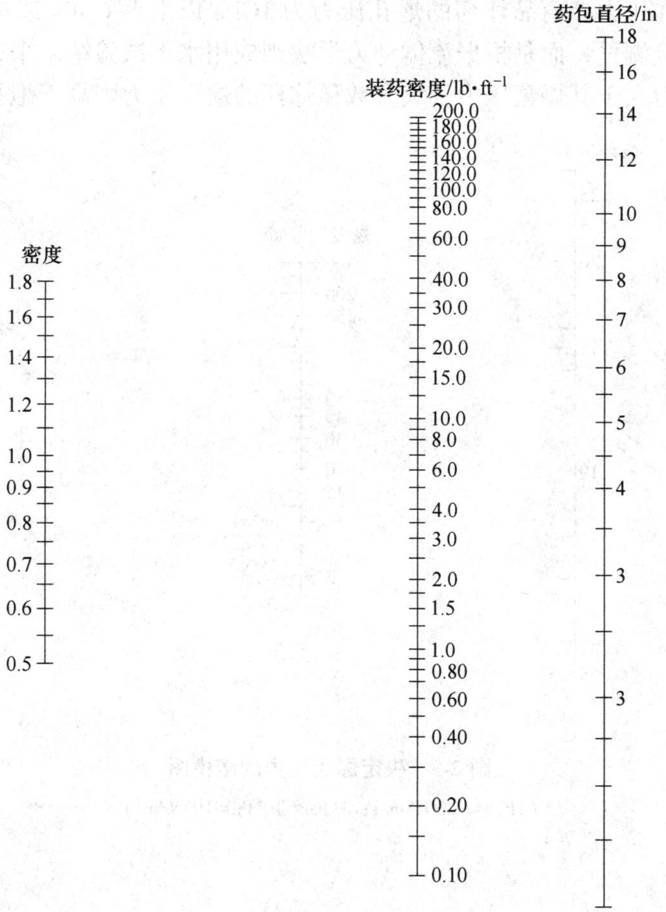

图 2-2　确定装药密度的诺模图

（1in = 25.4mm；1lb = 0.4536kg；1ft = 0.3048m）

2.2.4　爆轰压力和炮孔压力

爆轰压力和炮孔压力虽然在破碎岩石上这两者哪一个较重要，权威们有不同看法，但它们仍是炸药的两个关键特性。爆轰压力是爆轰波在药柱中传播时于 C-J 面处衡量的压力。即使爆速和密度与爆轰压力的关系有些复杂，且与炸药的成分有关：

$$p = 3.88 \times 10^{-16} DC^2/(1 + 0.80D) \tag{2-5}$$

式中　p——爆轰压力，Pa（1Pa = 1N/m²）；

D——密度，无量纲；

C——爆速，m/s。

当爆速和密度已知时，可用根据上述公式绘制的诺模图（图2-3）近似计算炸药的爆轰压力。一致认为，高爆轰压力引起的强冲击波在破碎极其致密的硬岩时起着重大作用。商品炸药的爆轰压力约为0.5~15GPa以上。炮孔压力又称为爆炸压力，是化学反应完成后由于爆炸气体的膨胀而作用在炮孔壁上的压力。它与约束条件及爆炸气体的数量和温度有关。通常，炮孔压力被认为在破碎比较软弱的岩石时以及在抛掷任何类型的岩石中起主要作用。这种特性说明了铵油炸药和含铝炸药获得成功的原因，在于它们产生的爆轰压力低但有较高的炮孔压力。商品炸药的炮孔压力为1GPa以下至6GPa或更高。由于炮孔压力目前尚不能直接测量，而是根据流体动力学法则或用水下试验结果来近似计算。许多铵油炸药的炮孔压力大于其爆轰压力，大多数猛炸药的爆轰压力则高于炮孔压力。

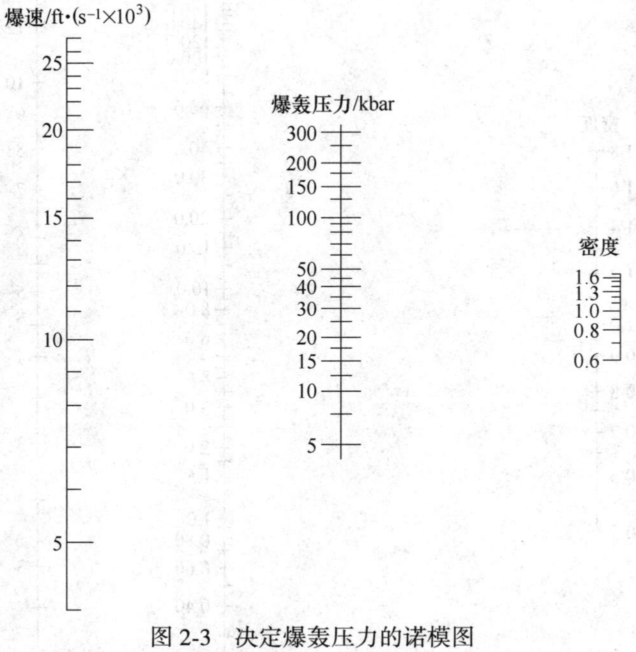

图2-3 决定爆轰压力的诺模图

（1ft/s = 0.3048m/s；1kbar = 10^8Pa = 10^8N/m^2）

2.2.5 抗水性

抗水性是炸药暴露于水中而不降低感度或效果的能力。胶凝炸药（例如胶质硝甘炸药和浆状炸药）具有良好的抗水性。非胶凝猛炸药的抗水性有好坏之分。干爆炸剂（例如铵油炸药）实际上没有抗水能力。颗粒状硝酸铵不要用在水分太多的地方。爆炸产生的褐色氧化氮气体，可说明炸药遇水变质且导致爆炸效果变差，并意味着需要抗水性较好的炸药或需要用塑料套筒作为外部防水装置。在使用塑料套筒时必须注意的事项将在以后说明。

2.2.6 炮烟级别

炮烟级别是炸药爆炸时产生有毒气体（主要是一氧化碳和氮的氧化物）数量的尺度。为了达到炮烟量最少并使单位原料成本释放的能量最充分，大多数现代爆炸物都是零氧平衡的。在平硐、竖井和其他受约束的空间里，炮烟是一个重要的考虑因素。某些爆破条件即使采用零氧平衡炸药也可能产生有毒炮烟。药包直径不够大，起爆力不足，水引起炸药变质，拆掉包装纸或使用塑料炮孔套筒等都会增加产生有毒气体的可能性。表 2-1 表示由炸药制造商协会采用的炮烟级别（用比海里弹测量法），美国矿业局的标准规定，每千克安全炸药产生的有毒气体容积不大于 0. 156m^3。

表 2-1　炮烟级别

炮烟级别	每 200g 炸药产生的有毒气体/m^3
1 级	<0. 00453
2 级	0. 00453～0. 00934
3 级	0. 00934～0. 20422

2. 2. 7　感度

炸药的感度已有许多表示方法。当装卸较敏感的硝甘炸药和雷管时，摩擦感度、热感度及撞击感度等是重要的安全考虑因素，在有可能间隔装药的条件下采用药卷装药时，空气隙殉爆度（间隔介质为空气）也很重要。在主动药包和被动药包之间插入非爆炸物的纸板间隔试验，是测量炸药感度的一种基本方法。在现今使用不敏感的干爆炸剂和浆状炸药的时代，临界直径和最小起爆药量已成为衡量“特性感度”的重要参数。临界直径是炸药能可靠传爆的最小直径。制造厂家推荐临界直径乘以安全系数为最小直径。所有商品炸药，特别是干爆炸剂和浆状炸药，其爆速和破碎岩石的能力在接近临界直径时都会下降。图 2-4 说明了不同爆炸物的这种效果。临界直径从小于 12. 7mm（特别敏化的浆状炸药）

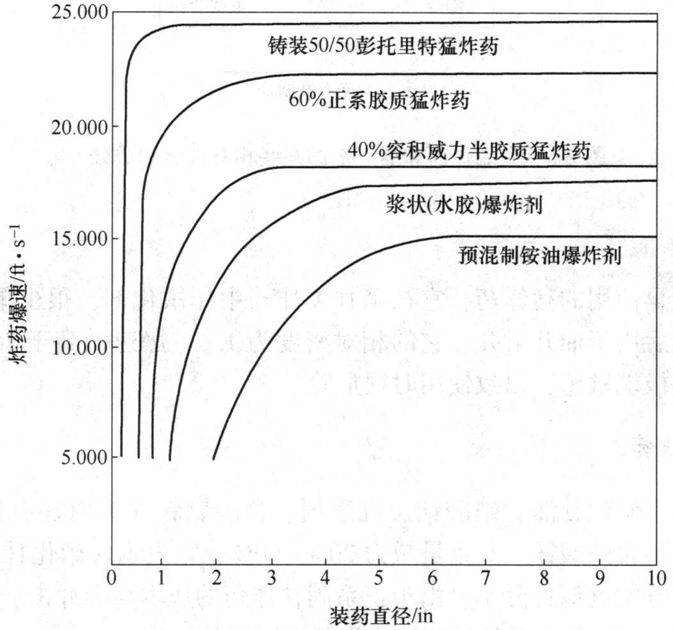

图 2-4　装药直径对爆速的影响

（1in＝25. 4mm；1ft/s＝0. 3048m/s）

到近 25.4mm（细磨铵油炸药），某些低感度爆炸剂的临界直径达到 50.8mm 或更大。最小起爆药量是衡量炸药起爆难易程度的一个参数，可以是 6 号雷管（适合于大多数猛炸药）到更强大的起爆源（适合于某些爆炸剂）。由于炸药的最小起爆药量的确定都存在一定的试验量测精度，为确保爆炸剂成功起爆并获得良好的爆破效果，实际爆破工程中比较经济的做法是适量加大起爆药量。炸药的最小起爆药量越少，通常其临界直径也越小。

2.3 商品爆炸物

爆破孔中作为主装药使用的炸药可分为三类：（1）硝化甘油基猛炸药，包括安全炸药；（2）干爆炸剂，包括硬质外壳的卷装爆炸剂（RCBA）；（3）浆状或水胶炸药。

2.3.1 硝化甘油基炸药

硝化甘油基炸药还可以按硝化甘油的含量作进一步分类。图 2-5 为这类炸药和按某些相对特性成分的分类。表 2-2 为硝化甘油基炸药的特性。这些性能数值是各制造厂公布数字的平均值。

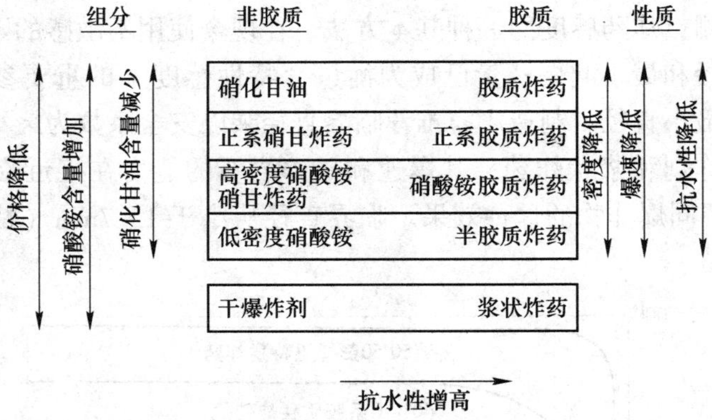

图 2-5 商品炸药和爆炸剂的某些相对性能和成分

2.3.2 硝化甘油

硝化甘油是最早使用的猛炸药，它在硝甘类炸药中作敏化剂，很少单独使用。但是，有时将它稍微钝化后用于油井射井。它的相对密度为 1.6，爆速稍高于 7620m/s。由于它对冲击、摩擦和热极端敏感，以致使用时很危险。

2.3.3 正系硝甘炸药

正系硝甘炸药由硝化甘油、硝酸钠、抗酸剂、含碳燃料（有时还有硫）等组成。正系是指硝甘炸药中不含硝酸铵。其重量威力 20%~60%，它表示含硝化甘油或其他各种硝酸酯等液体炸药组分的近似百分率。由于正系硝甘炸药的成本高和冲击、摩擦感度高，所以其使用受到限制。50%正系硝甘炸药被称为开沟用硝甘炸药。

2.3.4　硝酸铵硝甘炸药

硝酸铵硝甘炸药又称为特种硝甘炸药，是最广泛使用的卷装猛炸药。它与正系硝甘炸药相似，但用硝酸铵取代了部分的硝化甘油和硝酸钠。硝酸铵硝甘炸药是按20%至60%的重量威力等级来制造的，不过这些等级是不完全等于同样重量威力的正系硝甘炸药(见表2-2)。硝酸铵硝甘炸药对冲击和摩擦感度稍低一些。它最常用于小采石场、地下矿山及作为农用炸药。

表2-2　硝化甘油基炸药的性能

种　类	重量威力/%	容积威力/%	相对密度	爆速/$m \cdot s^{-1}$	抗水能力	炮烟等级
纯硝甘炸药	60	60	1.3	5791	好	差
	40	40	1.4	4267	好	差
	20	20	1.4	2743	差	差
高密度硝酸铵硝甘炸药	60	50	1.3	3810	中等	好
	40	35	1.3	3200	中等	好
	20	15	1.3	2438	中等	好
低密度硝酸铵硝甘炸药（高爆速）	65	50	1.2	3353	中等	中等
	65	40	1.0	3048	中等	中等
	65	30	0.9	2896	差	中等
	65	20	0.8	2591	差	中等
低密度硝酸铵硝甘炸药（低爆速）	65	50	1.2	2438	中等	中等
	65	40	1.0	2286	差	中等
	65	30	0.9	2134	差	中等
	65	20	0.8	1981	差	中等
胶质炸药	100	90	1.3	7620	优	差
正系胶质炸药	90	80	1.3	7010	优	差
	60	60	1.4	6096	优	好
	40	45	1.5	5029	优	好
	20	30	1.7	3353	优	好
硝酸铵胶质炸药	80	70	1.3	6096	甚好	好
	60	60	1.4	5334	甚好	甚好
	40	45	1.5	4877	甚好	甚好
半胶质炸药	65	60	1.3	3658	甚好	甚好
	65	50	1.2	3658	甚好	甚好
	65	40	1.1	3505	好	甚好
	65	30	0.9	3200	中等	甚好

2.3.5　低密度硝酸铵硝甘炸药

低密度硝酸铵硝甘炸药是按65%左右的重量威力来制造的。它的药卷（容积）威力视各成分的容积密度而定，介于20%~50%之间。产品有高爆速系列和低爆速系列。低密度硝酸铵硝甘炸药最常用在很软的或裂隙性岩石中或需要粗料（如块石）的情况。

2.3.6 胶质炸药

胶质炸药是一种由硝化纤维素（有时也叫火棉）加到硝化甘油中而制成的坚韧橡胶状的混合物。抗酸剂可提高贮存的安定性，木粉可改善感度。胶质炸药在爆炸后放出大量的有毒炮烟，并且价格很贵。它有时称为油井炸药，遇到高水头的深井它是很有用的。在所有的硝化甘油基炸药中它是威力最大的。

2.3.7 正系胶质炸药

正系胶质炸药类似于胶质炸药，只是加入了硝酸钠、碳素燃料，有时还加入硫。它是按重量威力90%～20%的等级制造的。正系胶质炸药主要用在地震勘探或深井作业中，在这种情况下，约束不够或高水头会影响它的爆速。针对这些情况，已发展了一种高爆速胶质炸药，除了在高水头下它也能以接近额定爆速爆炸外，其他均像正系胶质炸药。

2.3.8 硝酸铵胶质炸药

硝酸铵胶质炸药又称为特种胶质炸药，它是一种用硝酸铵取代部分硝化甘油和硝酸钠的正系胶质炸药。重量威力在80%～30%之间。硝酸铵胶质炸药适用于地下爆破工作和底部装药，主要是在小直径炮眼里。较高威力级（70%或更高）的用作爆炸剂的起爆药。

2.3.9 半胶质炸药

半胶质炸药的重量威力接近65%，其药卷（容积）威力在30%～60%之间，取决于各组分的容积密度。半胶质炸药在需要有一定抗水性的小直径炮眼爆破工作中是很有用处的。它常用于地下，而且它的良好可塑性使得它非常适用于上向凿岩炮孔的装药。

2.3.10 安全炸药

安全炸药是为有瓦斯爆炸危险的地下煤矿考虑的。安全炸药的技术要求是：

（1）申请人提出的化学配方必须在许可误差范围内。

（2）炸药必须经过一系列的传爆试验。

（3）32mm 药卷的空气间隙感度必须不小于76mm。

（4）炸药必须通过不引燃试验，试验时炸药置于不堵塞的孔内向天然气、空气和烟煤尘的混合气体中爆炸。

（5）炸药必须通过不引燃试验，试验时炸药在充满空气和天然气的巷道中爆炸。

（6）每千克炸药产生的有毒气体体积不得超过 0.16m^3。

（7）炸药在摩擦摆试验时必须是钝感的。

大多数安全炸药是加有氯化钠或其他消焰剂的硝化甘油基炸药。它们可以是粒状的或胶凝状的，而不一定要是硝化甘油基的。矿业主管部门会定期公布最新的安全炸药商标名称及其性能一览表。

2.3.11 压气破碎系统

利用压缩空气或液态二氧化碳的气体破碎装置，就其实质并不是真正的炸药，其在采矿工业中主要用于煤矿，而有关炸药的限制性法规中规定这类装置在煤矿里使用胜过安全炸药。在压气爆破的系统中，高压空压机将压气输入储气罐贮存起来。从储气罐将压缩空气用管道输到炮孔中的压气爆破筒内。当爆破筒的压力达到规定值时，剪切圆片就破裂，使压缩空气从爆破筒一端的一系列小口中射出。使用二氧化碳系统时，液态二氧化碳充入炮孔中的爆破筒里。一个加热元件通电升温使二氧化碳气化。软钢圆片被剪切，二氧化碳气体就像在压气系统一样，由爆破筒端部的一系列出口中射出，这两种系统都会产生一种缓慢的推力作用，使煤破裂成大块。压气破碎装置仅在很软弱的岩层中才能起作用。在强度较大的岩石中或抵抗线太大的情况下使用会使爆破筒从炮孔里高速射出。由于工作程序耗费时间及气体系统昂贵，所以这两种破碎系统只能在爆破法令规定非用不可或出于压倒一切的考虑要得到大块煤的情况才使用。

2.3.12 液氧炸药和黑火药

液氧炸药和黑火药由于它们过去有重要地位，所以值得一提。液氧炸药是由装药前浸泡以液态氧的烟炱、炭黑或木炭制成的药包。碳与氧反应形成二氧化碳而释放出能量。液氧炸药用普通雷管起爆，爆速可达3658~5791m/s。虽然国外仍使用液氧炸药，但在美国主要曾用于露天采煤，现已为爆炸剂所取代。黑火药从古代就开始使用，它是硝酸钾或硝酸钠、木炭和硫的混合物。它曾一度作为主要的商品炸药。黑火药极易由火焰或火星意外起爆。当它点燃时就以比爆轰低得多的速度发生爆燃（迅速燃烧）。它的密度为1.6或更小些（取决于它的粒度），抗水性差，炮烟指标也很差。黑火药仅在爆破规定尺寸的石料或石板时得到有限的使用，在这种情况下需要破碎作用最小。美国已不再制造黑火药了。

2.3.13 干爆炸剂

具有以下四个特性的物质或混合物称为干爆炸剂：（1）由燃料和氧化剂组成；（2）用于爆破；（3）不列入炸药类，其中也没有一个组分是炸药；（4）混合并包装好以供使用或装运的制成品不能用一个8号雷管起爆。干爆炸剂实际上就是硝基碳硝酸盐（nitro-carbonitrate），而且列入美国运输部条例中作为爆炸剂包装和装运的一个类别。图2-6为普通干爆炸剂和浆状炸药的配制。

初期的干爆炸剂是利用固体碳质燃料与硝酸钠混合而成的。经试验发现，柴油与多孔硝酸铵混合能获得较理想的结果。因此，铵油炸药（硝酸铵-燃料油）一词就成了干爆炸剂的同义词。零氧平衡的铵油炸药是现今采用的最廉价的爆炸能源。通常市价是每千克0.08美元至0.11美元。铵油中加入细片状铝可以增加其释放能量，但成本也增加了。加铝粉的干爆炸剂被用作铵油炸药的起爆药、高能量底部装药和在难爆条件下的主药柱装药。

由于干爆炸剂所用组分的粒度、密度、约束条件、药包直径、水的情况、耦合比及起爆药量等的不同，所以很难给出干爆炸剂性能的精确数值。耦合比是装药直径与炮孔直径之比。往炮孔中倾入散装炸药可完全耦合。

卷装炸药是部分不耦合，因此爆破效果要差一些。铵泊炸药的理论能量值在零氧平衡

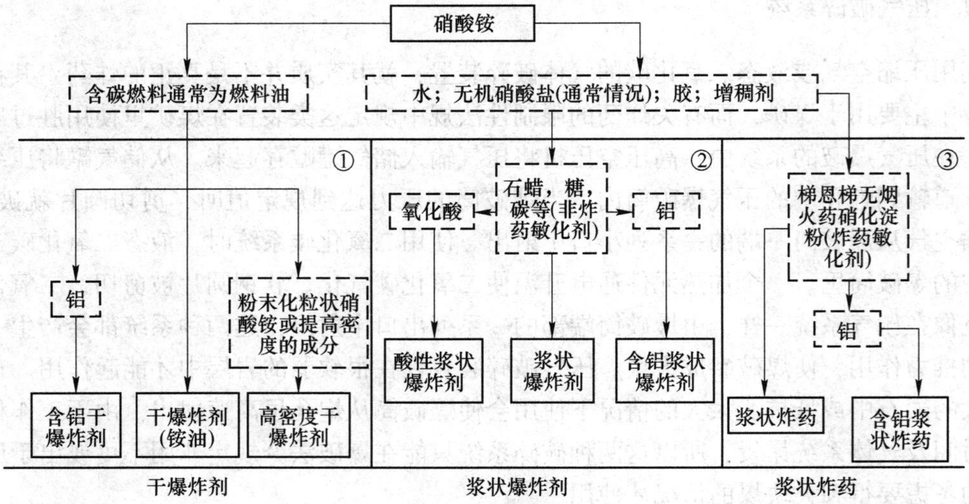

图 2-6 爆炸剂和浆状炸药的配制

时硝酸铵约 94.5%和燃料油 5.5%是最优的，这时它的爆速接近 4267m/s。燃料油过多会严重地降低起爆感度。它的相对密度在 0.5～1.15 之间；0.75～0.95 是最常见的相对密度范围。密度较轻的产品用在易碎岩石中，或是在要求单位炸药消耗量低的地点以避免分段装药。增加密度的干爆炸剂用做中继药包或高能传爆药、底部装药或在难爆条件下作为全药柱装药。但是，为了得到比 1.0 大得多的容积密度，爆炸剂须经振动或按其他方法压缩后再装填到药卷或药袋里。良好的耦合和约束条件可改善爆炸剂的性能。铵油炸药的感度随密度的增高而下降。它的“压死”极限约为 1.25，超过该值就不能引爆。

图 2-4 说明装药直径对铵油炸药爆速的显著影响。普通粒状硝酸铵与柴油的混合物的临界直径在 25～51mm 之间，当直径接近 381mm，爆速超过 4572m/s，再增大直径爆速就不再提高了。装药直径增大，最低起爆药量也要增加。由于在大直径炮孔条件下起爆药量有偏低的倾向，所以一个好的经验法则是：拿不准时，用过量起爆药。在有水炮孔中，当铵油炸药的外部防护不足时，爆破效果往往不好，显出了水对干爆炸剂的不良影响。水过多对干爆炸剂的爆速、感度、炮烟等级及能量放出等均有不利的影响。

大多数干爆炸剂有四种形式。这四种形式按其价格递增的顺序为：

（1）各组分分别以散装形式提供，到现场才混合。

（2）以散装形式预先混合，可在现场储存或直接装入炮孔（预先混合的产品与各组分分别散装的价格大致相同）。

（3）用纸袋、聚乙烯袋或粗麻布袋包装。

（4）用刚性药筒或金属容器包装。

刚性药筒和金属容器包装是最贵的形式，而且不具备直接与炮孔耦合的优点。这两种包装形式仅用在炮孔条件决定非用不可的地方。由于组分配比不适当或混合不充分的产品会引起爆炸不充分及炮烟质量差，所以在现场混合时必须进行充分的混合和精确的质量控制。将燃料着色便可对混合情况作目视检查，也可使爆炸剂在拒爆情况下更容易看得见。

正在研究的“干浆”，本质上是涂有隔水层或涂有遇水会形成密闭物质的干爆炸剂，它有希望用于中等潮湿条件。对由于液体组分比例大而提高密度的试验产品也作了研究。

2.3.14 浆状（水胶）炸药

“浆状”炸药和“水胶”炸药这两个术语可互换使用，不过有些作者用“水胶”这一术语来指产品已交联成半固态凝胶稠度的产品，而“浆状”这个术语来指较富有流动性的产品。本书将这两个术语作同义词看。浆状炸药是氧化剂（例如硝酸钠和硝酸铵）、燃料-敏化剂（爆炸性的或非爆炸性的）和水（通常约15%）的混合物。这种混合物用古尔胶增稠，并交联形成一个不透水的隔离层，以防止炮孔中的水溶解可溶性氧化盐。因此，大多数浆状炸药都具有优良的抗水性。浆状炸药的配方种类几乎是无限的。可以作为燃料-敏化剂的材料特别多，最常见的有碳素燃料、铝、三硝基甲苯和无烟火药等。含炸药敏化剂（例如梯恩梯）的浆状炸药曾错误地被称为爆炸剂，这与国家防火协会的定义相违。浆状炸药是一种对一个8号雷管敏感的或含有属于炸药一类组分的炸药。浆状爆炸剂必须满足“干爆炸剂”一节所述的定义。实际上，有些浆状炸药比细粒干爆炸剂或含着色级配铝的浆状爆炸剂的感度还低。在本书的讨论中，浆状爆炸剂和浆状炸药是合在一起讨论的。

浆状炸药通常按其燃料-敏化剂来区分，例如铝化浆状炸药、梯恩梯浆状炸药或无烟火药浆状炸药。用浆状炸药中的爆炸组分、铝或其他敏化剂的含量来评定浆状炸药的威力会使人误解。敏化剂过多会使混合物缺氧，实际上就浪费了部分燃料。除了它们具有抗水性和有较高的密度及容积威力外，浆状炸药在很多方面与干爆炸剂是相似的。氧平衡良好、减小颗粒粒度和提高密度、加大装药直径、约束和耦合良好以及起爆充分这些措施都会改善爆破效果。虽然浆状爆炸剂相对密度接近1.35时趋于失去敏感性，但是含炸药（梯恩梯）的浆状炸药在相对密度为1.6时还能同样起作用。装药直径对浆状炸药的影响（图2-4）不像对铵油炸药那样显著。

浆状炸药按组分可以运输到现场进行混制，也可以预先混制好供散装使用或以药卷形式供应。现有可挤压到小直径炮眼里的浆状炸药。炸药对雷管比较敏感，其临界直径可小于12.7mm；为了达到更好的爆破效果，需要采用较大的装药直径并使用强力起爆药。浆状炸药的稠度可以从液态到粘聚凝胶态。浆状炸药密度大，能产生高爆轰压力，所以用它来爆破硬岩是极好的。但是，由于美国的商品梯恩梯已不再生产，而含无烟火药的浆状炸药的生产取决于政府供应剩余无烟火药的情况，所以炸药敏化的浆状炸药的前途未卜。含金属（加铝）浆状炸药比其他商品浆状炸药威力更大，用于较密硬岩效果良好，但较昂贵，特别是金属含量高的浆状炸药更是如此。既不含铝又不含炸药敏化剂的浆状炸药是最廉价的，但它们的密度最低且威力最小。在有水而又无法排水的情况下，低成本的浆状炸药就可以与铵油炸药相竞争。有些使用者已成功地把干爆炸剂和浆状炸药组合使用并使之在炮孔水量不太大情况下仍保持足够的抗水性，然而采用这一技术需慎重。

2.4 爆破器材

2.4.1 雷管

电雷管是最常用的猛炸药起爆器材。使用时雷管可以直接插入药卷或铸装起爆药包内，或与导爆索一起使用。电雷管的优点是操作安全、有相当准确的延时效果以及能严格控制发火时间。在人口稠密地区，采用电雷管来起爆炮孔内的药包比使用导爆索为干线进行爆破时产生的噪声低。应避免杂散电流（例如铺设在地面的动力电缆所引起的），闪电放电也是一个危险因素，射频能量也是一种潜在的威胁，但威胁性比较小。因为各种不同牌号电雷管对电流的要求不一样，若在一个爆破网路中把不同商标的电雷管混杂使用，就可能导致拒爆，因此这种做法不宜推荐。有两类延时电雷管：微差或毫秒延发（延发间隔为25~50ms）和秒差或半秒延发电雷管。在正常爆破时，毫秒延发电雷管能产生良好的破碎效果和降低地面震动。秒差电雷管主要用于井下或隧道工程，以保证岩石在延发期内有足够的时间移动。还有一类地下煤矿使用的延时系列。

火雷管和导火索是使炸药起爆的另一种手段。安全导火索由硝酸钾黑火药药芯组成，外面包了一层织物和防水剂。导火索插入火雷管的开口端与其中的起爆药相对接，再将雷管口夹紧。大多数导火索的燃速为131s/m，也有些为98s/m。火雷管及导火索用于必须进行多排孔间隔起爆的地下工程中，其延发段数没有限制。火雷管和导火索也可结合使用在诸如农业和二次破碎的单发爆破作业中。火雷管在操作时需要十分细心，因为在雷管敞口端露出了高敏感的起爆药。当导火索操作不当，改变插入炮眼深度或者说改变约束条件时，都可能使燃速改变。然而，使用火雷管起爆法可以排除杂散电流的危险性，无须使用电源和导线。

2.4.2 导爆索

导爆索有一个猛炸药药芯（通常为泰安），药芯外有防水塑料覆层，再用织物、塑料、金属丝和防水材料组成的加强外壳包起来。药芯的药量在3~1312格令/m（1格令=0.0648g）。各种导爆索均可用一个雷管引爆，爆速接近6401m/s。原来，药芯装填泰安量164格令/m的导爆索为最常见，但目前药量82格令/m已可满足大多数的使用要求。某些制造厂家建议82格令/m这一级的导爆索与较为钝感的铸装起爆药包联用。这种起爆药包对冲击和摩擦不敏感，导爆索作为一次爆破的孔内线和主干线是理想的。由于在爆破之前无需把雷管联入网路，所以不会发生早爆。在正常的条件下，无论是82格令/m或是164格令/m的导爆索都不能引爆爆炸剂。只要导爆索的起爆端保持干燥，浸过水的导爆索仍可传爆。需要进行延时爆破时，可采用毫秒延时继爆管。继爆管在主干线上与两根导爆索端部相接，延时间隔段数不受限制。

在有些爆破工程中，当普通导爆索可能会引爆炮孔上部的猛炸药主药包，或会使爆炸剂的爆破效果变坏的场合，需应用非电孔底起爆。为了减轻上述不良作用，可采用带有雷管的低能量导爆索（9~16格令/m）。这种装置在有杂散电流的岩盐或导电性岩石中，或在带底部起爆的压气装药情况下使用也是合适的，装有特殊继爆管的低能量导爆索，在需要解决噪声问题时可以用作爆破干线。

2.4.3 起爆药包和传爆药包

起爆药包是装在爆炸剂或钝感炸药主药包中使之起爆的炸药包。按原来的定义，起爆药包应包括引爆装置（如雷管或导爆索）。中继药包是相隔一距离装在炮孔药柱中间以加强传爆的炸药包，它与起爆药包的区别在于它不含有引爆装置。然而，由炸药制造商协会提出和包括在矿业局卫生与安全规程中的新术语，把含引爆装置的炸药包皆称为“装有雷管的起爆药包”，并将“起爆药包”或“中继药包”作为同义词使用，均指不含有引爆装置的炸药包。虽然起爆药包和中继药包可采用各种炸药制成，但最好采用高爆轰压力的炸药如高威力硝酸铵胶质炸药或铸装军用炸药（如B炸药或彭托里特炸药）。军用炸药在陆军部的一个出版物中叙述了。0.453g的小型铸制起爆药包的使用很普遍，即使在大直径炮孔中也是如此，但为使其功能发挥得更好，起爆药包的直径应接近炮孔直径。在铸制药包或硝酸铵胶质炸药周围装填高能的干爆炸剂或浆状炸药做成的“两级式起爆药包”是一种很有效的起爆药包。据报道，在瑞典的小直径炮孔爆破中，用高威力雷管来起爆铵油炸药获得了极好的效果，因而不必使用起爆药包。这种雷管约含有1g重的猛炸药。此方法的优点是安全，但由于起爆力不足，会降低爆破效果。

2.5 炸药价格

各种炸药产品的价格很难精确确定。它常常因时间、经济状况、产品类型与等级、运输距离、特定地区的竞争程度、包装的形式以及购买的数量等因素而变。

2.6 炸药选用

目前，还没有可供用户选择的合适炸药或爆炸剂的参考图表。这种选择是由现场条件决定的，归根到底取决于经济性。在卷装硝化甘油炸药占主要地位的时期，岩石与炸药间的所谓阻抗匹配理论是很流行的。岩石的阻抗是其密度与声速的乘积。炸药的阻抗是其密度与爆速的乘积。因此，致密坚实的岩石要用高密度和高爆速的炸药来爆破。

干爆炸剂和浆状炸药的出现改变了经济状况。尽管铵油炸药的阻抗较低，却很少有别的炸药能与0.08~0.11美元/kg的价格相竞争。浆状炸药虽然比铵油炸药昂贵些，但大多数大型矿山使用浆状炸药还是比硝化甘油卷装炸药合算些。除了这些炸药的生产成本较低以外，还有散装装药方法也是经济实惠的。

因此，大多数矿山都在干爆炸剂和浆状炸药中进行挑选。目前权威们对这两种炸药中哪一种更优越的看法有分歧。但是，因为干爆炸剂成本低，而且装药工艺卓有成效，所以绝大多数矿山乐于选用它。铵油炸药的不足之处有：（1）密度低；（2）无抗水性；（3）小直径炮眼中起爆效果差。克服上述三个缺陷的措施有：（1）用大直径炮孔；（2）疏干炮孔和采用塑料防水套筒（地下矿不推荐使用）；（3）高速压气装药。

在特别难爆或穿孔费用昂贵的地方，非用浆状炸药不可。有些矿山则取折中方案，把浆状炸药或高密度高能干爆炸剂装在炮孔底部，而铵油炸药装在药柱的上部。

确定采用哪种炸药为最合理的方法，是在矿山现场进行爆破试验并做成本分析。炸药的选择会影响到爆破方面的费用以及穿孔、二次爆破、装载、运输和机械破碎等方面的费用。虽然在大多数情况下，详细的成本分析往往倾向于用铵油炸药，在有些情况下，从其他生产环节节省下来的费用可补偿浆状炸药的成本。

2.7 炮孔装药方法

炮孔装药方法主要取决于炮孔直径和所用的炸药类型。现将炮孔分为小直径（小于102mm）和大直径（不小于102mm）两类，前者可以是水平或垂直的，后者一般为垂直的。在炸药用量足够大的情况下，矿山经营者会发现把装药和起爆工作包给炸药厂商或爆破承包商是有利的。某些激烈竞争的地区，大客户可免费得到这项服务，不过这种做法现在已不那么流行了。

2.7.1 小直径炮孔装药

在小直径炮眼装药时，起爆药包应放在眼底以达到最大程度的爆炸约束，而且装药时药包一旦卡住，则可防止未爆炸药留在孔内。从药柱上端到炮孔口的距离应等于孔径的14~28倍，以使空气振动和飞石危害降到最低程度。在飞石和空气振动不成为问题和采用价廉铵油炸药的情况下，有时把炸药装到接近孔口处，不过接近孔口的一两英尺装药实际上浪费了。填塞物可以减小空气冲击波，并在某种程度上有助于约束爆炸气体。垂直炮孔用钻屑进行填塞是比较容易的。但在水平炮孔中，矿山经营者必须对填塞的好处与所花的时间和成本进行全面衡量。在地下煤矿，安全规程规定每个炮孔须用不燃物质进行填塞。在井下水平炮眼中，充水套筒（水泡泥）有助于减少爆破引起的粉尘和防止大气中的瓦斯引燃。由于从主药包顶端到孔口的计算距离通常很小，在小直径炮眼中采用分段装药不一定有利。

2.7.1.1 硝化甘油基炸药的装填

硝化甘油基炸药通常用手工装药，每次送进1~2个药卷并压紧以增加其耦合程度。虽然在瑞典已实行用管子进行药卷压气装药的方法，但在美国没有采用。散装猛炸药的压风装药是危险的做法。药卷装药时，按照炮孔的直径情况采用尽可能大的药卷，可改善炸药的耦合程度，从而提高其爆破效果。由于硝化甘油基炸药价格昂贵，且药卷装填成本高，所以这类产品的应用越来越少。

2.7.1.2 干爆炸剂的装填

干爆炸剂可用压气装药，从药袋直接倒入孔中，或以药卷装入小直径炮眼。因为药包直径影响爆速，所以炮孔直径小于102mm时，散装装药会降低爆破效率，不过有耦合良好的优点。压气装药时能粉碎炸药颗粒从而提高了装药密度和感度，进而改善了铵油炸药的性能。压气装药有高压和低压两种方法。低压法是以低速和大流量把炸药颗粒吹进孔内，装入的铵油炸药达到散装法注入的密度或稍超过一些，这时炸药颗粒的破碎程度为最低。文丘里管或高压方法是以高速和小流量把炸药吹入孔内，同时将炸药颗粒磨碎，几乎能达到1.0的散装密度。当孔径接近25.4mm时，高速压气装药的好处就更大（图2-7）。

压气装药管可用来吹出水平炮孔中的凿岩积水。但是，如果孔内涌水，则铵油炸药就需加防水套筒。井下爆破时建议不要在炮孔塑料套筒内装药，因为有静电危险而且会产生有毒气体。若在通风良好处，需要用塑料防水套筒和压气装药时，则应采用非电起爆装置，因为塑料套筒的绝缘性可能积聚静电。在这种情况下最好用低能导爆索，因为标准的82格令/m和164格令/m的导爆索有降低小直径炮眼中干爆炸剂爆破效果的作用。即使

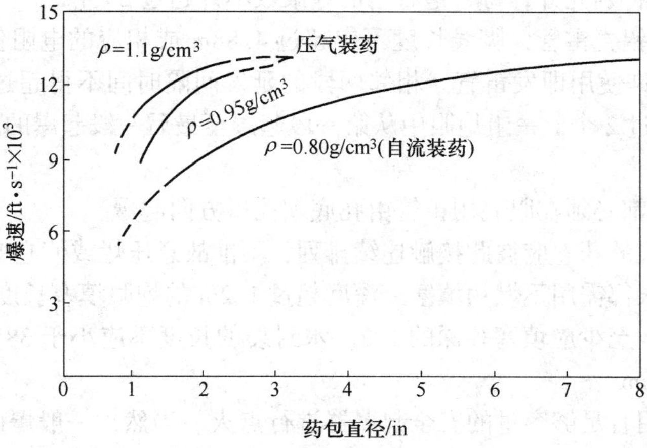

图 2-7 压气装药对小直径炮眼中铵油炸药的影响（典型值）

（1ft/s = 0.3048m/s；1in = 25.4mm）

没有塑料防水套筒，压气装药也有潜在的静电威胁。有些州的法令规定，在任何情况下都禁止在雷管脚线周围进行压气装药。在允许压气装药的地点，要采用特殊构造的半导电装药管和正确接地的装药器，使静电危险降到最低程度。含黄铁矿的岩石同铵油炸药产生反应的可能性是另一种潜在的危险。

在需要防水的地方，可使用卷装的干爆炸剂，但是它的价格贵些而且降低了耦合程度。在水中爆破时，如果不采取有效措施，相对密度小于 1.00 的药卷会浮在水面。建议采用大致等于炮眼直径的高爆速起爆药包引爆各种爆炸剂。在小直径深眼中，沿炮眼放置适当的中继药包，充分保证爆轰传递。地下煤矿不允许采用爆炸剂。

2.7.1.3 浆状炸药的装填

最近发明了小直径炮眼爆破用的浆状炸药。含有细薄片的涂料级铝粉的浆状炸药具有很小的临界直径。用聚乙烯管装的直径小至 25.4mm 的半固态水胶炸药，装药方法与卷装硝化甘油基炸药的手工装药类似。这些水胶炸药中有些成分对雷管敏感，有些是爆炸剂，需要用与干爆炸剂一样的起爆药包。现正在研制将散装浆状炸药挤入小直径炮孔的设备。随着这类设备和适于挤压的浆状炸药的高速发展，它们将在小直径炮眼领域内成为硝化甘油基猛炸药的又一竞争对手。

2.7.1.4 爆破安全操作

安全规程（其中有些仍待审定）包括以下内容：

（1）黑火药或其他不安全爆炸物（包括导爆索）不许在井下储存或使用。

（2）不许进行裸露药包爆破。

（3）比掏槽眼深的炮眼必须用不燃物将超深部分充填，以保证炸药不在超深部分的岩体中爆炸。

（4）每孔的装药量不许超过 1.36kg。

（5）炮孔抵抗线在任何方向都不得小于 457mm。如果此条件不能满足则应减少装药量，以避免最小抵抗线过小。

（6）掏槽深度不得小于 1.07m。

（7）除非获得特别允许，每个炮眼组的炮眼数不许超过 20 个。

（8）不许使用铝壳雷管，脚线长度不应超过 4.88m 或相应的电阻值。在使用毫秒延时雷管的网路中不许使用即发雷管。相邻两段的延发间隔时间不得超过 75ms，并且同段起爆的炮孔不得超过 2 个。一组炮眼中从第一段起爆至最后一段起爆的总延续时间不应超过 500ms。

（9）所有炮眼都必须在眼底用雷管由孔底朝孔口方向起爆。

（10）装入炮眼的药卷应彼此接触连续排列，不准故意压烂或使它变形。

（11）所有炮眼都需用不燃物填塞。深度超过 1.2m 的炮眼填塞长度不应小于 457mm，眼深小于 1.2m 时，至少应填塞孔深的 1/2。水封袋的长度不应小于 381mm，其直径与孔径相差不得大于 6mm。

（12）必须采用有足够容量的安全起爆器进行点火。当然，一般爆破的安全规程在这里全部适用。

2.7.2　大直径炮孔装药

大直径炮孔（不小于 102mm）通常是垂直钻孔，或接近于垂直孔。在大直径炮孔中，起爆药包的理想位置可以在台阶根底与药柱中心之间的任意处。有用电雷管和用导爆索两种起爆方法：前者把电雷管直接插入起爆药包内，后者将导爆索与起爆药包联接并与主爆线相连。大直径炮孔中，常用的导爆索不会对爆炸剂的性能产生有害影响。对雷管敏感的炸药用沿孔深的导爆索引爆时，会使炮孔上部炸药首先起爆，从而引起爆炸气体过早失去。从药柱上部至孔口的距离应为药包直径的 14~28 倍。采用顶部起爆并存在飞石问题时，此距离需更大些。

为了降低空气冲击波和约束爆炸气体，最常见的做法是用钻屑填塞炮孔。填塞工作一般是用人工铲装，但孔径很大的（接近 381mm），可用小型推土机。有些矿山生产特定粒度的填塞料，不过在正常情况下在经济上是否合理是值得怀疑的。采用昂贵的卷装炸药的情况下，为了降低成本，过去常采用分段间隔装药的做法。用廉价低密度爆炸剂时，采用分段间隔装药法通常是不合算的。有时可在孔口附近采用少量分段装药，以助于破碎孔口部分难于破碎的岩石。

2.7.2.1　硝化甘油基炸药的装填

因为硝化甘油基炸药成本高，除了作为起爆药包或中继药包外，很少用于大直径炮孔。爆炸剂能完成同样的任务或者完成得更好，而成本只是硝化甘油基炸药的几分之一。通常只有专门定购才能获得大直径猛炸药卷。

2.7.2.2　干爆炸剂的装填

干爆炸剂可用装药车装药，从药袋倒入孔中或用药卷进行装药。采用压气装药和螺旋装药两种装置。爆炸剂可预先混制，也可在炮孔附近将粒状硝酸铵和燃料油按配比彼此混合。螺旋装药器的装药速度最高。侧向吊杆式螺旋装药器适于单排孔装药。桥式螺旋装药器则适用于一次定位后对几个孔装药或多排炮孔的装药。在装药车很难靠近炮孔的崎岖不平地段，采用有长装药软管的压气装药器是有利的，但装药速度比螺旋装药器要低。平坦地区可用简易的装药器，使爆炸剂靠自重从车体流入炮孔内。不能用装药车散装的地方，可采取人工装药，将装于药袋（每袋重量：22.68kg）里的干爆炸剂直接倒入孔中，耦合效果与装药车散装法完全相同。用卷装或防水袋包装的高密度干爆炸剂（相对密度为1.05~1.15）可用于潮湿炮孔。此时炸药与孔壁耦合较差，且包装破裂可使感度下降。

在有水条件下，一种日益流行的方法是，用水泵疏干炮孔而后插入塑料炮孔套筒，将干爆炸剂倒入套筒内。这样，确保了防水又不会影响炸药与炮孔的直接耦合。由于塑料防水套筒增加有害气体量，所以只能用在通风良好的地方。在硬岩中，可在孔底引爆一个重1~5kg的药包疏干水份，但存在炮孔崩塌的危险。装铵油炸药之前，应先让炮孔冷却。大直径炮孔用的起爆药包类型和尺寸是很重要的。虽然小型铸制起爆药包或胶质药卷已单独用来起爆，但大多数权威都认为在上述起爆药包周围再灌注一些高能的干爆炸剂或浆状炸药，可提高爆破效果。有时沿炮孔间断放置由高能炸药制成的中继药包以增强爆炸效果。炮孔直径在230mm以上时，爆炸剂能有效地传爆。

2.7.2.3 浆状炸药的装药

在大直径炮孔中，浆状炸药可以散装，或用聚乙烯塑料袋装。散装时耦合较好且花费较低，不过袋装法能满足小型矿山的要求。大多数浆状炸药对装药、填塞、起爆要求与干爆炸剂一样。散装泵送装药车可把炸药拌合的浆状炸药送到爆破地点，或把浆状炸药的各个组分运到现场进行就地混制。浆状炸药现场混制比混制铵油炸药复杂些，所以应由有资格的炸药销售商而不是由用户来进行。在炸药厂混制可以较精确控制各组分的混合质量，而就地混制浆状炸药可以改变各炮孔之间或同一炮孔各段的炸药配比。浆状炸药在液态下用泵输送，交联剂则在炸药刚进入装药软管时加入。交联作用在软管内开始到装至炮孔内结束。用直径小于浆状炸药临界直径的软管装药可以防止意外爆炸的爆轰波沿软管传到装药车。浆状炸药不敏感，因此，意外爆炸的可能性很小。

2.8 控制爆破技术

采用控制爆破的目的是：减少岩石超爆和使挖掘边界处岩石的破裂程度降到最低。有四种基本的控制爆破技术：密集空眼，预裂爆破，缓冲爆破和光面爆破。表2-3列出了设计控制爆破用的一些平均指标。设计某项特定工程的控制爆破时，应邀请炸药制造商或爆破顾问一起参加，因为地质情况的不同可能会使孔网参数大大偏离平均值。

表2-3 控制爆破的平均技术规格

项目	孔径/mm	孔间距/m	最小抵抗线/m	装药量/kg·m^{-1}
密集空眼	51	0.1~0.2	—	—
	76	0.2~0.3	—	—
预裂爆破	38~44	0.3~0.5	—	0.12~0.37
	51~64	0.5~0.6	—	0.12~0.37
	76~89	0.5~0.9	—	0.19~0.74
	102	0.6~1.2	—	0.37~1.12
缓冲爆破	51~64	0.9	1.2	0.12~0.37
	76~89	1.2	1.5	0.19~0.74
	102~114	1.5	1.8	0.37~1.12
	127~140	1.8	2.1	1.12~1.49
	152~165	2.1	2.7	1.49~2.23

续表 2-3

项目	孔径/mm	孔间距/m	最小抵抗线/m	装药量/kg·m^{-1}
光面爆破	38~44	0.6	0.9	0.18~0.37
	51	0.8	1.1	0.18~0.37

2.8.1 密集空眼

密集空眼是一种最早的控制爆破技术，就是沿最终挖掘线打一排密集孔，从而造成弱面，以便破碎达到此面为止。密集孔直径为50mm或70mm，孔距一般为孔径的2~4倍，且不装炸药。与密集孔相邻的炮孔装药量通常比其他炮孔较小，且孔间距较近。密集空眼的最大深度受钻孔偏斜的限制，约9m。同所有其他控制爆破技术一样，密集空眼可以在一组台阶上钻凿，各台阶之间有一定水平间距以便于下一台阶打眼。密集空眼法最后一排眼不爆破，因此使最终坡面的破坏减到最小。其主要缺点是穿孔成本高。

2.8.2 预裂爆破

预裂爆破有时称为预剪切爆破，是沿终止采掘边界打一排直径为50~100mm的炮孔，孔距为孔径的6~12倍。通常用直径25~38mm的硝甘炸药药卷，按300~600mm的中心距捆扎在导爆索上装药，然而也有带专用连结器的特制小直径药卷可以用来连续药柱装药。在不稳固的岩层中，要把药量降低和孔距缩小。离孔底600~900mm的部分要比其他部分稍多装一些药。各分段装药之间和周围可以填塞也可以不填塞。离孔口600~900mm的孔段不装药，但要填塞。可以预裂的深度受炮孔平行度的限制，最大深度约15m。预裂孔应在相邻主炮孔起爆之前起爆，以形成一个破裂面，使主爆破到此截止。在相邻主爆破孔药包起爆之前，预裂效果难以确定。因此，建议预裂爆破不要超前。预裂爆破极少用于地下。

2.8.3 缓冲爆破

缓冲爆破是沿着最终采掘线打一排直径为50~150mm的炮孔，装填少量均匀分布的炸药，完全填塞，在主爆岩体移去后再起爆，和预裂爆破相反。炮孔的最小抵抗线略大于孔距。可以用楔子使孔内药包紧靠被开掘掉的一侧，从而使最终边界面的破坏减到最小。缓冲爆破的装药与预裂爆破时相同。因为用大直径炮孔时其平行度较易保持，所以缓冲爆破的深度每次可达30m左右。缓冲爆破很少用于地下。

2.8.4 光面爆破

光面爆破是缓冲爆破应用在地下工程中的变种。在巷道周边密集布置最小抵抗线与眼间距之比约为1.5∶1的炮眼，装入少量均匀分布的炸药。光面爆破与缓冲爆破的不同点是：（1）除了在孔口之外，装药部分概不进行填塞；（2）周边眼在与主炮眼同一组的最后一段起爆。连续装药是最常用的装药方法，不过也可用间隔装药。炮孔底部的装药量稍多一些。炮孔口应填塞好，以避免先起爆的炮孔将后起爆的药包从炮孔中带出来。光面爆破可减小巷道超爆，还形成一个需要较少支护的稳固顶板。光面爆破的周边炮眼比普通爆破多。

控制爆破技术可以综合应用。在不稳固的岩石中，有时需要在预裂孔或缓冲孔之间布置密集空眼。缓冲爆破时隅角部分有时用预裂爆破处理。

3 矿山地下与地面运输

3.1 地下运输

运输系统是地下矿山有效生产的一个非常重要的因素，能否迅速地将工作面的矿岩运到次要和主要运输巷道以便继续外运，常常成为矿山盈亏的决定因素。将材料从地表运到工作面以使装载作业减少间断而连续进行也是同样重要的。人员必须迅速而安全地进行运送。

通过轨道-矿车、皮带运输机及轮胎式运输设备的联合和有效使用，地下开采已能与最普通的露天开采或剥离相媲美。当接近地表的矿体被采完之后，地下运输将承担继续经济地供应各类矿物原料，以满足世界各地的需要。

选择地下运输设备时，应在满足安全要求的前提下，尽可能地使矿山在服务年限内的矿石运输总成本为最低。

3.1.1 矿车与轨道

当前许多矿山采用皮带运输机与铁道运输的联合方案，即从工作面到地面的矿石运输采用皮带运输系统，人员及材料仍用轨道运输。

当合理的轨道运输系统建设好以后，就能提供可靠而安全的运输。

施赖森戈斯特（schrecengost）将轨道运输的主要优点列举如下：

（1）能用载人车辆安全地运送人员进出矿井。

（2）能迅速方便地运送管理人员。

（3）即使沿着运输系统发生了冒顶或动力不足事故，而引起了临时停车，也不会影响生产区的作业。

（4）能迅速而有效地供应备件和材料。

（5）能在不损坏设备的情况下搬运大块矿石或岩石。

（6）在品位变化显著的地方可以采用不同的车辆来分别运输。

（7）能将废石或设备装运出井而不影响采矿或采准的进行。

3.1.1.1 *矿车*

现代采矿所用的各种矿车都是钢制的。木矿车较笨重，不耐磨，且容易损坏，但不难修理。不管选择哪一种矿车，都需将矿车类型标准化，使其修理简易和所需备件的库存量少。

平底固定车厢或矿车，结构比较简单，车帮一般较矮。和同容积的其他矿车比较，其优点是，由于车帮较矮而容易装载，结构简单，造价较低，容积系数（容量与重量之比）大等。其缺点是只能在固定地点用翻车机或线路卸载站卸载。

图 3-1 为矿山普遍使用的一种全钢固定式矿车。其容量达到 101.6t。并用旋转式翻车

机卸载。底卸式矿车（图 3-2），由于卸载简单而为许多矿山所采用。图 3-3 为用于从溜槽装运大块矿石的经过加固的格兰贝侧卸式矿车。

3.1.1.2 矿山轨道

确定钢轨的单位长度重量（kg/m）的简单规则是，一个车轮每承重 1t，钢轨重量为 5kg/m。不同规格的机车应采用的钢轨重量，见表 3-1 的推荐值。

图 3-1 固定式矿车

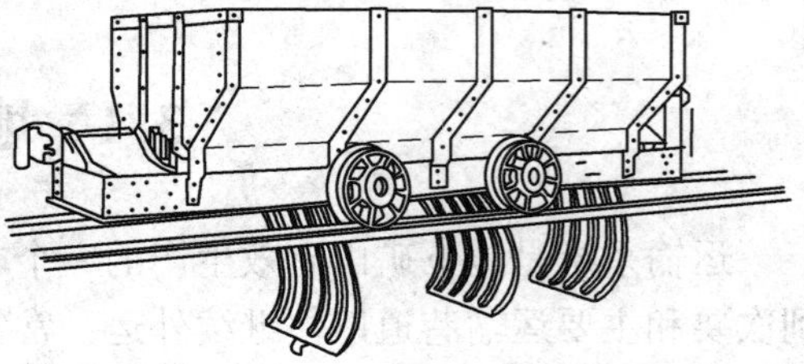

图 3-2 底卸式矿车

图 3-3 处于卸载位置的格兰贝矿车

表 3-1 推荐用的矿山机车运输的钢轨规格

机车重量/t	钢轨重量/kg · m^{-1}		
	四轮机车	六轮机车	八轮机车
2	10		
4	12		
6	15		
8	15		
10	20	15	
13	30	20	
15	30	20	
20	30	30	
27	40	35	30
38	50	42	35
53		50	45

钢轨已构成标准系列。对于矿用钢轨来说，因为常有酸性水腐蚀和使用轻型轨枕，故最好采用厚轨腰和宽轨底的钢轨。表 3-2 所列的钢轨断面可满足这些要求。

表 3-2 钢轨断面

钢轨重量 /kg·m^{-1}	$b=d$① /mm	c① /mm	t① /mm	连接孔直径 /mm	轨道螺栓规格 /mm	鱼尾板重量 /kg·对$^{-1}$
10	67	34	6	19	13×51	2
12	70	38	7	21	16×57	3
15	79	43	8	21	16×64	4
17	84	44	9	21	16×70	5
20	89	48	10	22	16×76	7
22	94	51	11	22	19×76	9
25	98	54	11	25	19×83	12
27	103	57	12	25	19×89	13
30	108	60	12	25	19×89	15
32	113	61	13	25	19×95	16
35	117	62	13	25	19×95	25
40	127	64	14	29	19×105	29
42	132	65	14	29	19×108	31
45	137	67	14	32	22×108	34
50	146	197	14	32	25×108	40

注：超过 25kg/m 的钢轨，每条长 10m，有 10%为短尺品；不大于 25kg/m 的钢轨，每条长 9m，有 10%为短尺品。用于轨重不小于 32kg/m 的鱼尾板有 6 个螺栓孔，小于 32kg/m 的有 4 个螺栓孔。

①字母符号如图 3-4 所示。

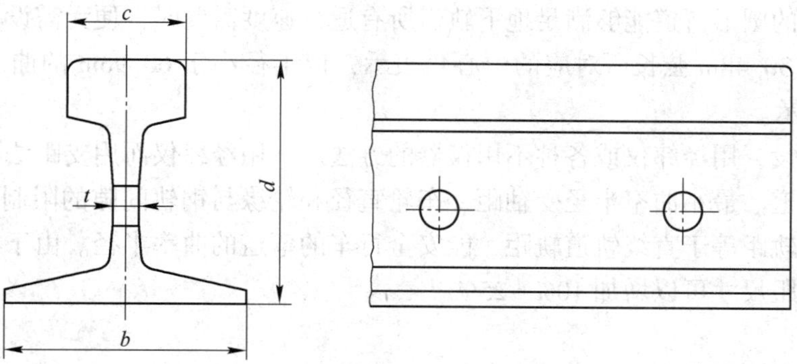

图 3-4 钢轨断面

对于 18kg/m 以下的钢轨，钢轨和鱼尾板上螺栓孔之间的距离，由于制造厂不同而各异，在订货时应予以说明。详情可参考制造厂的产品目录。

钢轨接头的强度和刚度，应尽可能接近整体钢轨。要允许钢轨受热伸长，就应该在两轨端之间预留一定的间隙，并采用钻有椭圆形螺栓孔的鱼尾板，钢轨上连接螺栓孔直径须比螺栓直径大 3~6mm。扁平形的角尾板适用于 18kg 以下的钢轨；对于单重超过 18kg 的钢轨采用角铁型鱼尾板更好。

大多数矿山采用的木轨枕，长度应为轨距的 2 倍，高度至少比道钉长 6mm，宽度不小于道钉长度的 1.375 倍。钢轨枕有轻巧、强度大而耐用等优点，所需的高度空间较小，且无火灾危险。

井下轨枕的中心距在0.4~1.2m，甚至1.8m，前者适用于道床松软的某些主要线路，后者用在硐室或采场。采用轻便钢轨或重型矿车时，过大的钢轨跨度将大大地增加阻力，并使铁道压弯而震松道钉和剪切轨枕。在道床松软的地方，需要铺设线路纵枕。轨枕的寿命一般决定于必须更换的次数。防腐处理的轨枕，仅仅在主平巷和长平硐中使用才是经济的。

道碴可用碎石、砾石、尾砂、废石和炉渣，而很少采用特殊的材料。虽然底板往往是坚硬的，但在清理排水沟时仍应经常填削松软的地方，道碴不应加剧底板膨胀和隆起，轨距不应大于矿车或机车最大宽度的一半，当轴距超过轨距不太多时，轨距可用经验公式即轨距$<\sqrt{R/4}$粗略计算，式中R为最小曲线半径。

A 导通连接

普通钢轨接头的接触电阻很高，故应在鱼尾板的下面采用最好的导通连接，并且每隔三分之一钢轨长度处使用轨距杆进行横向连接，由轨道组成的电气回路应接到负极上，可减少腐蚀。电焊是最新的轨端导通连接方法。

B 铺设弯道、转辙器和道岔

在沿弯道铺轨时，不应使钢轨安装到铺设位置，而应预先用弯轨器将钢轨弯成所需的弯曲半径。最好是直接从制造厂家购买弯曲钢轨。所有弯道须有足够的半径，以使矿车和机车运行自如。固定轴距的重型机车要求更大的曲率半径。

为了避免在曲率小的曲线上矿车和机车的车轮紧靠钢轨，轨道和轮边凸缘间的间隙必须增加。其准确的轨距加宽值取决于曲线半径、轨距和车辆的轴距，但是没有一条适于所有情况的通用规则。车轮踏面宽度限制了最大可用轨距宽度。

如果简单的圆形弯道能够满足地下轨道所有适行速度需要时，便无需设置缓和或过渡弯道，曲度用30.48m弦长所对应的中心角表示，但半径小于60.96m的曲度，宜用半径R的长度来表示。

弯道的铺设，用经纬仪或各种不用仪器的方法。不用经纬仪而用支距法，也能铺设合理而精确的弯道。最小曲率半径受轴距、车轮直径和轮缘与钢轨间隙的限制。图3-5由经验公式给出了轨距等于直线轨道轨距、能安全行车的弯道的曲率半径。由于在弯道上的轨距加宽，使轴距尺寸可以增加10%~25%。

C 弯轨

为了适应不同重量的钢轨需要，普通弯轨器有四种规格。弯道外轨与内轨的长度差为D=轨距×弯道长度÷曲率半径。

3.1.2 铁路运输系统

3.1.2.1 电动运输机车的控制

规格较大的现代矿山运输机车，一般都备有串并联全电气控制的电动机。当列车进入大而长或者很陡的下坡段时，就要加入动力制动。为了安全起见，一旦机车不能从受电触轮获取电能时，就应由蓄电池来保证制动控制回路继续运转。除气动制动外，其他安全装备有气动砂箱、受电触轮恢复器、与自动车钩连接的脱钩器、低压空气警报器和蓄电池供

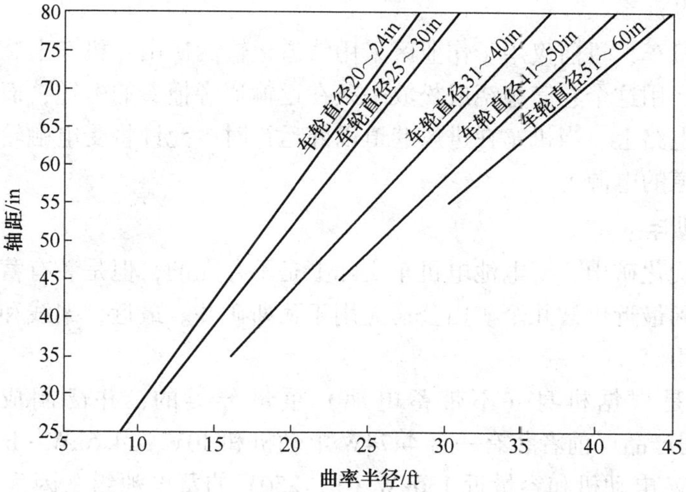

图 3-5 最小曲率半径
(1in = 25.4mm; 1ft = 304.8mm)

电的低压灯头等。

在煤矿运输设备中，用来控制 15kW 左右的 250V 直流电动机的可控硅整流器，性能良好。在采矿工业中，拖动大型机车的总电流近 3000A 的直流电动机适用的可控硅整流器，还没有获得普遍使用。

3.1.2.2 专用机车

A 金属矿用的机车

由于巷道规格的限制，金属矿使用的机车一般比煤矿小，为潮湿的金属矿制造的机车，为了保护司机和设备，设有封闭的司机室，并在整个车架的顶部装有紧密吻合的保护盖。估算用于潮湿金属矿的机车重量时，在选择黏着系数方面，必须考虑湿而滑的轨面情况。

这种类型的机车，经常装有列车自动压气控制器，列车中的所有矿车都配有压气制动器。矿车卸载使用的压气也是机车提供的（图 3-6）。

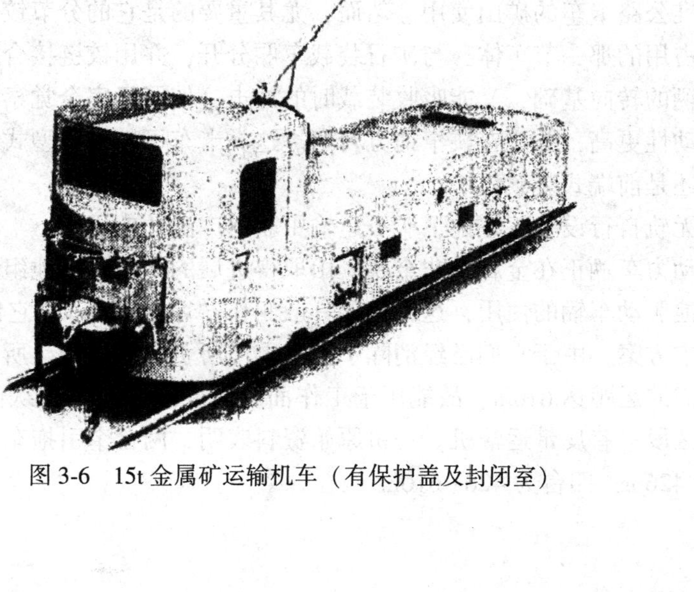

图 3-6 15t 金属矿运输机车（有保护盖及封闭室）

B 调车用的机车

这种类型的机车，目前仅用于作业区采用轨道运输的矿山。机车上装设一个受电器触轮杆和一个卷筒，用这个卷筒缠绕或松放一条在运输道旁拖着的电缆，而电缆又通过集电刷连接到电动机电路上。当机车在进风巷道以外运行时，允许将受电触轮夹和外边的接地钩连接到进风巷道的电源上。

C 蓄电池机车

在美国的现代化矿山，蓄电池电机车实际上是不存在的，但是装有蓄电池的拖车的若干大型机组，直到最近仍被几个矿山公司应用于瓦斯矿井。最近，架线和蓄电池联合电机车已在平硐中使用。

蓄电池机车是根据机身（不带蓄电池）重量分类的，并已制成了从 1361kg 到 13608kg 的一系列产品。前者装有一台 4474W 电动机和 40V、14.5kW · h 的蓄电池组；后者有 2 台 44742kW 电动机和容量近 130kW · h、250V 的蓄电池组。因为电池很重，故电动机不是按车轮滑动条件进行设计的。机车重量、电动机和蓄电池的选择，须满足规定工作循环的需要。

3.1.2.3 计算机的应用

最近采用的求解各种矿山问题的计算机程序，包括“轨道运输系统的模拟程序”。充分理解有关程序和被分析的问题的细节，对于明智地应用任何计算机程序尤为重要。用模拟程序获得的结果，应该考虑这些结果仅是真实性的一种近似值并依此来进行评价。

3.1.3 卡车与牵引拖车

3.1.3.1 *矿石运输*

目前，用于地下矿石运输的橡胶轮胎式卡车有多种型式。在美国某些地区普遍采用较小容积的标准柴油公路卡车，它们可用于房柱采矿法，或用于有足够的切割高度，且不会遇到巷道净高不足等问题的其他采矿方法。地下使用的这些设备，一般装有废气净化器，此外，有时增加或减少某些装置，使其更适合于地下工作。

近年来，在采矿作业中已采用专为矿山设计的柴油卡车。它们的外形尺寸小，适宜于不能采用标准公路卡车的矿山使用。然而，尤其重要的是它的分节铰接设计，即将柴油机和操纵室所占用的那一节车体，与矿石装载车厢分开，并用铰链接合连接起来。这个铰链接合既是车辆的转向基础，又能吸收装载时的冲击，使司机完全觉察不到装载的影响。铰接车辆的机动性更高，并能在狭窄地方转弯。这类卡车可与多种型式的装载机配用。不过最常配用的还是前端式装载机。

装运卸无轨自行设备正在地下矿石运输中获得广泛的应用。

当柴油动力车辆正在金属及非金属矿山取得进展的同时，电池组的新进展反映在煤矿增加了蓄电池驱动车辆的使用，这种车辆一般叫作“牵引拖车”，它们基本上是卡车和梭车之间的折中方案，由于它们已经消除了拖曳电缆所引起的限制，所以也是很流行的。另外，由于它们的运距达 610m，故能用于工作面及次要线路运输，从而完全消除了许多矿山所使用的区段平巷皮带运输机。一份原始资料表明，两台牵引拖车的合理运距为 213m；三台为 213~426m；四台为 426~610m。

牵引拖车有两种通用型式。其中，克西型（图3-7）是具有能与牵引车脱钩的真正的拖车。拖车为端卸式装置，需要卸载站卸载。卸载时，司机先摘掉拖车，让它下行到斜桥上，由斜桥使拖车底部自动倾斜卸载。为了具有更大的灵活性，斯氏父子机器销售行已开发出一种双铰链牵引车。第二种型式的蓄电池动力车并非真正的牵引拖车，而是在牵引车与拖车之间装有旋转接头的铰接车。这类车辆由盖利斯、杰弗雷（图3-8）和埃尔克霍恩制造，其特点是采用链板运输机（盖利斯型）或液压推卸机（杰弗雷和埃尔克霍恩型），实行正面卸载。

虽然蓄电池牵引拖车有其优点，但它们均需快速充电的蓄电池。另外，每个牵引车都应随时贮备几个蓄电池，以便需要时能用上。

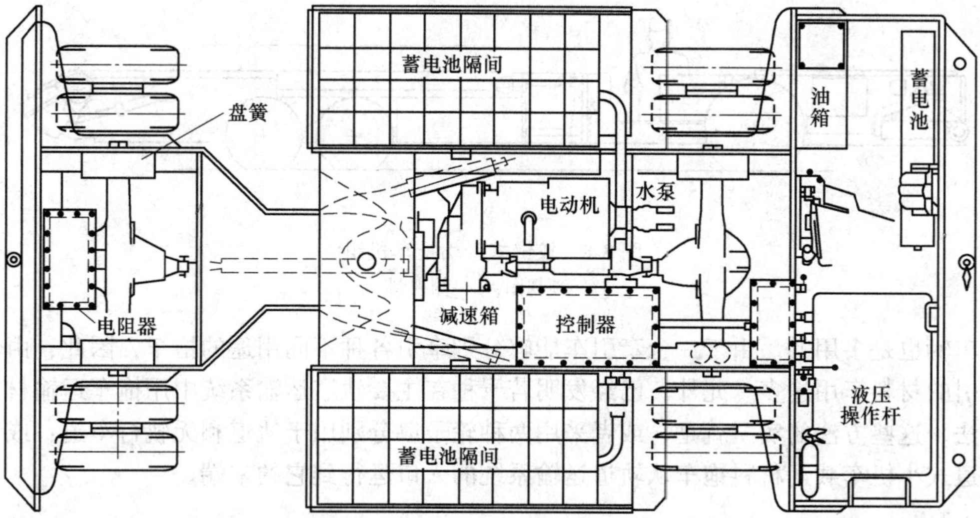

a

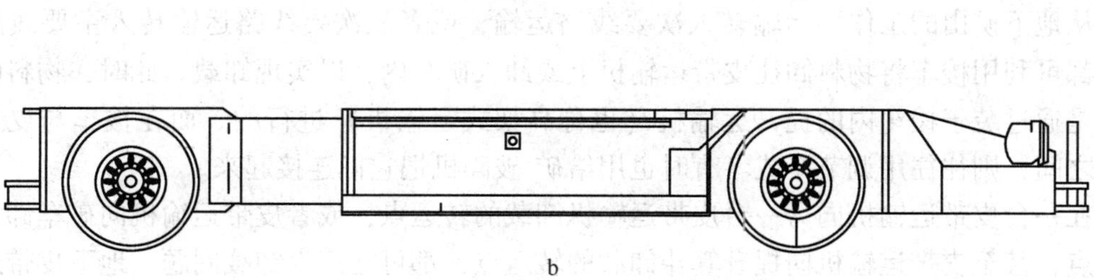

b

图3-7 蓄电池驱动的矿山牵引车

a—顶视图；b—侧视图

3.1.3.2 材料运输

将材料运输到采掘工作面，通常是由类似卡车的车辆来完成的。在煤矿，凡是使用专用材料车的地方，蓄电池车占优势，而在非煤矿作业中，则以柴油机车居多。许多地下矿山以柴油卡车和其他类似的车辆作标准材料车。对于没有轨道运输系统的水平层状矿床开采更是这样。车辆型式很多，且常为特殊用途专门设计。

在煤矿，广泛使用由蓄电池驱动的卡车来运输材料和人员，特别是在使用次要线路皮带运输机运输的地方，更是如此。由于采用橡胶轮胎，运行自由又能担负各种工作，因而

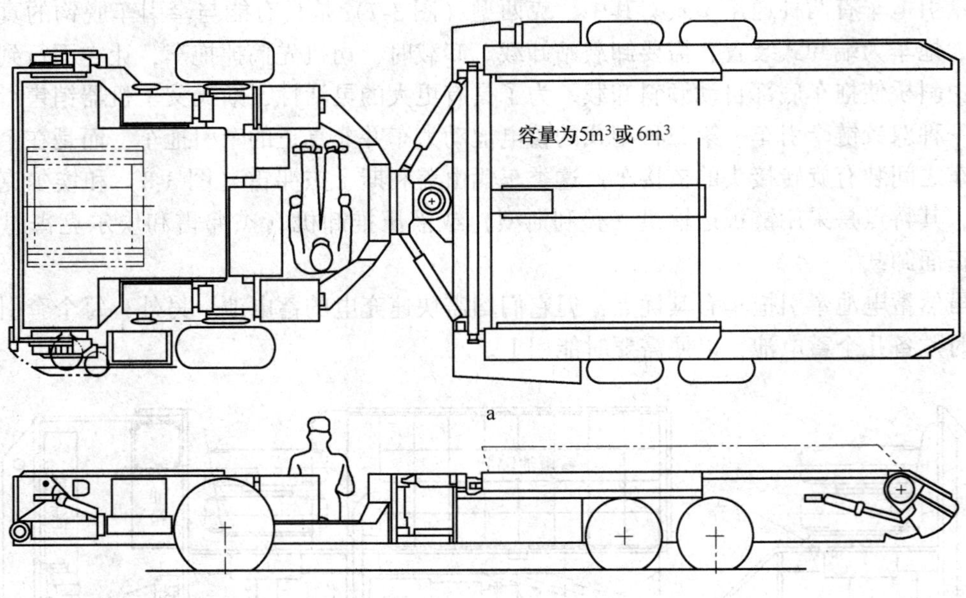

图 3-8 铰链式牵引拖车机组

a—顶视图；b—侧视图

这类车辆也是多用的。由于一台牵引车能够分别牵引各种不同用途的拖车，因此，由牵引车牵引的材料车用途多。此外，已经发明若干种在主要轨道运输系统中用拖车运输材料的新方法。这些方法的实质就是，或者采用两种轮子以分别用于轨道和无轨行车道；或者采用轨道式小机车载运材料拖车从轨道运输系统的入口运行到它的末端。

3.1.4 地下自卸设备

从地下矿山的工作面运输转入次要线路运输，或者从次要线路运输转入主要线路运输，都可利用梭车将物料卸往皮带运输机上或卸入矿车内，以实现卸载。此时，物料的转移，是通过装于梭车内的提升运输机（也称高架式运输机）进行的。而在梭车与皮带运输机之间，则往往用调节车或者有时也用给矿-破碎机把它们连接起来。

在一台皮带运输机向另一台皮带运输机卸载的转运点，或者皮带运输机向矿车卸载的转运点，甚至皮带运输机向提升箕斗卸载的转运点，都可能产生卸载问题。地下皮带运输机，通常是在另一台皮带运输机的头轮之上进行卸料的，因此，尽管有时候在转运点存在像井底车场那样的大型贮矿区，仍然可能采用排料器来使矿石分布均匀。当皮带运输机向矿车卸载时，应尽可能地采取措施保持运输的连续性。

在转运点，可将矿车内的矿石卸入矿仓，卸往皮带运输机上或者卸入另外的矿车内。底卸式矿车，需要一种底部自动脱闩和复位装置。而由 C. D. 曼所阐述的瑞典型底卸装置，则是其中比较新颖的一种。他所作的有关轨道及安全装置的许多建议，对于所有卸载形式都是通用的。

3.1.4.1 旋转翻车机

固定式刚性矿车一般用动力驱动式旋转翻车机卸载，如图 3-9 所示。它是一种以车钩为旋转中心，并绕列车纵轴旋转的电动翻车装置。它采用转环式车钩，以便能在不摘钩的情况下同时翻转一辆或几辆矿车。使用这种翻车机，整个列车可以在同一时间内卸完。

图 3-9 动力驱动式旋转翻车机

重力式旋转翻车机（图 3-10）是其轴心与轨道或矿车中心错开的一种翻车机，它由一块平衡重来平衡翻车机，即当重车进入后整个翻车机将上重下轻，便自行翻转。然后又依靠平衡重使空车复位。应用重力或旋转翻车机，矿车必须摘钩并且一次只能翻卸一辆。自动车钩常被采用，以方便并加速摘、挂钩过程。

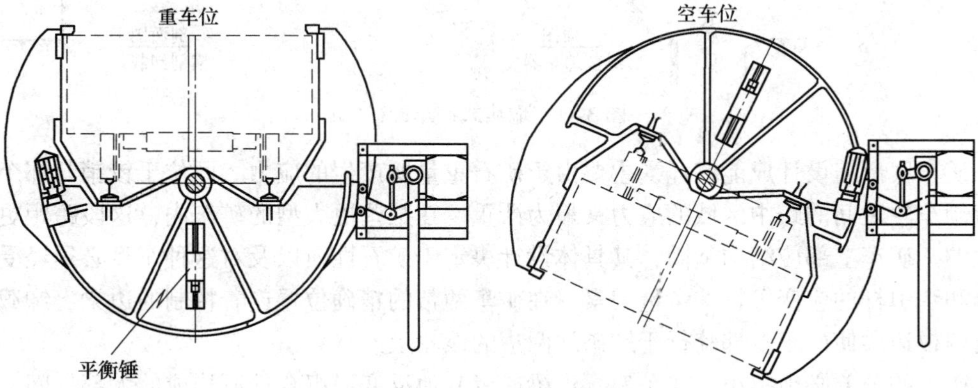

图 3-10 重力式旋转翻车机

侧卸式矿车如格兰贝（Granby）型，是使矿车沿着卸载曲轨运行实现卸载的。其实质就是在活动侧帮保持垂直的同时，由一个滚轮将车箱抬起并使其绕枢轴旋转，而由另一个压具阻止矿车离开轨道。采用这种卸载方法，矿车能不经摘钩实行卸载。其他各式各样的翻车机，如翻笼或端转式倒车翻车机和连续端转式翻车机等，都能在某些作业中使用。

3.1.4.2 瑞典式矿车卸矿站

A 矿车

矿车设计决定于所需的生产率，包括装载、运行和卸载速度及运距等的全盘分析。矿车容积一经确定，就应对上部和底部的特性设计给予特殊的注意。

为使用瑞典方式连续卸载而设计的矿车，有两种不同的底卸式：（1）在矿车的一端底部铰接（图 3-11）；（2）在矿车的侧底部铰接。在每一种情况下，单铰销或多铰销都是矿车上部与底部之间的唯一定位连接。当矿车越过卸矿站时，位于底部下端并支承矿石及底部本身重量的一个特制车轮骑行于一条特殊的单轨上，在这个特制车轮内的轴承的磨损，能够导致超过允许公差的偏差。而当矿车进入卸矿站，并将其负载转移至位于单轨上的这个单独的特制车轮时，这一偏差反过来又使矿车底部产生严重的应力，甚至可能造成单轨的损坏。

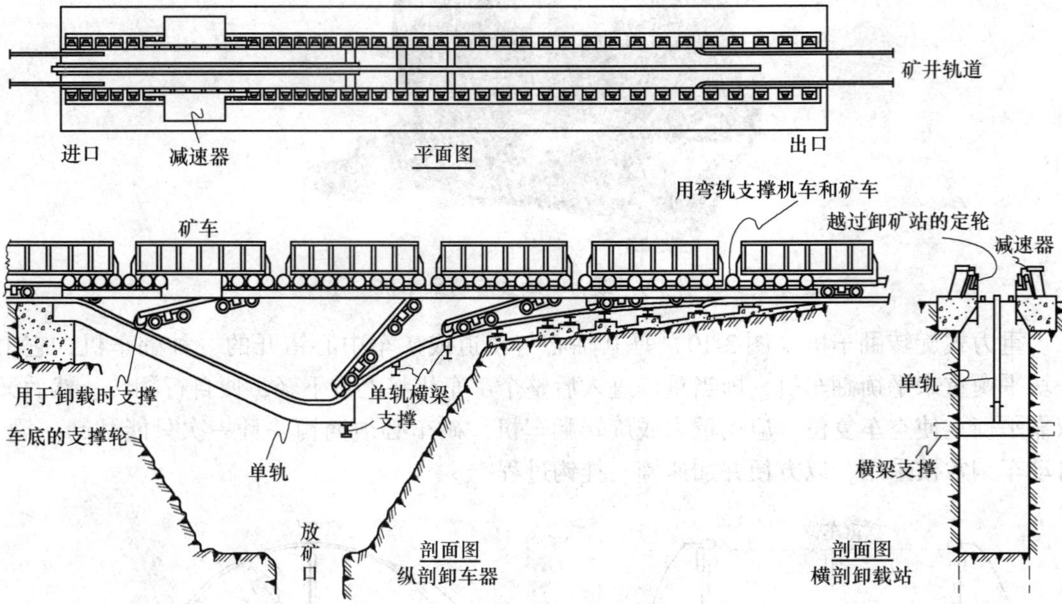

图 3-11　瑞典式矿车卸矿站

矿车底部需设计成能够经受主要由于矿石重量所产生的应力。而位于铰销与那个单独的特制车轮之间的跨中区域的应力又最为严重。在某些更大型的矿车内，这段跨距更是相当大的。矿车上部应结构坚固，其具体设计决定于矿石性质以及对这种车型必须经受全部车钩和牵引杆的应变等特殊考量因素。在矿车两帮的精确位置连着特制的边梁，卸载时就用这两根边梁使矿车上部骑行于卸矿站两边的滚轮上。

矿车的公差必须很小。在车架、边梁或者其他反变形组合件所构成的大部件间，此公差应小至3mm。卸载时，万一有矿车被滚轮、复轨器或衬板卡住的话，因列车加、减速所产生的巨大力量，可能会损坏矿车或卸矿站。

B　轨道铺设

引向卸矿站的轨道规定为下坡，轨道坡度应不超过 0.5%。轨道应妥加铺碴和维护。在卸矿站内的轨道须相应于滚轮及单轨而保持适当的高差。越过卸矿站的轨道坡度应为零。

C　操作

当牵引矿车的机车接近卸矿站时，应予控制并预备停车。卸载之前，必须保证下部有充分空隙，或者目测卸矿站内存矿的位置。假如存矿已位于或接近于涡形轨还企图卸载，就有可能对矿车底部或车架产生相当大的破坏。电机车司机可以位于卸矿站旁边的控制台操纵机车及减速器，也可乘机车通过卸矿站而由减速器控制车速。当机车进入出口端的主要轨道后，由司机接上受电器触轮以获取动力，并协助空车驶离卸矿站。卸载作业能以超过 125t/min 的速度来完成。对于潮湿、黏结的物料应予特别注意，因为它们可能堆积于单轨及支承钢梁上影响卸载。假如一辆矿车未完全卸尽，当列车移经卸矿站时，剩下的物料可能楔入矿车上部和底部之间，以致当底部关闭时，在铰链及底部产生可怕的应力。

D 辅助装置

可在卸矿站的中心线上装设一台由一根工字梁支承的移动式绞车，以便从卸矿站内提起损坏的矿车或其组件，或在维修卸矿站时用来搬运材料。收尘是必要的。

3.1.5 人员运输

3.1.5.1 总则

地下运输的一个重要方面，在于安全而有效地将矿工运送到工作地点。随着设备费用和生产潜力的日益增大，以及劳动工资的日益上升，将运送人员往返的时间减至最小，显得愈来愈重要，因为这能提供更多在工作地点的有效生产时间。

大量美国矿山的最新调查表明，往返时间，不包括上下竖井和斜井的时间在内，平均约 48min 或接近正常工作日的 10%。在地下布局的初步设计以及随后的矿山开拓设计中，应考虑人员运输距离为最短的这一实际需要。主井或平硐应尽可能地接近被开采的主矿体。对于煤或其他层状矿床，则希望从接近边界几何中心处进入该矿体。即使如此，某些矿区范围很广，以致往返时间过长。在这种情况下，只要地形特征允许的话，就应考虑增辟便于往返的辅助平硐口。无论什么时候，只要经济分析（包括劳动力节约）表明其投资完全能够回收时，像这样的一类设施总是正确的。

以下介绍的资料，仅属于从竖井或斜井井底或从平硐口开始的人员运输情况。

3.1.5.2 人员运输工具的设计因素

人车的基本设计在很大程度上受矿山的物理特性控制。宽度和高度取决于使用巷道和它所通过的弯道的断面尺寸。速度受道床或道路状况以及可能遇到的线路坡度限制。容量决定于运往指定地点的班组规模。制动能力必须足以保证能在预料的最陡坡度上安全停车，同时，被牵引的车辆应设置防止脱钩的装置。

必须对三种基本人员运输形式作出规定：班初和班末的平硐口与工作面之间的班组人员运输；当班的管理、检查和维修人员运输；以及不论何时需要的人员或班组撤退运输。在任何形式的人员运输中，安全乃是公认的首要因素。而在班组运输中居第二位的因素是速度。最少的往返时间，带来昂贵生产设备的最大利用率以及最小的非生产性劳动经费支出。当班的管理人员、检查人员与机械师需要合理的快速运输，但必须在不妨碍矿石或材料运输的情况下完成。运送工伤人员时，应尽可能地使他们保持舒适，并用一种不再加重伤害的方法将他们移走。各种人员运输工具应设计成能容纳一具担架。

3.1.5.3 主要线路及次要线路均采用轨道运输的矿山

A 车辆

车在轨道运输系统内有三种型式可供采用。许多矿山采用底卸式矿车以外的其他矿车来做人车，其缺点是没有舒适的座位，没有预防顶板剥落及滴水的防护装置，一般也不具备安全链或其他满意的安全特性。同时，除非有一定的应急储备，往往在需要时却总是不够用。另一种型式是经过专门设计且与系统内的机车配用的人车。这种人车有能容纳 8~40 人的较宽的尺寸范围。图 3-12 就是一辆能容纳 36 人的人车形状图。它们常带顶盖并装备自动车钩，在车与车之间以及车与机车之间则加设安全链。有时候还在车上装一应急报警装置。为了放置灭火器及救援用呼吸器或小工具和材料等而设置一些个别的格间。人车上还必须设置横跨出入口的限位链条。而在人车与架线式电机车配用的情况下，应加装绝缘车顶。

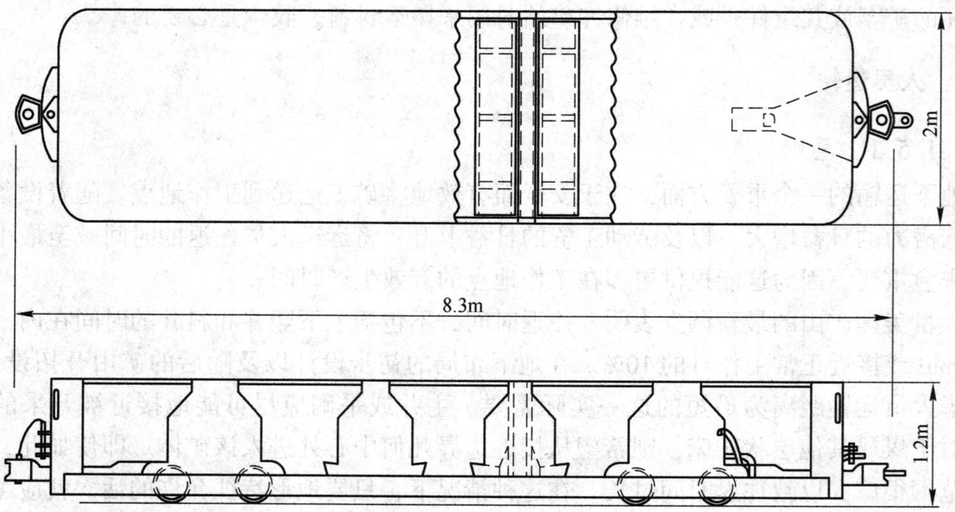

图 3-12　典型的能乘坐 36 人的人车——转体式敞车

（车轮直径 305mm，设计最小曲率半径 15m，安全链式挂钩，所有四个车轮都可制动，5mm 厚钢质车顶衬有 3mm 厚的绝缘材料）

在使用由矿车或专用人车组成的人员列车的矿山中，发现需要有一种能供当班运行的小型自行式轨道车作为补充。一些矿山运送人员全部采用自行式车，工作地点通常极其分散，无需设置人员列车回车道。这类设置的优点在于比人员列车稍许快些而更富于通用性，它们能用来上下班和输送备件或材料。如停车场靠近工作区，它们也能迅速而有效地执行撤退或急救任务。这类设置有很多种类，它们有敞篷的或带顶的，而且一般都标配有两套独立制动系统、自动对中控制及绝缘顶篷。敞篷式如图 3-13 所示，顶篷式如图 3-14 所示。

B　设备费用

由于使用的矿用车辆类型花样繁多，对其估价并无实际作用。专门设计的人车，其价格范围从 2000 美元（小型装置）到 6000 美元（40 个座位的大型车辆）。自行式车辆的价格则从四人人车的 4500 美元，到 24 人人车的 17500 美元。

C　可达到的速度

一份来自大量金属、煤炭及其他非金属矿山的资料表明，人员运输速度的变化范围很大。对于轨道式人员列车，车速范围为 4.8~21.9km/h，平均为 12.6km/h。尽管某些地方法规对车速加以限制，并以坡度和道床状况作为限制的因素，但大多数使用者报告说，实际车速比法律规定的极限要低得多。一份使用自行式轨道车的矿山报表显示，这类人车的平均速度为 13.4km/h，速度范围在 4.8~24km/h。

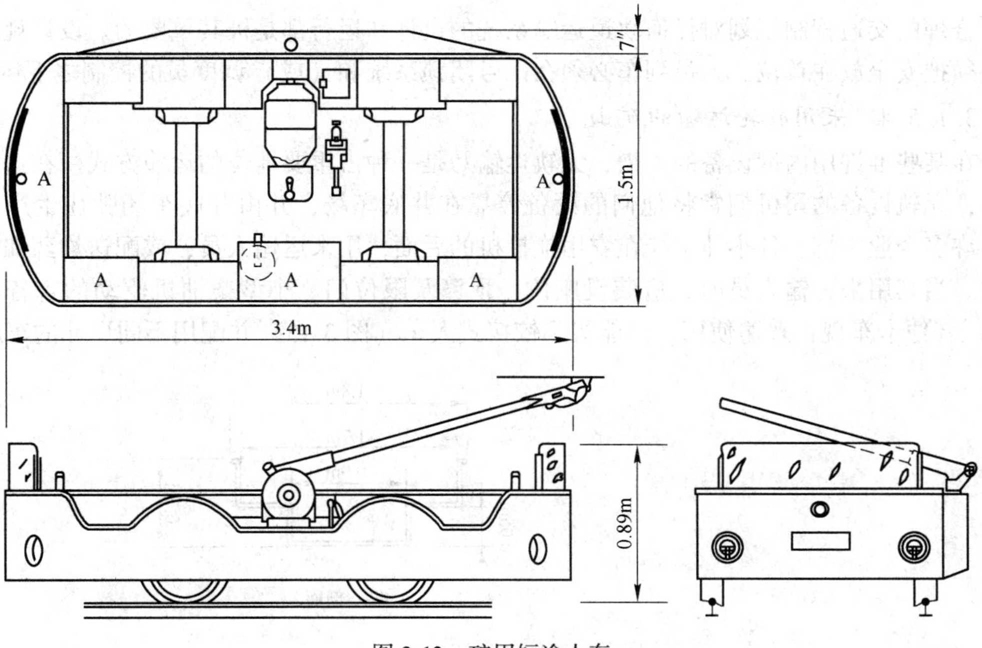

图 3-13　矿用短途人车

（容量：7 人；速度：13~16km/h；自重：约 1360kg；

宽度：1650mm（轨距为 910~1220mm 时），1990mm（轨距为 1440mm 时）；

5.6kW 绕线-转子式电动机；车轮直径：400mm 或 500mm；标记“A”，表示任意选择座位）

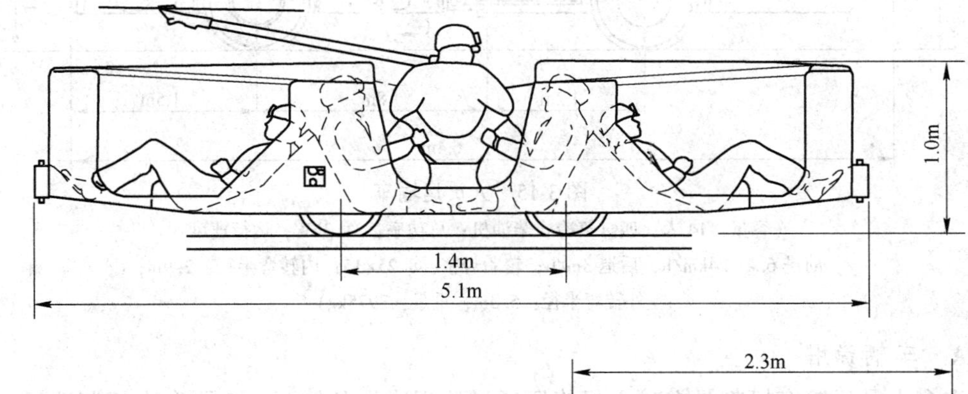

图 3-14　矿用人车

（容量：13 人；速度：16~24km/h；重量：约 2495kg；车轮直径：400mm 或 500mm）

D　其他必须考虑的事项

合理的交通管制规划对任何轨道运输系统的设计和运行都是极其重要的。设计规划工作必须把安全放在首位，人员列车必须在讯号闭锁系统和（或）调度员的控制之下运行。

3.1.5.4　采用胶轮运输的矿山

在某些准许用内燃设备的矿山，无轨运输乃是一种占重要地位的运输方式。在这种情况下，无轨设备的司机们常将他们的设备停靠在井底车场，并由井底车场驶往生产作业区。许多企业主把一种小挂车挂在农用拖拉机的后面，用来运输人员，或配送炸药和其他器材。当其用来运输人员时，应装设座位、顶篷及限位门。小型柴油机驱动的吉普车和（或）轻便卡车现正普遍使用。已能买到铰接式人车（图 3-15）并配用不同尺寸的车厢。

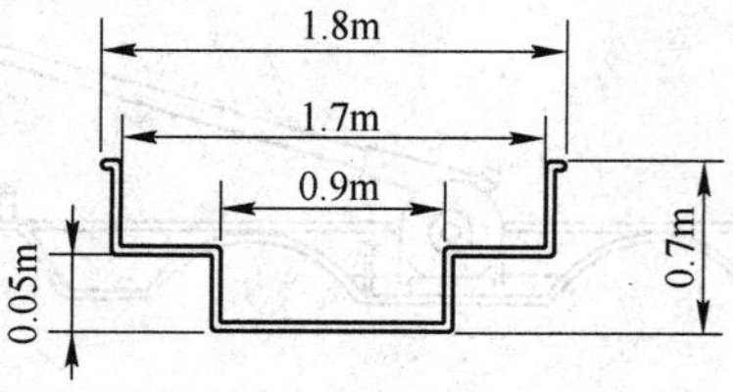

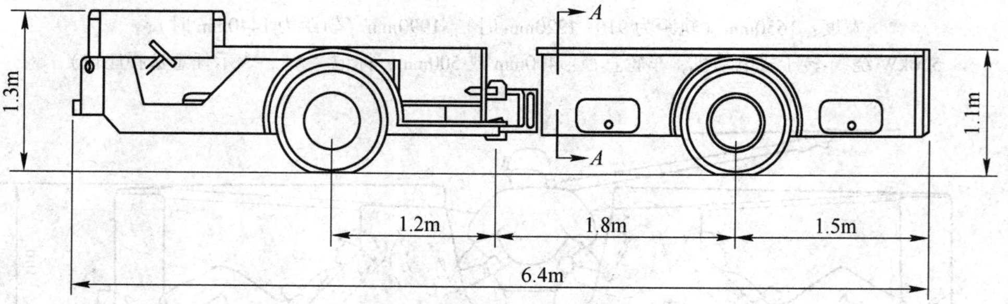

图 3-15　人员运输车

（容量：14 人；四缸气冷式柴油机；总功率：31.3kW；运行速度：
前进 6.4~24km/h，后退 3m/h；轮胎规格：8.25×15；内转弯半径：2.9m；
外转弯半径：5.3m；重量：3975kg）

A　车辆费用

许多人员运输车辆都是在矿山机修厂通过给现成设备加配一个平台自行制造的。

B　可达到的速度

用于运输人员的橡胶轮胎式设备的速度，几乎完全取决于坡度和道路状况，因为内燃设备的速度通常能够超过地下要求的速度。根据一些矿山的调查报告得知，其车速范围是 4.8~19.2km/h，平均为 10.6km/h。

C　其他必须考虑的事项

对于无轨运输的道路必须给予特别的注意。随着劳动工资的上升，往返时间缩短很少一点，就可节约巨大的经费开支。采用这种运输形式的大多数企业主发现，使道路保持良好的排水与坡度，也能由于减少维护费用而获取红利。某些做法表明，假如道路的使用期限很长，在不易维护的棘手区段铺设或使用金属材料是有利的。这种对于改善道路作为有益消耗的金属量，取决于该区段的使用寿命以及通过它运送的人员数目。

3.1.5.5 成本比较

不同运输系统的成本比较，可以通过将时间因素加入到一个简单的单位成本计算公式来实现。在这个方法里，消耗于无益生产的小时数，被扩充到工资率里，并加入到人员运输设备的运转费中，从而获得人员运输的单位成本。即：

$$\text{成本}/(\text{人}\cdot\text{公里})=\frac{\text{设备运行时数}\times\text{小时成本}+\text{平均人数}\times\text{经过时间}\times\text{工资率}}{\text{平均人数}\times\text{往返公里数}} \tag{3-1}$$

设备运转的小时成本应包括折旧费、税金以及与人员运输设备有关的所有其他消费项目。

3.1.5.6 总结

消耗于往返矿井入口和工作区之间的时间，是一个矿工的正常工作日的重要组成部分。就这个问题的重要性而言，开采水平矿床的矿山比开采某一局部小矿体的矿山显得更大。根据96个煤矿的统计表明，不包括提升时间在内，每个运行循环的平均路程为6.78km，平均时间达49.74min。金属矿山，除了要将人员从一个矿井转移到另一个矿井以外，每个运行循环的平均路程和平均时间均比煤矿更少。一个矿山的利润会受过长的人员往返时间的严重影响。就这一点来说，应该指出，联合的人员运输方式难免效率不高，因为从一个系统转移到另一个系统通常意味着增加等候时间。而一个有效的人员运输系统，必须不仅能够提供快速安全的运输，而且允许以最小的等候时间完成人员的上下，以及从一个系统转移到另一个系统。

3.2 地面运输

3.2.1 铁路运输

常规的铁路运输可用于露天矿和地下矿。后者多用于由远处坑口将矿石运到加工厂或将经过加工的物料运至装载站或码头，使用底卸式标准漏斗车或翻车机卸车的敞车。然而，主要用处是在露天矿，由采场将矿石运至破碎厂和将废石运至废石场。因此，下面将着重介绍这方面的铁路运输作业，而其结论多数可以同样适用于其他地面铁路运输。

露天矿用的列车是由适于电铲装车的敞车或侧卸车和一台机车组成。由于需要翻车机卸车，因此敞车只能运输矿石。侧卸车较灵活，可以运矿石或废石，但是由于它们有附加的卸车机构，所以维护费较高。同时，与同样容量的平底车相比，侧卸车自重为其两倍，所以每列车牵引的车辆就少了。最通用的是准轨铁路。线路系统由移动频繁的低标准临时线和高标准固定干线组成。铁路运输可以单独使用或与其他地表运输方式联合使用。因此，要针对每一矿山设计的特殊需要，选择最适宜的方案。

3.2.1.1 露天矿铁路运输的适用范围

对于搬运硬岩石，电铲-列车系统是无可比拟的。最理想的使用场所是大且不太深的露天采矿场，其爆破的原矿和岩石运距超过 4. 8km。此外，当具有大运量时，铁路运输每一吨运费较低。坡度必须比较缓和——通常上坡为 3%，下坡为 4%。高差愈大，线路展线就愈长，例如以 3%的坡度驶出 91m 深的露天矿坡道几乎长达 3. 2km。

干线位置应仔细选择，使在矿山服务期间内线路的移动次数最少。这一点同样适用于矿石和废石运输线路。此种移线工作，不仅耗资昂贵，而且很难做到不影响生产速度。大型矿山有较多机会合理地设置半永久性线路。图 3-16 和图 3-17 为典型的铁路布置图。

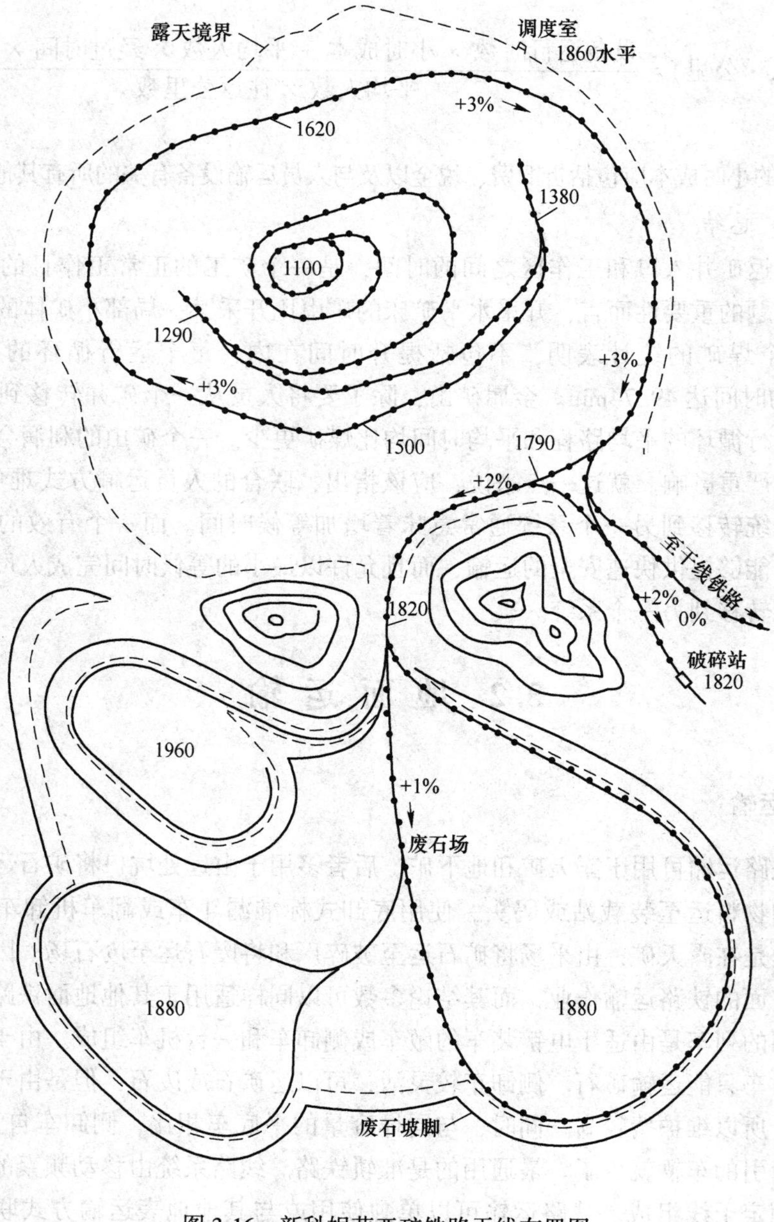

图 3-16 新科妮莉亚矿铁路干线布置图

在考虑铁路运输时，地形的影响主要表现在初期建设投资上。山区铁路路基建筑显然是很昂贵的，然而假如这笔投资可以承受的话，以后的铁路轨道养路费比之地形起伏小的

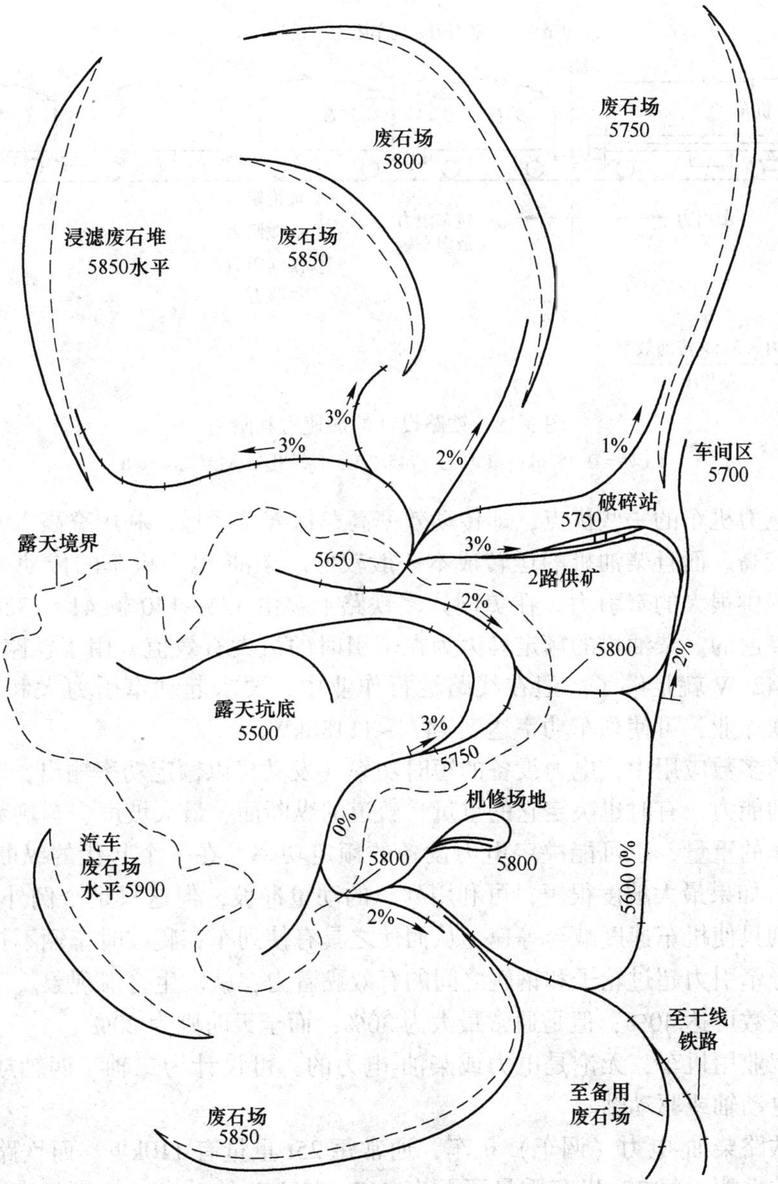

图 3-17 一个大型露天铜矿的铁路布置方案图

地区也不会高多少。

3.2.1.2 基本设计和设备资料

A 设计原理

几乎所有铁路运输都要考虑采用某种合适的机车和车辆的问题。为了使列车产生加速度，必须施加动力，以平衡阻碍列车运动的阻力和提供额外加速的能量。这些阻力如图3-18所示。

B 设备和轨道

用一个或几个柴油机带动发电机给牵引电动机供电的机车叫柴油-电力机车。柴油-电

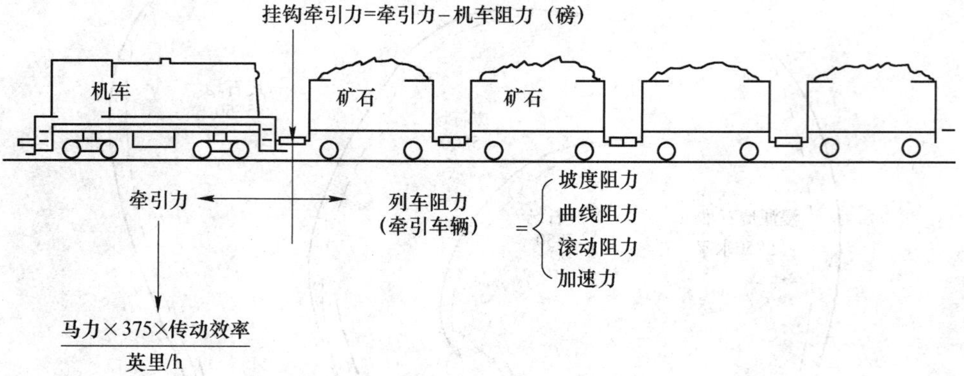

图 3-18 铁路设计的加速力和阻力
（1 磅＝0.4536kg；1 马力＝745.7W；1 英里/小时＝1.6km/h）

力机车具有电力机车的一些优点，即传动效率高、保养费较低、利用率高以及标准型机车的生产率比较高。而且柴油机的运转成本一般较低。柴油-电力机车的传动可以为起动和加速重列车提供很大的牵引力。在美国许多铁路上，由 125～140 辆 41～132t 的车辆组成的列车是很普遍的。柴油机的额定马力为在牵引时的最大有效值。用于铁路调车作业时，一般 447～1342kW 就足够了。但在线路运行作业中，要求起动牵引力大和高速运转时，几台机车纵联作业，可使列车功率达到 4474～11186kW。

在矿山的多数应用中，电力设备的短时功率（发动机以额定功率输出，时间少于 1h）决定着机车的能力，有时也决定它的重量。轨道的纵断面、最大坡度、车辆数量和重车重量将决定机车的重量，也可能决定电力设备的额定功率。在一个起伏的纵断面（有上坡和下坡）上，如果最大坡度很短，可利用列车的动量冲坡，但这只是个例外情况。所以，坡长要考虑到只使机车速度减至等速，从而使之具有使列车在爬坡时车辆不打滑的充裕牵引力。当轮缘牵引力超过轮子和钢轨之间的有效黏着力，就发生打滑现象。清洁而干燥的钢轨的黏着系数可达 40%，但是通常最大为 30%，而全天时则为 20%。

矿用和工业用机车，无论是电力或柴油-电力的，可设计为二轴、四轴或六轴，通常所有轴都是电动轴或驱动轴。

工业和铁路柴油-电力（调车）机车，通常每 25t 重量有 110kW，而铁路干线根据用处和所要求的性能，每 25t 机车重量可配有 367～550kW 的动力。标准机车规格如表 3-3 所示。

表 3-3 标准机车规格

项 目	标准机车规格							
机车重/t	23	41	73	91	113	113	163	172
总马力/kW	112	224	410	567	895	1491	2237	2237
轴数	2	4	4	4	4	4	4	4

重量 50t 以下的矿用电力机车，牵引电动机的小时额定值通常为每吨机车重量 7.3～11kW。对于 50t 以上的机车，每轴可能高达 596kW 或 671kW，根据用途和路基情况而定。而且一台机车的轴数可能多至 8 轴。一般说，每个轴最大的载重约为 31752～34020kg。这

边坡顶。

废石列车通常是顶进废石场的，以预防机车可能出轨和废石场边坡偶然下沉。在废石场上发生出轨比在露天矿铁路系统的其他部分要多。轨道会因线路经常移动和出轨遭到严重的损失，所以保证线路的质量是必要的。当堵塞继续发展时，废料将埋住外轨，车辆通行时常常引起脱轨。

3.2.1.4　列车组

列车组是专用的重车或空车，按照规定的行车表由出发点至其目的地。每次行程的出发点和目的地可以不同，但无论是重载和空载的列车组成是原样不变的。列车组由几台机车牵引，可以来自煤矿或其他铁路，通常机车也是专用的，并和车辆一同停留。

第一个真正的列车组，往返路程 1280km，由煤矿至宾夕法尼亚照明和动力公司的马丁斯·克里克发电厂。装载 74 个 102t 公司专用漏斗车约需 3h，说明列车组是矿山和目的地间合理的运输设备，并成为动力公司最经济的工具。目前很多列车组正用于运输煤炭、铁矿石、磷酸盐、谷物以及其他大宗商品。

差不多所有的列车组规定从顶部装载。多数地区卸载用翻车机或者底卸自清漏斗车。列车组不用侧卸车。

高帮固定底敞车的一端有旋转车钩，适应翻车机倾卸，也是比较轻、耗资少和保养简单的车辆。底部自清漏斗车装有机动门，当列车缓行通过钢轨下受矿槽时开启和关闭，其卸车效率可达 10160t/h。用铝制造时，重量约为 24t。所以，可装 106t 煤而不超过铁路限制的 119t 总重量的规定。

底卸车开门方法有：(1) 用自动插入车边上接收器的传感器，开动电动机，可以同时为六个停放的车辆进行卸载。(2) 装在车旁的胶轮，接触液压提升的斜轨时，驱动一组传动齿轮，进入受矿槽时车门开启，离去时关闭。(3) 一根水平轴上的胶轮装在车底的中部，与一斜轨接触开关车门。

用溜槽装煤或其他物料时，可用车辆拖运机、自动倾卸输送机和液压撞击式推车机替代机车移动车辆。

3.2.1.5　计算机的应用

数字计算机目前用于求算列车大致的性能、机车吨位定额以及燃料或电力的消耗。机车速度-牵引力曲线可用来确定在一定纵断面上牵引列车的机车或机车组。应用戴维斯公式计算所研究的列车的阻力。从机车速度-牵引力曲线上所讨论的机车中，减去列车总阻力，加上驱动轴辅助设施的运转动力，即得出用以产生沿线路水平切线方向加速度的净牵引力。在计算机语言中，净牵引力被 100 倍的列车总重（用吨表示）来除，即得出用 m/s^2 表示的线路水平切线最大加速度（负值为减速度），缩写为 M. A. L. T，并称为“MALT”。

使用三组穿孔输入卡片：

(1) 基本“程序”，或指令目录（约 400 个卡片）。

(2) 预先计算好的列车 MALT 资料（五个卡片）。

(3) 线路资料（坡度，曲线和公里标，最大速度和速度限制，制动减速率，以及停车的次数、位置和持续时间）。

用一张卡片表示线路资料中的每一个变化点，并将以前的所有资料传给下一张卡片所代表的点。制动区的起点也必须在卡片上指出。计算机完成的加速度计算，要考虑每一速度、坡度和曲线变化在 MALT 中的变化。用一个代码来识别操作状况，如启动、满开油门、进入减速段、进入停站段和定时点的时间。

3.2.2 汽车运输

在 1972 年以前的十年中，露天开采汽车运输已经由双引擎机械驱动的 36t 汽车发展为单引擎电力驱动的 250t 汽车。汽车运输不仅适应采场外形的多变，并且具有铁路运输所达不到的对付多种产品运输的能力。因此汽车运输成了露天开采中的一项最重要的成本因素。

3.2.2.1 运输设备类型和装备

A 后卸车

这种车辆的车身安装在车架上，并利用液压举升机械卸车。这是最普通的汽车型式，能运输爆破的、经过破碎的或松散的各种物料。图 3-19 为四轮和六轮“后载”后卸汽车，图 3-20 为悬挂式和普通两轴拖拉机带“摇臂”式后卸汽车。

a　　b

图 3-19 四轮和六轮“后载”后卸汽车

a—四轮；b—六轮

a　　b

图 3-20 悬挂式和普通两轴拖拉机带“摇臂”式后卸汽车

a—悬挂式；b—普通两轴拖拉机带“摇臂”式

（1）两轴汽车虽可四轮驱动，但通常仅为后轮驱动。一般是后轴双胎，但亦可用于前轴。

（2）三轴汽车由两个后轴驱动，一般后轴均为双胎。

B 自卸拖车

由于这种设备的装载部分是可以分离的，所以它具有的有利条件是无需整套备用设备，可能只需牵引机即可。

（1）单轴牵引机由于无需向前移动，即可向任一方向移动 90°，所以这种设备非常灵活。在采石场、巷道或者路窄的地方，这种装置在操作上具有很大的有利条件。

（2）两轴拖拉机式牵引机，没有单轴的那种灵活性，但运行性能较好，所以比较适用于长距离运输。图 3-21 为侧卸拖拉机-拖车，装有整体式液压传动装置的或外部“吊钩”（SKY-hook）的起重装置可供选用。图 3-22 为底卸拖拉机-拖车，装有底开或蛤壳式门，其构造适用于装运煤和其他土方。

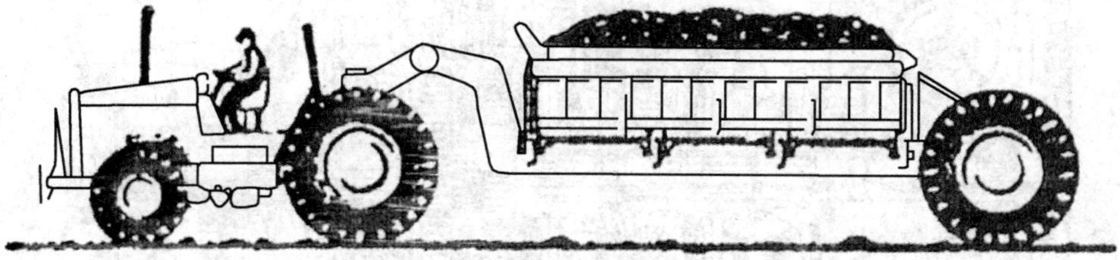

图 3-21　侧卸拖拉机-拖车
（装有整体式液压传动装置的或外部“吊钩”（SKY-hook）的起重装置可供选用）

图 3-22　底卸拖拉机-拖车
（装有底开或蛤壳式门，其构造适用于装运煤和其他土方）

C　发动机

几乎所有大型运输设备都用四或二冲程柴油机。在额定马力上，两种型式都可用于大型运输设备。为了达到最大输出马力，需采用涡轮增压器和中间冷却器。在电力驱动的运输设备上，少数采用了燃气轮机。

D　传动系统

（1）在较小的汽车上，采用人工操纵的常规的齿轮变速箱，通常在离合器上装有气压助推器。当人工操纵的变速箱不能提供附加制动力时，为了下坡运行，必须装备独立的减速器。

（2）动力变速箱包括变扭器和液压离合器传动的行星齿轮组。在发动机满负荷运转时，能转换快速或慢速挡。通常它随变扭器的输出、发动机轴速以及油压而自动转挡。有自动接入直接传动或超速传动的装置。液压减速器安装在齿轮变速箱之前，于是在各种速度范围内均可有效减速。

（3）装有变扭器的人工操纵的变速箱，使用一个由气动离合器传动的变扭器，主要适用在坡度变化不大和需要换挡很少的地方。动力减速器可以装在变速箱的前头。

（4）电动驱动设备由发动机带动发电机，给驱动轮供应电力。驱动轮由普通的传动系统和在后轴前头装有直流驱动电动机的动力传动轴驱动。驱动电动机也可以装在车架的外侧，然后将驱动短轴插入最终驱动齿轮。最普通的电动轮汽车，驱动电动机是组装在轮毂内构成“电动轮”的。行星齿轮布置在电动机的周围。在电力驱动的两种型式中，最好用动力制动或把电动机当作发电机因而产生电阻制动，以达到很好的减速效果。图 3-23 为变扭器、减速器和行星齿轮组的标准全动力变速箱全貌图。

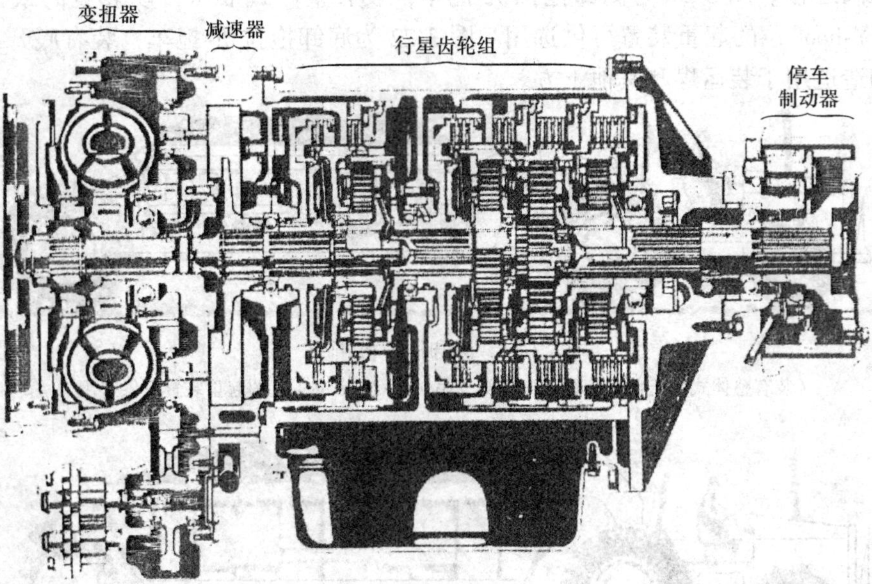

图 3-23 变扭器、减速器和行星齿轮组的标准全动力变速箱全貌图

(5) 液压驱动目前用在小货车上，将来可能用在大汽车上。这种型式是由发动机带动一个大流量的液体泵，然后油液被压向装在每个轮子上的液压马达。油的流向控制轮子的转向。

图 3-24 为装在电力驱动的后卸汽车轮子中，用行星齿轮减速传动的驱动电动机。

图 3-24 电力驱动的后卸汽车轮子中用行星齿轮减速传动的驱动电动机

E 轮胎

由于轮胎对汽车的运行特性非常重要，常常成为一项最重要的成本因素，因此，选择合适的尺寸、花纹设计、胎面材料、胎壳设计和材料等等，是绝对必要的。轮胎和轮辋协会的定额通常规定了汽车的载荷吨位。然而近来，开始采用每小时吨·公里这一指标把汽车速度和轮胎荷载联系起来了。由于在荷载下滚动，轮胎弯曲生热，橡胶滞留热量，约在 285℉时，硫化过程就要还原。此外，低于这个温度时，橡胶强度即降低，于是可能发生冲击破坏。在更高的温度时，其结果常常是胶层分离，以致轮胎毁坏。

某一特定轮胎产生的热量取决于：

(1) 单个轮胎的载重。

(2) 轮胎运行速度。

(3) 周围空气的环境温度。

每小时吨·公里（TKPH）荷载按下式计算：

$$\text{TKPH}=\text{轮胎平均荷载}\times\text{工作日平均速度} \tag{3-2}$$

式中，轮胎平均荷载 = [空车时轮胎荷载(t) + 重车时轮胎荷载(t)]/2；工作日平均速度 =

[往返距离(km) × 工作日往返次数]/工作日总小时数。

每小时吨·公里荷载决定以后，即可选择轮胎，TKPH 定额可比实际需稍大一点。由于材料和制造方法的经常变化，在订购轮胎之前，应该要求制造厂家提供特定的 TKPH 定额。表 3-4 是在环境温度时的每小时吨·公里定额。

3.2.2.2 发展趋势

目前正在发展的是 254t 的汽车。发动机已经由 287kW 柴油机扩大到 1193kW 柴油机和 1491kW 燃气轮机。现在在生产中使用的轮胎尺寸之大，大到 20 世纪 60 年代的汽车都不能把一组轮胎运到轮胎车间。然而，怀疑下一个十年是不是还会出现汽车绝对大小上的继续增长。现代汽车可以被认为是过去汽车演变的产物，除电力驱动汽车的发展以外，它们在使用上是一样的，基本上是同一类型的运输设备。革命性的新技术就是要求达到最大的生产能力，以保证露天矿生产经济。用于陡坡的有架线电源辅助的动力系统已开始使用，铺砌的道路正开始使用，对运输设备和型式以及物料装载量的电子识别器已接近成为现实。

当设备和产品的数据能够遥测和传送，而无需依靠昂贵而缓慢的人工观测时，全面的计算机汽车调度将成为现实。全面电子系统的经济效果，不仅能够达到更有效的使用昂贵的运输设备，而且精心设计的资料收集系统与调度计算机的程序结合，有可能接近一个真正的联机讯息系统。可以想象矿山负责人员在上午 11 点从计算机系统的一个记录语音中警觉到“11 号电铲的作业落后于所需 0.56%的矿石产量，除非采取措施，在下班时要欠产 1168t”。在环境温度时的每小时吨·公里定额，见表 3-4。

表 3-4 在环境温度时的每小时吨·公里定额

轮胎尺寸（美国标准）	型式（美国标准）	16℃	27℃	38℃	49℃
18.00~25.00	标准花纹（E-3）	223	207	185	164
	超深花纹（E-4）	178	164	148	133
	放射式的特殊胎壳 S. C.	311	290	259	237
18.00~33.00	标准花纹（E-3）	259	230	207	178
	超深花纹（E-4）	223	207	185	164
	放射式的特殊胎壳 S. C.	445	400	357	304
21.00~35.00	标准花纹（E-3）	296	274	245	214
	超深花纹（E-4）	252	223	209	171
	放射式的特殊胎壳 S. C.	490	445	400	348
26.5~29.00	标准花纹（E-3）	259	230	207	178
	放射式的特殊胎壳 S. C.	504	459	416	364
29.5~29.00	标准花纹（E-3）	274	245	223	193
	放射式的特殊胎壳 S. C.	593	533	474	434
29.5~35.00	标准花纹（E-3）	319	297	267	238
	放射式的特殊胎壳 S. C.	785	696	549	416
33.25~35.00	标准花纹（E-3）	333	311	281	252
	放射式的特殊胎壳 S. C.	785	711	638	564
33.5~39.00	标准花纹（E-3）	362	319	281	237
	放射式的特殊胎壳 S. C.	846	757	660	564

续表 3-4

轮胎尺寸（美国标准）	型式（美国标准）	16℃	27℃	38℃	49℃
37.5~39.00	标准花纹（E-3）	407	371	341	304
	放射式的特殊胎壳 S. C.	860	771	675	578
37.5~51.00	标准花纹（E-3）	430	385	341	290
	放射式的特殊胎壳 S. C.	1024	919	816	711
36.00~51.00	标准花纹（E-3）	742	652	578	519

4 矿 山 通 风

4.1 井 下 大 气

4.1.1 通风的作用

（1）通风和环境控制的重要性。为了保护人的生命和进行地下采矿的各种作业，矿井通风是必要的。很明显，通风对于采矿起着非常重要的作用，但对矿物开采这一主要任务来说它是辅助性的。因此矿内通风提出一个自相矛盾的问题：理想的通风设施是既应对生产工序干扰最小，费用最低，但又必须要求为维持正常采矿提供适宜的环境条件。

在地下采矿，随着深度的增加，大气的恶化以及地压的增高带来严重的威胁。通风的需要和成本随着深度而迅速增长。为了在酷热条件下保持大气的质量，深井通风必须增加空气调节。在严重的或过高的瓦斯、粉尘或湿度条件下，开采任何深度，都必须采取辅助的控制措施。

近几年来，矿内环境标准已大大提高。然而标准限度是依据人的忍受程度而定的。人们日益增长的需求表现在人体舒适标准上，这既是出于经济的原因，也是出于人道主义的原因。工人的表现和寿命长短与所处的环境好坏密切相关。此外，恶性事故和保险赔偿费是不良的环境条件所造成的后果，没有一家采矿公司能经得起这种不良的环境和通风作业的考验。

（2）作用和方法。通风是控制空气流动（即风量和方向）的方法。作为风量控制的方法，通风能同时控制空气内各种成分的规定数量、风量和温、湿度，它是整个空调方法之一。它是用来控制矿井空气环境的最普遍、最主要的调节方法。

在矿井通风中，空气是通过矿井工作区和巷道流动，并通过硬质风筒和软风筒作为辅助通风。因此开采系统和通风方法之间是互相依存的。事实上，如同在煤层那样的层状或板状矿床内回采矿房矿柱，两者经常是共同发展的。虽然空气流动可能是由自然（热力）条件造成的，但今日的矿井通风几乎都采用大型风机。

鉴于开采深度、规模和复杂性的增加，对用来保持更严格环境质量标准的通风系统的要求也提高了。另一方面，用来解决环境问题的矿业技术资源从来没有像今天这样完善。尽管费用越来越高，但矿井通风和空气调节的进一步发展不必依靠工艺的突破。

4.1.2 井下大气特性

4.1.2.1 空气混合物

空气是由地球表面的天然气体组成的气体混合物。从热力学观点看，空气可看作是干空气和水蒸气（占体积0.1%~3%）的机械混合物。表4-1列出了海平面上的所谓的纯干

表 4-1 海平面上的所谓的纯干空气的化学成分

名 称	体积分数/%	质量分数/%
氮	78.09	75.530
氧	20.95	23.140
二氧化碳	0.03	0.046
氩，其他惰性气体	0.93	1.284

空气的化学成分。

习惯上通风计算采用体积分数。空气成分中，氧占 21%，氮和惰性气体占 79%（当二氧化碳成为污染物时除外）。在湿度变化过程中，空气调节计算的习惯基数是“干空气磅数”，这是唯一保持不变的空气性质。

在正常大气内不存在纯干空气，而总是湿润的。即使存在“标准”环境也没有标准空气。但在矿井通风中，空气被假设为理想气体并符合所谓的简单气体定律。

4.1.2.2 气载污染物

使空气的化学纯度保持在要求的限度之内称之为空气的质量控制。它在矿井空气中主要是靠通风来实现的。在矿井内空气环境质量的控制要比其他工业困难得多，这是因为在矿井内新鲜空气到工作面通常要流动一段距离，而在新鲜空气未到达工作面之前就可能被污染，还有工作面污染物的浓度较高。

矿井通风的首要要求是使空气适于人的呼吸。各种化学过程都要消耗氧气，同时产生其他气体，而机械和电在运动过程中和人干活时一样需要用空气冷却。呼吸需要的空气很少，对于含 21%氧的新鲜空气大约有 $6m^3/min$ 就足以维持含氧 20%和含二氧化碳 0.5%的标准。

在正常空气中不存在的或超过了一定量的任何不良物质称之为污染物，如果污染物超过了环境质量的极限值（如美国矿业局或美国政府工业卫生工作者协会等机构所规定的一个工作班的量）可导致空气的污染。虽然有时也存在其他污染物，但矿内大气中最普遍的污染物是瓦斯（非粒状）和粉尘（微粒状物质）。矿内通风质量控制的主要目的是和这两种气载污染物作斗争，使之稀释或被排除。

4.1.3 井下气体

4.1.3.1 特性和来源

虽然井下气体种类繁多，但经常遇到的污染物只有几种。它们的主要特性见表 4-2。

表 4-2 井下气体污染物

名 称	作 用	来 源	极限值/%
二氧化碳	窒息	燃烧，地层	0.5
一氧化碳	有毒，爆炸	燃烧，内燃机	0.01
硫化氢	有毒，爆炸	地层	0.002
甲烷	爆炸（5%~15%）	地层	1.0
氮	窒息	地层	80.0

续表 4-2

名称	作用	来源	极限值/%
氮的氧化物	有毒	燃烧，内燃机	0.0005
氡	放射性	地层	1.3×10^5MeV

4.1.3.2 检测

某些气体的性质对检测该种气体是有帮助的。例如，硫化氢具有臭蛋味，氮氧化物呈红棕色。但是只有美国矿业局批准的测试仪器可用来检测气态污染物和测定它们的浓度。由于甲烷有高度爆炸性，煤矿内采用连续测取空气样、发出警报、断开电路等监控装置作为安全措施。

4.1.3.3 来源

地下瓦斯最丰富的来源是：

（1）天然。当在大气压力下掘进矿井巷道时，矿床内生或封存的地层瓦斯就被释放出来。煤层内最常见的就是甲烷。它的释放速度随气压、巷道暴露面积、采掘速度和风量而波动。

（2）人为。瓦斯通常产生于燃烧过程。例如，爆破、内燃机、火灾或爆炸；或由于化学作用，如人的呼吸。

4.1.3.4 瓦斯控制

任何大气污染物、瓦斯或粉尘的控制是基于下列原则：

（1）预防（=避免）。

（2）清除（=消去）。

（3）抑制（=处理）。

（4）遏制（=封闭）。

（5）稀释（=排除）。

虽然用通风气流去稀释是使用最普遍和最为有效的方法，但人们仍按他们认为较为合适的上列次序列出，首先是以预防为主。在特殊情况下，上述原则可能不适用，而首先列出的那些可能提供不出可行的抉择。可是单用通风控制气载污染物可能是效率低、费用大，因此应在通风前或结合通风采取其他措施。

最适合于按瓦斯状态分类的质量控制方法汇总摘要如下。

（1）地层瓦斯的控制。开采前的超前瓦斯排放孔，生产区周围的瓦斯排放巷道，封闭老采区，风幛或局部通风用的风机和风筒，主扇通风。

（2）爆破瓦斯的控制。通过良好的操作和恰当地选择炸药，并用抽出系统排除炮烟、集中和班末爆破、主扇通风等来减少瓦斯。

（3）内燃机排气的控制。通过对发动机的适当保养，采用高的空气和燃料比例，适当地选择燃料，在排气净化器内吸收和稀释泄出物，主扇通风等来减少废气。

（4）火灾中瓦斯和烟雾的控制。用密闭隔离火区、灌水或把火闷熄，使火区在空气正压之下以减少烟的逸出，用主扇通风稀释。

4.2 机械通风

矿山企业通常使用扇风机通风。新式矿用扇风机大多数是轴流式的。但很多离心式风机仍在应用，并在某些场合下被优先选用。对轴流式或离心式风机来说，其基本的风机定律是相同的。只是在功率、风压及风量的个别特性上有所区别。

4.2.1 风机定律

风机定律有如下几项：

（1）风量的变化与风机转速成正比而与空气密度无关（即风量增加一倍要求转速也增加一倍）。

（2）风压发生的变化与风机转速的平方成正比，并与空气密度成正比（即风量增大两倍使风压增大四倍）。

（3）风机的输入功率与风机转速的立方成正比并且和空气密度成正比（即风量增大两倍功率增大八倍）。

（4）风机的机械效率与风机的转速及空气密度均无关。

4.2.2 风机选择

当一台风机在一个通风系统中单独工作时，它的工况取决于风机的特性曲线与矿井风阻，如果与其他压力来源联合工作，则取决于风机的特性曲线、其他压力来源的特性及其影响所及区域的风阻。风机特性是个设计问题，取决于制造厂家。而矿井风阻则是通风网路的设计及维护问题并取决于矿井业主。

4.3 自然通风

自然通风这个名词是指这样一种矿井风流，它是由于两个相连通的空气柱的密度或重量不等，所引起的风压差而造成的。空气密度的这种差别，虽然也受其他因素影响，但主要是因为地下岩层向矿内大气进行热量与热能的交换所引起的。

除了极浅矿井以外，井下空气的温度接近地层的温度，而且保持相对稳定。因此，出风井空气柱的温度、密度及总重量将不会在较大的范围内波动。但是，进风井空气柱的密度及总重量，直接受地表空气温度的影响，并随之而波动。因为任何一个空气柱密度的变化将引起自然风压的变化，这种压差可以由一个方向的最大值变化为没有压差，再变为相反方向的最大压差，这种变化取决于地表温度究竟是低于、等于、还是大于地下的温度。这就使风量不能预期，它可以由一个方向的最大值变化为相反方向的流动。在某些场合，自然通风可以保持井下的风质标准，但是，通常它不是连续有效通风的可靠方法。为此，美国 1969 年制定的煤矿安全保健规程中的条例要求所有的地下煤矿均采用机械通风。

4.4 局　扇

由于矿体很不规则，金属矿山的开拓常常形成分支风流或孤立的矿井分区，使风流具有很高的风阻。在这种地方靠降低风阻或调节低风阻分支的方法来送风既不实际也不经济，可以在高风阻分支内安装局部扇风机（也称局扇）。局扇产生的能量用来克服该分支的风阻。

局扇可以安装在分支内的任何位置，但是，为了减少漏风，风机应放在网路中主要风机所在的一侧，也即当主扇是抽出式风机时局扇放在回风侧，主扇是压入式风机时则局扇放在进风侧，并尽量按实际可能靠近与主风流的交叉点。

如果有两条巷道可以采用，风机可安装在其中一条巷道的密闭墙内，而在另一条巷道中设置调节风门，将风机的进风侧与排风侧隔开。当只可以采用一条巷道的地方，可开掘一条绕道，或只在巷道内开帮来安装风机。图 4-1 表示后一种情况。所有这些构筑物应是防火的。

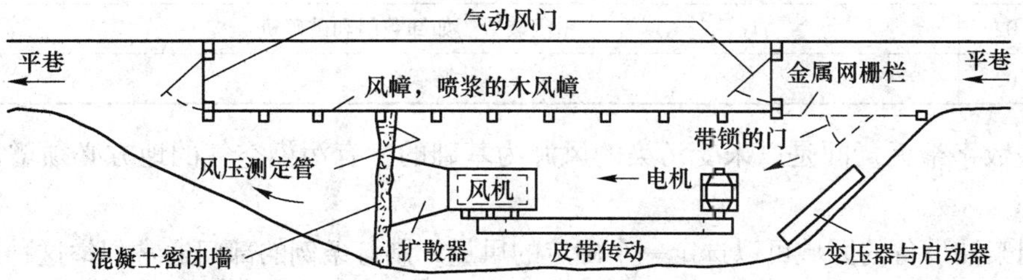

图 4-1 典型的地下局部扇风机装置

要确定局扇的工况是困难的。但假如它在通风网路中的位置可以估计出来的话，就可以进行合理的选择。如果风机位于风量较小的分支中，则风量通常是已知的，并可不考虑主扇运转状况的任何影响，求出所需要的风压。但这种方法不能用在与主扇串联工作的扇风机装置，也不能用在输送大部分总风量的主要分支中的扇风机装置。在这种场合下这些风机的工况要用计算或图解来确定。

4.5 矿山主要通风系统

矿井通风系统变化很大，它取决于矿体的大小与形状、采矿方法和开采深度。在深部不规则矿体多水平作业开采时，要建立和维持通风系统是最困难的。这些通风系统的风流阻力要求最有效地利用风量，这些风量是为提供和维护安全与健康的井下大气所必需的。只有在恰当地分配和控制足够的风量时才能达到这个要求。

不存在理想的或标准的矿井通风系统。通风系统的有效性和效率取决于是否很好地遵循和应用那些基本原理。

4.5.1 风量

足够的风量和恰当的风量分配这两个因素与采矿方法的工作经验是构成有效的矿井通风的基础。遗憾的是，没有确定适当风量的简单方法。必须估算出进入系统的所有污染物的数量和对生理的影响。

一个设计矿山所需的风量，有时是按年产量相同的通风良好的生产矿山的风量作基准的。用这种近似方法时，必须对设计矿山和生产矿山的采矿方法、采矿设备，污染控制措施及风量分配进行全面的分析和比较。除非进行适当的调整，否则这些因素中任何一个因素的改变都将导致低于或高于所推荐的通风系统的设计标准。不能完全信赖这种近似方法。然而对某些区域进行风量对比的做法有助于通风系统的设计。

有的通风专家用各种现采区的最低风速来计算设计风量。这个设计风量的方法在尤尔特的论文中已作过详细报道。表 4-3 是他提出的一些速度经验数据。

表 4-3　尤尔特提出的速度经验数据

速度/m·s^{-1}	地　点
0.20~0.25	掘进巷道、天井、竖井、运输巷、溜槽
0.15~0.25	回采工作面
0.25~0.88	耙矿巷道
0.77~1.02	密闭装置，如卸载门和破碎机
0.25~1.02	装载仓

这些数字毫无疑问是以未受污染的风源为基础的。有污染空气的地方必须增加稀释用的风量。

使用柴油设备的区域可以选定一个确定的风量。制订条例的部门通常列举这种设备所能使用的条件。萨斯喀彻温矿物资源部的规程详细地说明了柴油机废气和发动机附近的大气必须满足井下作业的要求。分析排出的废气和作业条件使工程师能够计算出所需要的风量。美国矿业局颁发的许可证规定了经过测试并被批准用于井下的各类柴油设备所需要的风量。

确定工作区大气质量的一个可靠方法是取样和分析，由此可以确定需要的风量以满足适当的质量控制。

4.5.2　机械通风方法

地下矿山可用压入式（正压）或抽出式（负压）通风。在选择通风方式时没有简单的规则可循。管理人员必须衡量所涉及的各种因素，并选择最适合于预期情况的方法。就相同的通风回路来说这两种方法都适用时，则压入式和抽出式系统之间效率上的差异可以忽略不计。

采用压入式通风时，主井一般用来回风，这对健康与安全常常是有害的，并可能损坏提升设备及井筒装置。另一方面，进风井的空气在冬天可引起严重结冰，同时增加了危险，并可能耽误生产。进风的提升井的冻结问题可在井口下通入热空气来解决。

必须对有利方面和不利方面进行仔细的权衡，但通常抽出式通风时还是采用提升井或主井进风为好。

在具有破碎地层的浅铀矿或地层裂隙可能通到已报废矿井的邻近采矿区，上述压入式通风可能是唯一可行的方法。

4.6　环境对矿山通风的要求

4.6.1　健康与公害

微细粉尘颗粒是伴随着回采矿石和回收金属的各种作业的副产品。它们危害健康并形成一种有害物质。后一种情况发生在粉尘分散成云状尘雾时，它能降低可见度，对人的精神有不好的影响；并引起机械设备和灵敏的电子系统内部部件的过度磨损和过早损坏。由于事故频率的增加，为了等待清除粉尘和烟雾而过多地耽误时间，以及过量的维修费用等，其直接后果是导致采矿成本的增加。

对健康的损害作用包括吸入微细粉尘颗粒并停留在肺气泡中。危害的程度取决于接触粉尘的时间和粉尘的性质，尤其是它的浓度和物理化学特性。所有由粉尘引起的肺部疾病统称为尘肺病，它是由于过分接触粉尘的结果，在许多矿区井下工人中，每年1%的发病率并不是罕见的。

要减少尘肺病的发生，就需要提供一个少尘的大气环境，即那里的空气质量符合工业卫生学家提出的标准。为此美国政府工业卫生学家协会临界极限值委员会每年出版一本这方面的指导书供使用。委员会每年重新审查这些极限值，如果各方面条件可以保证的话，即进行修订。然而，必须注意这些最高允许浓度和临界极限值只能作为指导，并只能由受过工业卫生方面训练的人员来解释和应用。

本节评述了井下采矿作业产生的气载粉尘颗粒的特性和尘源，概略地讨论了某些控制粉尘的常用技术，如抑制、稀释和排除。读者可参考国际劳工办事处发表的文件，它详细地报道了除通风以外的防止和抑制各种采矿作业粉尘的技术。

4.6.2 粉尘特点

有关气载粉尘颗粒行为方面的成功经验能促进有效控制粉尘方法的设计和实施。这里讨论的气载粉尘是直径小于10μm的颗粒。这个类别中包括了那些能引起肺部呼吸作用损伤的颗粒范围（0.25~7μm）。

在讨论微细颗粒动力学方面，沃利提出了粉尘颗粒的轨迹和沉降速度方面的某些实例。用公式计算出风流紊流区内粉尘的末速度或沉降速度，指出直径10μm、相对密度为2.7的颗粒，在重力作用下将以0.00762m/s的速度沉降。实际上，与人在静止大气中走动时引起的0.00762~0.1016m/s的杂散气流比较起来，上述速度是微不足道的。而且，如果将13.4m/s的速度加给同样的粉尘颗粒，它将在末速度到达以前在水平方向上移动不到305mm，并开始以0.00762m/s的速率垂直地下降。因此，很明显，微细的粉尘颗粒有效地维持自己的沉降时间不能超过零点几秒，并且就实用看来，气载微细粉尘颗粒的行为方式与包围它们的空气的行为方式有相似之处。

由这个讨论得出在粉尘控制策略方面某些十分重要的结论。其中之一是粉尘控制的工程问题，可归结为设计一个系统用来控制产尘工序中的空气。另一个重要结论是呼吸性粉尘将无限期地悬浮着，以致在井下作业的狭窄通道中尘云能容易地被运送，去污染远离尘源的地区。很明显，应该作出各种努力来防止粉尘悬浮到空气中。

为了广泛了解颗粒动力学，读者可参考海米昂、D. 瓦尔和莱普尔等人发表的文章。

4.6.3 空气质量评价

在井下作业时，一个减少接触粉尘的有效方法是准确评价环境质量。采用一张明细表作为常规的粉尘浓度测量，将精确地标定出产尘作业的地点和严重程度。而且，这种测量将决定原设计用来控制粉尘的方法是否有效，以及这些方法是否可以继续使用或适当地维护。

4.6.4 量测程序

在麦克尔罗伊、金杰里、尤尔特和国际劳工组织（ILO）发表的论文中，详细地叙述了通风测量用的仪器及推荐用来监测空气状态的程序。总之，这个方法应包括整个通风网路的综合测量，并在所有作业地点对气载粉尘进行有代表性地取样。有关扇风机性能的数据，所有风流的风量和风向，粉尘取样的地点和浓度应标在矿井的平面图和断面图上，而且图要随时更新。建议把另一些资料，如风流的干、湿球湿度情况以及消火栓、水龙带、灭火器、风门、密闭等的位置也应记载在平面图上（这些自然状况的资料在矿井发生火灾事故时将会是非常有价值的）。制成的矿井图可对现有的空气状态一目了然，并可作为一个有用的指南，用于确定改进和维持环境质量所必需的补救措施的类型和设置地点。

4.6.5 粉尘取样设备

缺乏有关尘肺病发病机理的结论性资料。在估计对健康的危害时，要想准确测定这些粉尘参数是非常困难的。在《空气取样仪》这本书中，详细地叙述和图示了许多这类仪器。美洲普遍倾向于重量法。顾名思义，也就是用质量或重量来评定采集的粉尘样品，在大不列颠与欧洲，在某种程度上也是如此。在这方面最近的发展趋势是仅采集尘云中可吸入的部分，所使用的仪器如艾尔和尤尔特所叙述的那样，这种方法应具有能精确地估计可吸入的尘云部分的性能，并取得足够量的粉尘试样用于分析（例如：用 X 射线光谱学分析石英含量）。

在这方面另一个最新的发展是塔尔伯特所描述的“衍射大小-频率分析仪”。此法利用光线衍射现象测量由热沉降器采集在玻璃片上的粉尘颗粒的总的表面积和可吸入部分的表面积。此法的缺点是采样周期限制在 1h 以内。

用于粉尘测定的理想仪器应该能满足巴兹威克和怀特的论文中所列出的要求：

(1) 采样周期至少为一个工班。

(2) 在工人的呼吸带内采集代表尘云的气载粉尘颗粒。

(3) 为化学矿物学分析采集足够的粉尘试样。

(4) 确定组成尘云的呼吸性粉尘颗粒的数量和粒径分布。

(5) 确定呼吸性粉尘颗粒的表面积，并作为衡量它们生物学特性的一个手段。

(6) 确定在工作期间可能吸入的或可能停滞在肺里的呼吸性粉尘的存积量。

在设计鉴定粉尘的仪器时，最终应做成类似人肺的装置，并最好具有和正常呼吸系统中肺气泡相同的那种滞留颗粒的能力，这种能力可用图表示之。由于尚没有理想的仪器型式，建议通风工程师在选择合适的测尘仪器和测量技术时，可参阅国家和联邦工业卫生法规作为指南。

4.6.6 粉尘控制技术

系统地实现下述全部或部分措施可以减少工人们接触有害浓度的粉尘的时间。

(1) 降低产尘量。

(2) 防止尘云的扩散。

(3) 进行稀释通风。

(4) 使用个体防护措施。

4.6.6.1 粉尘的产生

虽然大多数井下作业（如凿岩、爆破、运输等）产生大量粉尘，但产生的粉尘量在某些情况下是可以降低的。环境保护工程师应以改进机械的使用和改变工艺为目的，对所有设备和工艺过程进行监测，使之产生较少的粉尘。由于钝钎头的研磨作用，它比锐利的钎头要产生更多的粉尘；钎刃处排除岩粉用的水供应不足，也将导致大量粉尘的产生，这些都是无可置疑的事实。在其他情况下，缩短岩矿降落距离可以减少岩矿在跌落过程中的研磨和破碎作用——例如，皮带运输机的转运点或用来向矿车装矿石或向破碎机喂矿的溜矿槽的距离。这些只是能降低产尘量的许多方法中的少数几个例子。无疑，在这方面的任何进展，都将大大地促进整个粉尘控制计划的成功。事实上，含尘空气应直接抽至回风井，或者在使用之前进行净化。

4.6.6.2 粉尘的扩散

粉尘的扩散可以由双重的方法来降低和控制，包括水的应用和气流的控制。虽然水和其他湿润剂抑制气载粉尘的效果不大，但它们在抑制产尘源的粉尘时是非常有用的。为此，应尽量将湿润剂直接用于产尘源，以保证破碎岩石处于湿润状态，并限制随后发生的粉尘扩散。

在大多数情况下，把产尘作业限制在一个封闭的容器中并控制其中的空气，粉尘的扩散实际上已被消除。从封闭容器中出来的污浊空气可直接抽至回风井，假如这样做不太容易的话，可将污浊空气送进一个过滤装置，过滤后的含尘量可降到符合要求的浓度。

4.6.6.3 稀释通风

在井下作业时，用风流稀释和排走尘云是最常用的控制污染的方法。这种方法用在生产区如采矿场、耙矿巷道等，即从主风流引一分流直接通过工作面。所需风量的设计标准是按 0.15~0.25m/s 风速，根据作业类型和其他局部条件而定。在某些情况下风量可能剧增，例如，高速传动装置或耙矿巷道，产尘严重的作业地点可能需要 0.76m/s 或更大的风速。

在平巷和天井掘进中，设计的风量也按 0.15~0.25m/s 的风速，或每平方米断面 0.0142~0.0236m^3/s 供给。采用的局部通风系统类型将受到矿井局部条件的支配。多数情况压抽式（或混合系统）将提供最满意的环境。该系统由一个抽出污浊空气的主风筒和一个距工作面 6m 或 9m 以内的小压入式风筒组成。抽出式风筒和压入式风筒重叠部分的长度将由巷道的尺寸决定，但在任何情况下必须不少于 9m。压入式风机应按计算的风量供风，而为了避免污浊空气再循环至工作面，该风量大致不能超过抽出风量的 60%。

混合式系统不应该用于那些原岩温度高的工作区。在这种情况下，新鲜的冷空气在通到工作面的过程中被加热并饱含水汽。为避免这种情况，应采用压入式局部通风系统，这样，新鲜空气能以干燥状态送到工作面并保持它的冷却能力。假如压入式系统的出口能保持在距工作面 6~9m 以内，这将获得理想的条件。在出口处安装一个锥形筒用以增加出口的风速或“冲刷”力，即能改进清洗或冲刷作用。

采用壁厚 6~10mm 的半钢性的聚乙烯风筒，可以避免爆破时对风筒的损坏。据圣·

皮埃尔报道，这类风筒的性能是最好的，其接头处漏风最少，摩擦系数很小并可100%重复使用。他还提到，在天井凿岩作业中，安置一个152mm直径的聚乙烯风筒用来通风，能大大改善环境条件。将风筒末端至工作面的距离保持在7.62m之内，粉尘浓度就能降到允许的极限值以下。哈金斯报道说，在天井中用一个直径76mm的铝管和压缩空气驱动的文丘里管来通风，粉尘浓度可降至50%左右。

不提倡单独采用抽出式系统作局部通风，因为要保持风筒末端接近产尘作业处是不易的，尤其是在爆破的时候。距风筒入口端大约两倍管径远处的抽风效率就会迅速降低，并趋近于零。

4.6.6.4 个体防护

在粉尘控制计划中，通常是最后才考虑采用个体防护措施，也即当认为应用它们是非常有效果的时候。已在所有矿山使用的一种间接方法，就是在放炮时将工人撤出工作区，用足够的一段时间把污染空气全部排走。一种非常值得推荐的作业方法是把所有的主要爆破安排在班末，并尽可能多地把二次破碎也安排在班末进行。因为工人们已离开了工作区，接触粉尘和炮烟的时间显著地减少了，污风通过工作区直接流向主回风井。

有时候由于局部条件使得有效地限制严重产尘作业的粉尘成为不现实或不可能。在这些情况下，可以采用一个罩子型的个体防护装置，其大小足以罩住工人，并在正压下保持罩内的优质空气。假如上述措施实现不了，最后的办法是使用经美国矿业局批准的专用于这种粉尘的防尘口罩。虽然如此，还是建议尽量采用一些其他的粉尘控制措施，因为实际情况表明，不论是自愿或是强制都很难推广防尘口罩的使用。

4.6.6.5 凿岩作业

在金属矿山凿岩是主要的作业，而常用的冲击式凿岩机则是产生大量粉尘的源泉。然而可以采取若干预防措施来改进这种不希望有的性能。

特别是在缺水的情况下，“打眼”作业产生的粉尘是相当多的。推荐的自动返阀（automatic back head）（即气水阀联锁）是为清除形成干式“打眼”而设计的。遗憾的是，某些操作人员在靠近凿岩机的供水软管上安装了手动阀门，以至干式凿眼仍是可能的，这种情况在许多矿山都存在。这种手动阀门应该拆掉或移装到凿岩工不易接近的地方，操作自动控制阀门不谨慎仍能导致干式打眼。当自动控制阀门正常推进至“开”的位置时，它在打开节气阀之前把送水阀门打开。如果操作人员猛地将自动控制器推至“开”的位置，有可能使钎杆在水未到达钎刃之前就开始旋转。应训练操作人员进行正确的凿岩作业，以消除这种坏习惯。

在开眼作业完成以后，即使炮孔已充满了水，冲击式凿岩机仍继续产生粉尘。这是由于少量压缩空气经过活塞漏入凿岩机的机头部引起的，它以水中的气泡形式从机头部流经空心钎杆中的孔。在孔底，这些气泡带上了粉尘颗粒，当气泡从钻孔中逸出时把粉尘颗粒放出。凿岩机制造厂在设计时，在凿岩机机头部开一个孔来设法解决这个问题。它可使压缩空气在进入凿岩钎杆的钎尾之前通过这个孔排出机外。虽然这种类型的机器比以前的机器散布的粉尘少，但由于凿岩机机头中部件的维修费用高，没有能在北美推广使用。在标准凿岩机中，是有意让压缩空气经过气缸漏掉的，因为这些空气饱含润滑油，可润滑凿岩机机头中的运动部件。这就显示出开孔型凿岩机不是完全可取的，除非制造厂改进凿岩机机头部件的润滑方法。

其他一些因素也不利于凿岩作业，诸如水管的尺寸和位置，钎头的锋利程度，钎头和钎尾水孔的情况以及操作用的水压。尤尔特和布卢默报道了这方面和凿岩作业中其他方面的一些情况，并介绍了降低粉尘产生量和扩散量的方法。

4.6.6.6 爆破

爆破与大多数其他采矿作业不同，因为它不仅产生粉尘，而且还产生其他污染物，例如一氧化碳和氮氧化物的烟雾。由于在爆破时很难防止粉尘的产生，重点应放在控制已形成的污染物上。

由爆破产生的粉尘的控制，第一步是保证在放炮前将爆破区周围（两帮、底板和顶板）彻底地湿润。这种预防措施将防止以前作业时沉降下来的粉尘变成气载粉尘。而且由爆破形成的某些粉尘，将黏着在工作区的湿润面上，因此减少了气流中污染物的浓度。

第二步，使用一种叫做“风水喷雾器”（放炮后压气喷水）的装置，它对控制爆破形成的污染物是一种非常有效的措施。在减少粉尘扩散和降低氮氧化物烟雾的含量（因为它们溶解于水）方面，这种装置是非常好的。但是对于爆破时形成的空气中一氧化碳成分没有明显的作用，因为它实际上是不溶于水的。

风水喷雾器装置的设计类型各异，由矿井机械车间装配的廉价而简单的型式到一些制造厂制造的昂贵而精致的类型。这种装置的效果由形成水雾的细度以及风水混合物的“抛掷”和“扩散”情况来决定。一份未公开的报道上记载着：通过对 11 种不同类型的风水喷雾器进行的试验指出，耗水量为 0.06~0.61L/s，压气消耗量为 0.0496~0.1416m^3/s（指自由空气体积）。很明显，不应选用某一个别类型当作标准而用于整个矿山的所有工作地点。对供风量很少或不通风的工作区，供应高效率的风水喷雾器最为有利。反之，在用常规手段就能使通风变得良好的地方，使用风水喷雾器是不合适的，在这种地方用只会浪费价格不菲的压缩空气。这一原理同样适用于供水，特别是平巷与天井中的爆破，应不同于采场中含有大吨位崩落矿石时的大爆破。

压缩空气和水在喷出之前的混合方式是风水喷嘴的一个重要特性，它的结构应包括防止水漏入压风管，尤其是在风压低于水压的时候。在国际劳工组织发表的论文中对两种适用的喷嘴作了图解说明，其他类型的可用喷嘴详图可向安大略矿山事故预防协会索取。

控制爆破形成的污染物的最后一个步骤是提供清除污物的措施。在南非使用的一种特殊类型的集尘器，是由用碳酸钠和高锰酸钾溶液处理过的蛭石层和法兰绒过滤器组成，前者用以除去氮氧化物烟雾，后者收集粉尘颗粒。处理后的空气回到新鲜风流分支，在那里稀释比至少为 5∶1。拉布逊提出了设备的详图。

在没有过滤装置的地方，爆破产生的粉尘和烟雾应进行稀释，并经无人行走的路线抽至地表，为此目的，最好设计一条回风天井。假如不可能做到这点，那么爆破时间应该这样安排，使废风在矿工们不在时通过工作地点。不这样做，将引起健康损害并降低生产效率，因为由于必须清除粉尘和烟雾，这时矿工们需要离开他们的工作地点。

4.6.6.7 机械装载

爆破后在一段适当的时间内，使用风水喷雾器就不需要在装载作业开始前立即喷洒水。另一方面，假如必须用手拿水管来浇湿岩石堆的话，环境质量将大大恶化，因为这样浇水就像往一桶面粉里射水一样。

对表面用水浸泡后的岩石堆进行的调查表明，水透入岩堆的深度和广度是浅而有限的。换句话说，要用一股喷水方法彻底湿润岩石堆实际上是不可能的。结果，在装载或耙矿作业进行中，不断有干粉尘物质显露出来。在这种情况下，在新的碎石暴露地点必须保持连续的喷雾或洒水。不推荐使用手持式水管洒水，因为操作者对在装车过程中剥露出新的岩石可能因急于完成作业循环而洒水过少。在风动装载机械的前端安装一个喷雾器已取得一些效果。一个能喷成扁平散开的雾状水滴流的喷嘴能产生相当湿润作用，而耗水量最少。

在采矿场和耙矿巷道中耙运岩石时会产生大量粉尘，尤其是在岩石干燥和操作速度很快的时候更是如此。控制这类粉尘的一个成功的方法，是在耙斗“插”入岩堆的地方安置多孔棒式洒水器，并顺着耙斗前进的巷道间隔设置一个或几个附加的喷嘴型喷雾器。在溜矿井或装矿点设置成雾状喷雾器能减少粉尘的扩散，并改善岩石的湿润情况以适应随后的作业（例如破碎和运输）。皮科克介绍了喷嘴和多孔棒式喷雾器的详图，并讨论了这些装置在减少粉尘扩散中的效率。

4.6.6.8 *矿石和废石溜井*

由于溜井中作业的特性，矿石和废石溜井是大量气载粉尘的源泉。倒入溜井的破碎岩石含有大量的固有粉尘，这些粉尘是前几道工序，如爆破、装载等的破碎作用的产物。而且当它们倾卸和下落通过溜井时，由于岩石的相互自磨作用产生很多粉尘，它们成为气载并易于扩散。在这些地方，粉尘扩散的程度受两个因素支配：(1) 由岩石块从溜井中置换出的空气量；(2) 在溜井中由于下落岩块的“活塞”作用所带动的空气量。

可以采取若干措施来减少矿石和岩石溜井入口处粉尘的扩散。第一道防线是保证岩石在卸入卸矿口之前已充分地湿润。如前所述，在前面几道工序中使用喷水装置能抑制包含在岩石块体间的粉尘。在卸矿点设置一个雾状喷雾器，当岩石卸入溜井时向岩石喷雾，以获得进一步的湿润作用。应该采用非常细的雾以达到用最少的水量取得最佳的湿润作用。在溜矿井处过量地用水会遭到反对，其原因为：(1) 在矿石中有过量的水不利于破碎和碎磨作业；(2) 在天井中矿石的顶部可能积聚大量的水，可能会对下一阶段作业的工人造成隐患。

要在矿石和废石溜井处创造一个良好的环境，第二个步骤是将粉尘限制在溜井内，防止它逸出并扩散到工作区。在卸载和翻卸点上面设置密闭和不透气的活门，能达到上述目的。为了防止含尘空气逸出，及时维修这些活门是非常重要的。近几年来已为此设计了一些装置。尼恩描述了其中一个典型的装置。该专用装置是为格兰比型式的车辆设计的，它是风动的，并易于维修。

第三个步骤是提供一些措施使封闭的矿石和废石溜井保持负压状态，用以保证所有的漏风通路都是入风的，并能捕获当岩石卸入溜井时置换出来的空气。安装一台适当的风机，从溜井内合适的地点抽风即可实现上述要求。抽出的废风必须过滤，或者经过一条无人行走的路线直接送到回风天井。

抽出式风机的理想位置是在矿石或废石溜井的顶部。在这种情况下，粗颗粒粉尘可沉降在溜井中，因而减轻了集尘器的负担，并在缺少净化装置时，使风机叶片的磨损减至最少。这样布置的另一优点，是可以利用在矿井工作水平或生产水平上部的抽风点，使带尘空气的处理更为容易。

对使用单个风机的替换办法是设置较小型的单个抽风装置为每一个卸矿点服务。装配铰链式或滑动式风门，能在卸矿点上构成合适的密闭。风机的功率取决于风量，在卸矿时该风量通过开着的门必须维持 1m/s 的吸风速度。从溜井抽出的空气通常含有大量粉尘，必须送至回风系统或者在加入新风支流以前，在一个高效率的集尘器内进行处理。一种特殊装置的细节部分将由卸矿点的局部条件所决定。读者可参考尼恩、菲米斯特和格雷等人叙述的典型设计。

前面讨论的粉尘控制措施，虽然能捕获岩石卸入溜井时置换出来的空气，但不能完全控制溜井中冲击气流扩散的粉尘，这种冲击气流是由岩石落下的活塞作用形成的。马歇尔曾叙述过这个问题的解决办法。这一方法的成功是设置了“释放阀”，也即在各矿石和废石溜井之间，在若干标高上开凿联络巷道。含尘空气在下落岩石引起的压力作用下实际上是通过联络巷短路流向平行的溜井，这样对风扇抽出的空气起了“贮气筒”的作用。马歇尔就他所研究的实例报道说，含尘空气的气浪实际上已被消除，用这个方法，增强了井下破碎机站和装载仓处粉尘控制的效果。

乍看起来，控制自矿石和废石溜井向外扩散粉尘的问题似乎已经解决。事实上并非如此，因为还没有得到证明某种方法可精确地确定克服含尘空气的气浪作用所需要的扇风机功率。冲击气流的流量取决于若干参数，包括下落岩石的块度和通过量、岩石下溜高度、溜井规格以及可供气流使用的溜井出入口规格。虽然这早已是一些研究计划的主题，但答案仍然含糊不清，尚有进一步研究的必要。安德森报道了最近获得的一个解法，他提出下面这一公式：

$$Q = 10A^3RS^2/D \tag{4-1}$$

式中 Q——冲击气流流量，ft^3/min；

A——上部密闭罩的孔口断面，ft^2；

R——矿、岩落矿量，长吨/h；

S——落矿高度，ft；

D——矿、岩块度平均直径，ft。

($1ft^3/min = 0.000472m^3/s$；$1m = 3.2808ft$；$1t = 0.9842$ 长吨)。

虽然这个公式有局限性，并不能对所有情况都提供正确的答案，但是它在确定一个合适的抽出式风机功率时，对消除某些推测是一个有用的导则。

另一种控制粉尘从矿石溜井扩散出来的方法是自溜井底部附近某一点抽出冲击空气。用这种方法时，抽风量必须足以使溜井保持负压状态，以防正压引起含尘空气的气浪。在多水平开采的矿井中，那里矿石连续不断地溜入分支溜井再汇入主溜井（例如，具有耙矿巷道的崩落采矿法)，使用这个方法是很有利的。福斯特曾讨论过这个方法的应用问题。该法的一个缺点是粗粒粉尘被抽出的空气带出溜井。为了排走或处理粗粒粉尘，必须设置一个强制通风区或某种其他设备。另一缺点是粉尘颗粒对抽出式风机叶片的磨损，特别是当它安装在靠近溜矿井附近的回风巷区域内更为严重。

4.6.6.9 破碎机

井下破碎站是一个有限的空间，如果缺乏防护措施则易被粉尘污染。这些硐室中环境的恶化，是由于前几道工序在对矿石的处理中产生的粉尘以及破碎机颚板的碎磨作用产生的粉尘所造成的。这些尘源能使用常用的原理进行控制，即 (1) 密闭；(2) 在密闭罩内稀释并排走气载颗粒。

最简单和最有效的方法是将破碎机的喂矿溜槽、破碎机的喂料口以及沿着矿石经过的通路上所有其他孔口完全地封闭起来。为了防止粉尘的扩散，密闭罩内应保持负压，该负压由一台风机从破碎机颚板下面的孔口吸风形成。为了避免吸入粗的颗粒，破碎机站的吸风管入口应尽可能远离矿石流，因为这些粗颗粒对粉尘控制系统的所有部件都有损害作用。

抽出式风机的功率由计算的所需风量来决定，该风量在通过密闭罩内所有不可避免的孔口和漏风通道时，必须提供 1m/s 的吸入风速。由于要求的风量是风流通过的孔口面积的函数，假如破碎机的颚板不密闭，风机的功率将明显地大大增加。虽然对全部密闭喂矿溜槽和破碎机提出过某些异议，但在成功地使用这种装置的文献中有许多这方面的实例。沃尔克、斯莱特和格雷等人介绍了一些典型的设计。

从密闭罩里抽出的污浊空气可由若干途径处理，其选择将取决于局部条件。理想的方法是经过一个风管抽取含尘空气导向回风天井。但是，由于破碎站相对于天井的位置，上述方法通常是不能实现的，所以应改变方法。改进的设计是在破碎机站内或附近安装一个合适的集尘器，使污浊空气回到新风分支前经过过滤。如果过滤后的空气在破碎车间内需要再循环的话，为了补偿集尘器的效率，应以三份新鲜空气和一份过滤后的空气的比例进行稀释。集尘器的效率取决于若干因素，如处理的粉尘量、过滤介质的类型和通过该集尘器的风速。

对井下粉尘控制系统，推荐用一种加有纤维材料作过滤介质的集尘器。它以相当低的成本，提供了良好的过滤效果。最常用的三种纤维品是毛织品、涤纶和棉织品。多年来，后者是非常流行的，并仍然广泛地应用于某些较大的石棉工厂。棉布型集尘器的主要缺点是需要的空间大，因为要达到最佳过滤效果，气-布比（空气通过棉布的速度）必须低。假如通过棉织品的风速超过了 0. 01m/s，过滤效果就迅速恶化。

南非最早发明用毛织品作过滤介质，至今在南非和澳大利亚上述介质仍有广泛应用。虽然它透气性差，但在高风速下也能得到良好的过滤效率。拉布逊、沃尔克和菲米斯特报道说，以高达 0. 13m/s 的风速通过法兰绒布袋的井下装置，能在那里维持良好的空气条件。然而，一个装置中的布袋的寿命限制在 20 个月左右，而且在大多数情况下，要把过滤介质从机壳中移走并进行清洗。这两个特性增加了法兰绒型过滤器的经营费，需认真考虑的是这种装置维修要求高且不方便。

近年来，由于合成纤维的发展，带来了若干适用于空气过滤的新型织品，其中之一为多毛涤纶，在加拿大采矿工业中获得很显著的成果。西格斯沃思报导过这种材料在气-布比为 7∶1 时的使用情况。在井下破碎站使用了七年之后，原先的涤纶过滤布袋仍然是完好的，并且能输送粉尘浓度在临界值以下的清洁空气。在加拿大其他矿山，在高湿的条件下也获得了同样的效果，说明多绒毛涤纶可推荐给多数矿山井下使用。

粉尘收集系统经常被忽视的一个特性是，已收集的粉尘的处理问题。不好的处理方法可能导致粉尘在工作区扩散，因而否定了控制系统的价值。把集尘器安装在溜矿井附近，贮尘斗内的粉尘就能经过一条管道或全部密闭的溜槽直接排到回风天井，这将大大地简化粉尘的处理。

5 岩石力学、ANSYS 仿真分析和胀锚拱理论

5.1 岩石和岩石力学

从工程观点来看，岩石是这样的两种材料：（1）完整岩石。即岩性单一且较为均质的岩片或岩块，其中不含有由于地质成因所造成的诸如断层或节理等严重的力学缺陷；（2）原处岩石。即尺寸足够大，其中含有上述严重力学缺陷的岩体。岩体由一种或几种岩石组成。完整岩石的性质关系到凿岩、破碎、磨矿或其他机械作业等过程，在这些过程中所产生的岩石表面大部分都是新鲜的。而原处岩石的性质则关系到边坡或地下坑硐的设计或稳定性评价问题。上述两种岩石的力学性质是很不相同的，下面将分别予以说明。

岩石力学是研究岩石的力学性质与行为，也即研究在力场作用下岩石是如何表现的一门科学。这种力场的产生，可能是由于在连贯的岩体中开挖了坑硐所致，也可能由凿岩或破碎等机械方法所引起。岩石力学这一学科对采矿工程特别重要，这是因为岩石既是矿山工程的主要结构材料，又是采掘过程的主要产品。

5.2 岩石的鉴定与分类

5.2.1 完整岩石

对完整岩石的类型进行地质鉴定，一般是以一小段岩芯为研究基础；或者，若有坑内巷道时，则选取一些岩块进行研究。这样的鉴定方法可用于岩石的常规分类，即把岩石分为岩浆岩、变质岩和沉积岩。采用钻孔光学或电视摄影技术进行钻孔观察可以补充岩芯研究的不足。若岩体中某些部分变质或风化得取不出岩芯时，摄影观察资料就更为有用。此外，为了量测完整岩石的强度、变形模量和摩擦性质，还应进行力学性质的测定。这些测定可用于完整岩石在力学上的分类。例如，迪尔和米勒的分类方法（表 5-1）就是利用单轴抗压强度 C_0 和 50% C_0 值处切线弹性模量 $E_{t(50)}$，而把岩石分为 BM、AH、BL 等几种类型。

表 5-1　完整岩石的工程分类①

	类别	说明	单轴抗压强度/MPa
I. 按强度分类	A	强度很高的	>220
	B	强度高的	110~220
	C	强度中等的	55~110
	D	强度低的	28~55
	E	强度很低的	<28

续表 5-1

	类别	说明	模量比
Ⅱ. 按模量比分类	H	模量比高的	>500
	M	模量比中等的	200~500
	L	模量比低的	<200

①引自迪尔和米勒。模量比 = $E_{t(50)}/C_0$。

5.2.2 原岩

原处岩石的力学评价和分类，一般是根据对勘探岩芯的研究，或者假如有坑内巷道的话，根据对原岩处的观察。原岩的力学缺陷定义如下：

(1) 断裂。岩体中的破裂，可能伴有或者没有位移。断裂的成因可能是地质上的，也可能是人为的，如像爆破作业所引起的断裂。

(2) 断层。由地质成因产生的断裂，并伴随有剪切位移。断层中一般都含有断层泥、分解或蚀变产物。

(3) 节理。岩体中由地质成因产生的断裂，不伴随位移。节理通常都成组或按一定系统地存在。在节理面上可能有分解或蚀变的产物。

(4) 夹层。把较厚岩层分开的薄层沉积物，经常是有机物。

(5) 层面。在层状岩体中相邻岩层的分界面。

在编录力学缺陷时，特别重要的是要把各种类型缺陷面的胶结（黏结）程度，即估计的抗拉强度记录下来。一般来说，断层或断层带的胶结强度可以忽略，而节理面上的胶结强度是变化的，可从零直到与围岩强度相等，甚至超过了围岩的强度。夹层或层面上的胶结强度也是变化的，其强度最小可为零，但最大也不会超过围岩的强度。

5.3 岩石的力学性质与行为

采矿技术人员特别关心的岩石性质有三种：(1) 变形特性，即在力的作用下，岩石是如何变形的；(2) 强度，即抗压强度、抗拉强度及抗剪强度；(3) 摩擦性质，即岩石在一摩擦面上是如何滑移的。在不同程度上，上述性质都是与时间有关的。但是，在几分之一秒到几分钟内完成的试验，可认为是与时间无关的，或认为是静态试验，尽管在该试验中也存在一些与时间有关的效应。进行时间很长的试验（几小时到几年），则可认为与时间有关，并包含有像蠕变一类的现象。另外，有些物理化学作用，如含水量、孔隙水压力等的作用，对岩石的性质也有影响。本节将研究完整岩石与岩体的各种性质。

完整岩石的静态性质。当一应力（单位面积上的力）作用于某种真实材料（如岩石）上，材料将变形。要了解真实材料的变形性质，我们首先来研究一种理想的（假想的）材料的变形性质。图 5-1 所示的应力-应变曲线，是一种线性的或完全弹性材料的应力-应变曲线。对这种材料 $\varepsilon = \sigma/E$，其中比例常数 E 称为杨氏弹性模量。真实材料都不是完全弹性的，可是一些岩浆岩接近于完全弹性。完全弹性材料的力学模型是一个弹簧。

完全塑性材料在应力不大于 σ_0 时，不会变形。当应力增大到 σ_0 时，则将无限地永久变形，并且不能承受大于 σ_0 的应力（见图5-2）。完全塑性材料的力学模型是一个摩擦面。弹塑性材料在应力小于 σ_0 时，为线性弹性的，当应力达到 σ_0 时，则成为完全塑性材料（见图5-3）。其力学模型为一摩擦面与一弹簧串联。

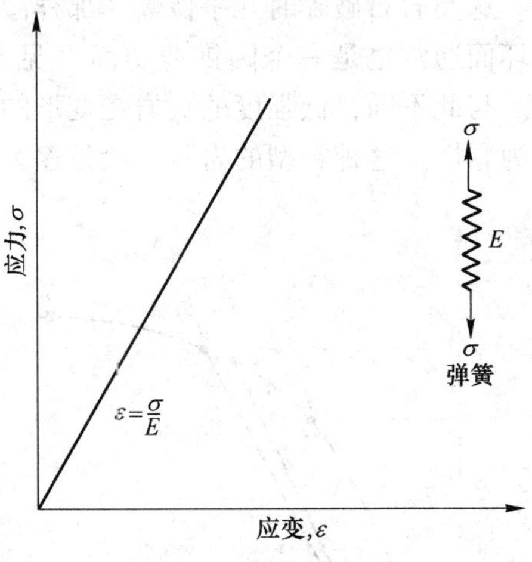

图 5-1　完全弹性材料

图5-4为一种材料的应力-应变曲线，当应力小于 σ_1（图中 a 点）时，为线性弹性的；应力大于 σ_1 时，则呈现非弹性性质，即其应变不与应力成正比；若应力增大到 σ_2(b 点)，应力解除后变形即消失，这种材料称为弹性的。b 点称为屈服点，σ_2 称为屈服应力。若应力超过屈服应力，如在 c 点，当应力解除后，变形并不能完全消失，这就是说材料产生了永久变形。若重新施加应力，从 ε_1 点到 d 点的应力-应变曲线近似直线，这种现象可称为变形硬化或加工硬化。若应力再增加到 σ_3 以上，则材料又继续非弹性变形，直到破坏为止。变形超过 b 点的材料称为延性材料。

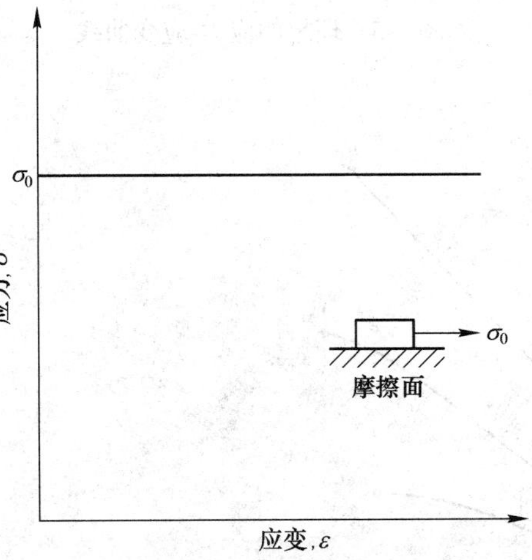

图 5-2　完全塑性材料

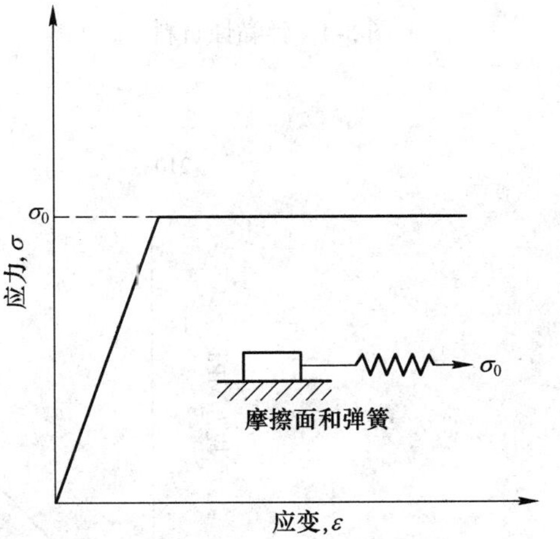

图 5-3　弹塑性材料

图5-5为一种理想岩石的变形特性曲线。切线弹性模量 E_t，就是在应力-应变曲线上某一特定应力点的斜率，即 $(\Delta\sigma/\Delta\varepsilon)_{\sigma_1}$。割线弹性模量 E_s，就是在某一特定应力时，应力与应变的比值，即 $(\sigma/\varepsilon)_{\sigma_2}$。一般来说，岩石的应力-应变曲线在低应力时，其斜率逐渐增大，然后变成直线，一直到应力大于某一值时，其斜率将逐渐变小，在一定条件下，可变为零，然后转为负值。斜率呈负值的那段曲线与实验设备的刚性有关，也与岩石的性质及加载速度有关。负斜率表示某些岩石材料在超过了最大应力时，还有一定的承载能力。一般认为，在应力-应变曲线的斜率开始变小的应力值附近，岩石材料内部已破坏，这是由于微裂隙或宏观裂隙的扩展所致。

图5-6为三种岩石的单轴抗压试验时的应力-应变曲线。F 点所表示的极限应力值称为单轴抗压强度 C_0。花岗岩与其他一些岩浆岩，直到破坏前，它们与线性弹性性质偏离很

少。这类岩石破碎时几乎像爆炸那样激烈而成为碎块，但在单轴压缩试验中，岩石试件的破坏面通常也是一个圆锥剪切面（见5.4.1.2小节）。具有这种性质的岩石称为脆性岩石。与此不同，低强度的页岩在变形的大部分范围内是非弹性的，而在较高的应力时往往成为黏性。这种类型的岩石一般是逐渐破坏的。

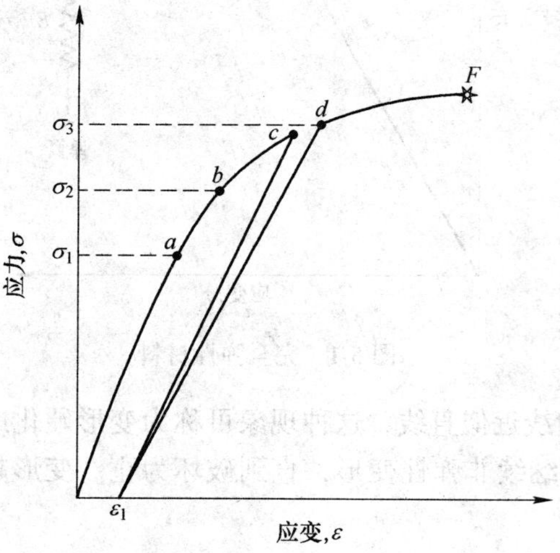

图5-4 弹黏性材料

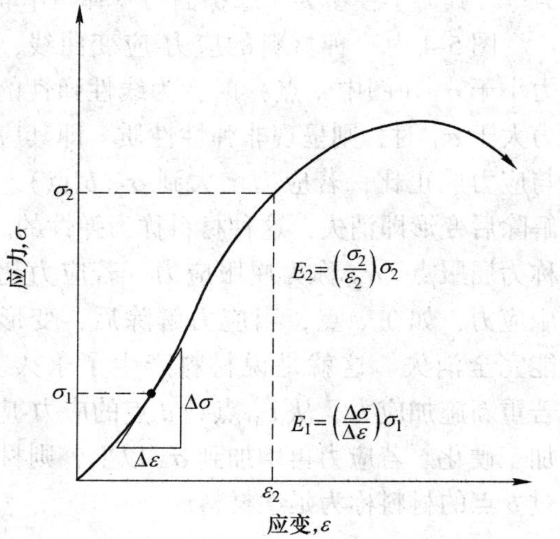

图5-5 理想的应力-应变曲线

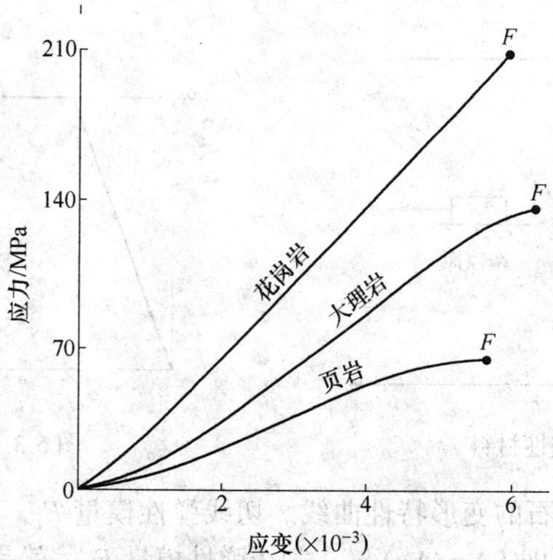

图5-6 三种岩石的应力-应变曲线

5.4 强度与断裂力学

5.4.1 应力极限状态

从工程观点来看，一种材料若不能满足工程的使用要求，则可称为破坏。脆性材料可能由于裂隙的发展或扩张而破坏，或者由于破裂成为碎块而破坏，此时，破裂断面的正交方向已没有黏结力。另外一种材料可能由于变形过大而破坏。对黏性材料来说，也可能伴随产生滑移面，即在这种面上有位移产生，但还没有完全丧失黏结力。不论是断裂，还是变形过大，力学破坏都是由于施加了某种组合的载荷引起的，它使材料中的每一点都产生一定的应力状态，这种应力状态可以用主应力 σ_1、σ_2、σ_3 表示。在本章中，习惯采用压应力为正值，并且 $\sigma_1 \geqslant \sigma_2 \geqslant \sigma_3$。能使材料破坏的每一组 σ_1、σ_2、σ_3 值，可以用 σ_1、σ_2、σ_3 坐标系中的点来表示，而且所有这些能使材料破坏的点形成一破坏曲面，称为极限曲面，其方程为 $f(\sigma_1、\sigma_2、\sigma_3)=0$，或 $\sigma_1=f(\sigma_2, \sigma_3)$。

如果物体中每一点的应力 σ_1、σ_2、σ_3 值的大小和方向都相同则称为均匀应力场，否则称为非均匀应力场。当试件中的应力场是（近似）均匀的，则在确定其极限应力状态时，对试验结果加以解释。

假如物体具有一个（或两个）自由面，即该面上的主应力等于零，则可称为无侧压的。多数无侧压岩石都属于脆性材料，其破坏均是由于断裂而产生。在工程应用中，岩石一般都是无侧压的，它在三个互相垂直方向中至少都具有一个或往往两个自由面，例如，在破碎、研磨或钻凿岩石以及在矿柱或地下坑硐的表面都是如此的。因此，在实用中，多把岩石看作脆性材料，通常由于断裂而破坏。但也有例外，如岩盐矿和其它的蒸发盐矿，以及含有黏土成分的岩石。对于这些材料来说，极限破坏面是不确定的。

在确定岩体中的极限应力状态时，想获得绝对均匀的应力场是难以实现的。在拉伸试验时，特别是在使用“骨”形试件时，是接近均匀应力场的。虽然通常把对试件施加均匀载荷的情况作为均匀应力场对待，可是在某些情况下，偏离均匀应力场的程度超过20%。

5.4.1.1　单轴拉伸试验（$\sigma_1=\sigma_2=0>\sigma_3$）

单轴拉伸试验给出破坏面 $f(\sigma_1, \sigma_2, \sigma_3)=0$ 上一点 T_0（图5-7）。各向同性较好的岩石在作拉伸试验时，将在大致与拉力方向垂直的面上断裂，还产生一些扩张或劈裂的断裂面。

5.4.1.2　单轴压缩试验（$\sigma_1>0=\sigma_2=\sigma_3$）

单轴压缩试验给出极限面 $f(\sigma_1, \sigma_2, \sigma_3)=0$ 上一点 C_0（图5-8）。在绝大多数单轴压缩试验中，岩石试件的破坏面是一个圆锥面（剪切面）在破坏面上相当明显地呈现出晶粒磨粉和擦痕迹象。对岩浆岩来说，破坏常常是突然的和爆发性的。而对于那些强度较低的沉积岩和蒸发盐矿，破坏发生的不那么突然，在破坏之前呈现出一定程度的屈服。

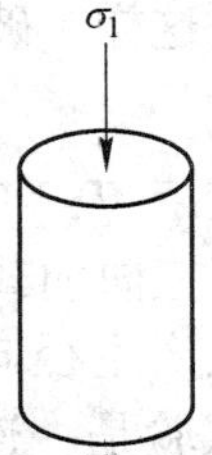

单轴压缩

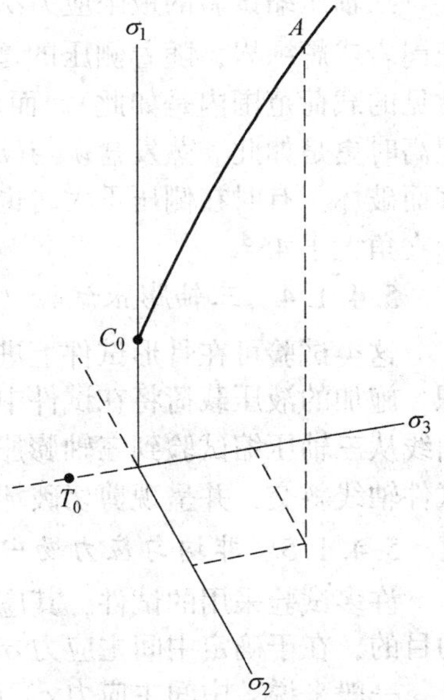

图5-7　极限应力状态

试件破坏的方式与所采用的压力机类型有关，对最通常采用的液体压力机或螺旋压力机来说，当初始屈服和（或）破坏开始时，压力机中积聚的能量传递给试件，加速了试件破坏的过程。但是，若采用刚性压力机，积聚的能量要小些，故传递到试件的能量也大大减小。常常看到，某些试件屈服达到这样的程度，致使破坏前应力-应变曲线斜率可以成为负值。

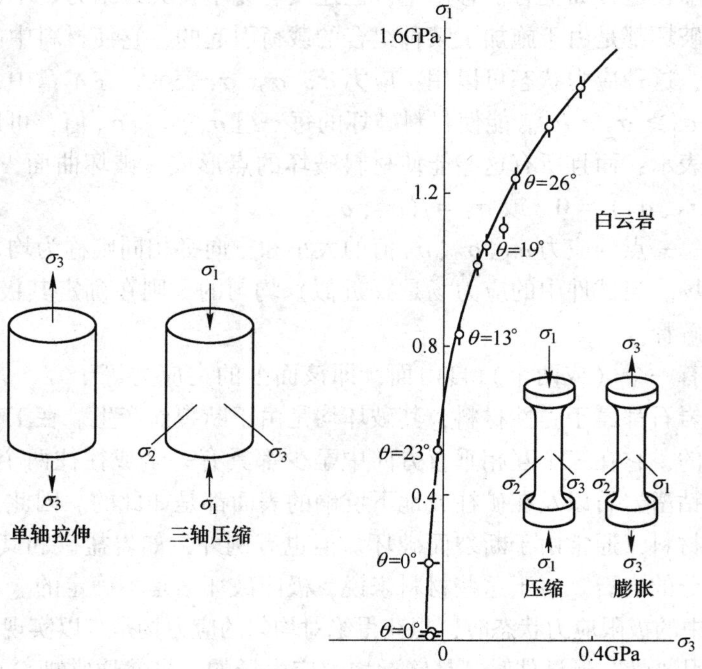

图 5-8　白云岩三轴压缩与三轴膨胀试验结果

5.4.1.3　三轴压缩试验（$\sigma_1>\sigma_2=\sigma_3>0$）

三轴压缩试验的极限应力状态用图 5-7 中的曲线 C_0A 表示，对脆性显著的岩浆岩，如花岗岩或辉绿岩，随着侧压的增加，其极限轴向应力按直线成比例地增加（至少在矿山常见的载荷范围内是如此）。而对脆性较差的岩石，则不按直线比例增加，特别是在侧压很高时更是如此。蒸发盐矿与碳酸盐类岩石可以不是由于断裂而破坏，而是由于流动或滑移而破坏，有时在侧压不大时也是这样。破坏面发生在对角平面上，它的法线与试件轴线的夹角大于 45°。

5.4.1.4　三轴膨胀试验（$\sigma_1=\sigma_2>\sigma_3$）

这类试验可在骨形试件上进行三向加载来实现。因为试件端面面积大于中间的横断面积，施加的液压载荷将在试件中既产生径向压缩也产生轴向伸长。布雷斯发现，$\sigma_1-\sigma_3$ 曲线从三轴压缩试验到三轴膨胀试验是一连续的曲线（见图 5-8）。在压缩时，断裂面与试件轴线斜交，并呈现剪切破坏特征；在拉伸时，断裂面与试件轴线垂直。

5.4.1.5　非均匀应力场中的试验

许多试验采用的试件，其应力场都是非均匀的，如梁、板、空心圆柱体等。这些试验的目的，在于确定中间主应力 σ_2 的影响，这是三轴试验所不能办到的。

一般来说，中间主应力 σ_2 对极限应力 σ_1 及 σ_3 的影响不超过 20%。从工程实用观点来看，因为不论岩体应力场，还是岩石强度，其测量误差都超出这个范围，所以中间主应力 σ_2 的影响可以忽略不计。

5.4.2　脆性断裂力学

脆性断裂力学是研究在材料破坏之前或在破坏过程中材料内部发生的情况，它与仅仅是为了确定极限应力状态的强度试验不同。固体材料的强度是用原子和分子的结合力来估算的，其分子和原子间的力学强度比实际测定的材料强度要高 2~3 个数量级。为要获得更真实的强度值，格里菲思假定，没有承受应力的材料（玻璃）本身含有微裂缝（裂隙或缺陷），当有应力时，在这些微裂缝四周产生应力集中。根据英格利斯提出的理论，各向同性材料中椭圆裂缝四周的应力集中已能确定。若椭圆裂缝处于拉应力场中，其长轴与应力方向垂直（图 5-9），则在裂缝端部将产生拉应力集中，其大小与裂缝长度成正比，而与裂缝端部的曲率半径成反比。当裂缝端部的曲率半径小到不足一个原子直径时，则拉应力能接近于原子结合力那样大，因而裂缝将扩展并最终形成一垂直于应力方向的断裂面。这样一种拉伸断裂破坏机理与实际观察结果是相符的。

格里菲思还进一步研究了在压应力场中的椭圆裂缝四周的应力集中情况。如果椭圆裂缝长轴与主应力方向夹角为 α，则将在裂缝周界上出现拉应力，如图 5-9 所示。这种拉应力在裂缝端部附近最大，一旦拉应力超过岩石的抗拉强度，则将产生新的裂缝。这样，在压应力场中，也会产生拉伸裂缝并扩展。这种分枝裂缝又可能产生另外的分枝裂缝（图 5-10），如此反复循环下去，在压应力方向裂缝逐渐扩展而断裂。对于非常细的裂缝来说，断裂机理也是这样。

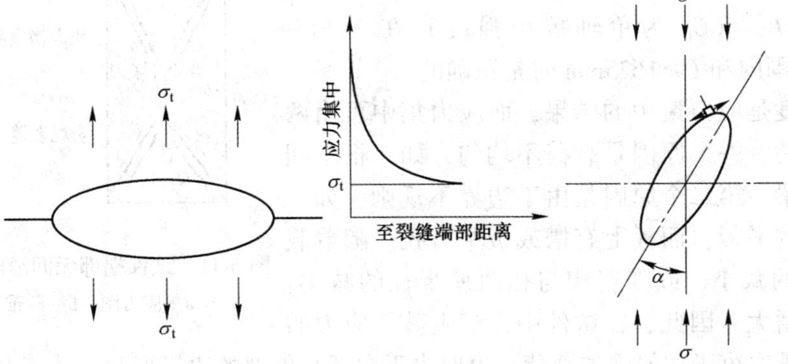

图 5-9 拉应力场中的椭圆裂缝

格里菲思的断裂机理假定椭圆裂缝是处于各向同性弹性材料中，并且假定应力场也是均匀的。在晶粒范围内，岩石既不是各向同性的弹性材料，应力场也不是均匀的。因此，初始裂缝不可能继续分枝一直到形成断裂面。为了说明岩石断裂面的产生，需要假设岩石中含有大量的微裂缝，这些裂缝的长度大小不等，方向不同。这样，当试件受载时，具有最不利方向和长度的那些微裂缝首先产生分枝裂缝，它们或许可能或许不可能进一步扩展，但决不能导致断裂面的产生。然而，仅次于最不利长度和方向的另一些微裂缝，也产生分枝裂缝，最后这些扩展的裂缝将联结起来而形成断裂面。这样的一个过程将导致处于单向压应力状态的平面产生断裂面。这种形式的开裂在这样的压缩试验中可以观察到，即试验时试件端部所受到的限制，用润滑剂减小到最小程度，而使试件内的应力基本上是单轴的和均匀的。

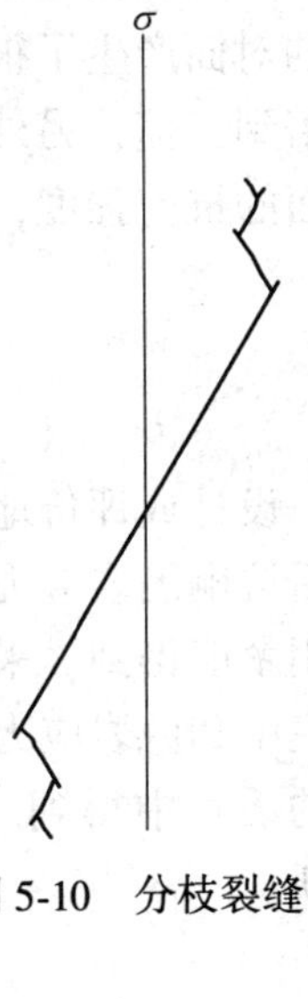

图 5-10 分枝裂缝

假如除轴向应力之外，试件内还有横向应力，则在椭圆裂缝上因轴向应力而产生拉应力的点将产生压缩，因而使该点的拉应力减小。这样，侧压（如三轴试验）的作用是减小了初始裂缝形成与扩展的可能性，因而提高了材料的断裂强度。这与试验观察到的结果是相符的。

在常规压缩试验中，试件端部的承压板限制了试件的径向扩张，故在试件端部产生了径向压应力带。若试件没有侧压作用，则单轴应力将导致裂缝的产生与扩展，最后在没有侧压的区域即试件的中部开裂，这种开裂不会继续扩展到试件端部压应力带（见图5-11）。因此，这就产生了在许多单轴压缩试验中所观察到的特征圆锥。

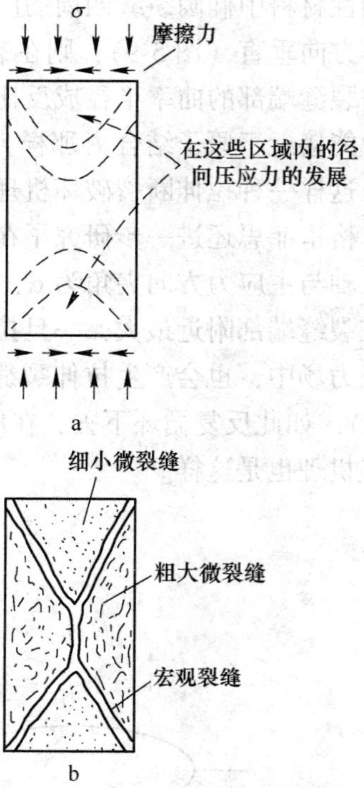

图5-11　试件端部无润滑时的压缩试件

a—应力图；b—圆锥形破坏

由于微裂缝具有不同的大小和方向，因而断裂机理是一个统计学的问题。还有，因为试件愈大，试件中含有最坏条件的微裂缝的可能性愈大，因而断裂强度将与试件尺寸有关。“尺寸效应”已成为重要的研究课题。对于各边长为L的立方体煤试件，已发现关系式$C_0 = kL^{-1/2}$（C_0为单轴抗压强度）在1170～3450Pa的范围内和$L \geqslant 1625$mm时是正确的。

应力梯度是应力集中的结果，而应力集中可由两个原因引起的。一个原因是载荷不均匀，如一根中间承受载荷的梁；第二个原因是由于边界不规则，如一块周边受力的平板，而板上有槽或板中有孔。随着载荷承受面积的减小，或随着槽与孔曲率半径的减小，则应力梯度增大。因此，在试件中，产生破坏应力的材料体积，既取决于如何施加载荷，也取决于内部和外部的边界形状，或者与两者都有关系。这就是说，应力梯度的影响也可以看作是一种试件的尺寸效应。

应力梯度的影响在弯曲试验中表现得比较明显，一根梁在跨中承受集中力时，在受力点的对面产生了很大的拉应力梯度。由弯曲试验计算所得到的抗拉强度为单轴抗拉强度的二倍到三倍，另外，据达里利等人报导，对同一种岩石用金刚石钻机钻进时计算出来的切口面的抗剪强度，比三轴抗剪强度大一个数量级。

5.5 岩体应力

设计或评价地表或地下坑硐的稳定性，则必须先要了解岩体开挖前的应力场，以及开挖后坑硐围岩应力的重新分布。有关地下岩体应力状态的一些资料通过分析上覆岩层重力作用就能得到。采用一些测量技术，在地下坑硐硐壁上进行量测可以确定坑硐围岩中的应力集中和原岩应力场，此外，某些资料还可以从深井水力破裂试验和岩芯圆盘现象（如有的话）中得到。根据上述几个方面得到的资料，即可对地下岩体应力状态作出总的判断。

考虑重力作用于弹性球（例如地球）某一单元体，菲利普斯指出，深部的应力可大致用下述公式表示：$S_v = \gamma h$ 和 $S_h = \sigma_v \left(\dfrac{\nu}{1-\nu}\right)$

式中，S_v、S_h分别为应力的垂直分量和水平分量；h 为垂直深度；ν 为泊松比；γ 为岩石容重。

大多数岩石的泊松比在0.2~0.33之间，因此水平应力与垂直应力之比将介于0.25~0.5之间。但是，对于硬岩现场实测的原岩应力场数据，S_v/S_h值在0.5~1.5之间，甚至更大些，对于非弹性软岩（如页岩、岩盐），S_v/S_h值为0.8~1.0。在许多情况下，可以发现S_v/S_h值大于1.0，例如一个水平层状的石灰岩矿，在深度为700m处，$S_h = 2S_v$。在花岗岩与花岗片麻岩的露天矿中，距地表下15m处的水平应力可高达几个兆帕到几十兆帕。S_v/S_h值大于1只能认为是地质构造应力作用才出现的，而不单纯是重力引起的。

地表以下较均质的岩石，在没有地质构造应力的情况下，可用应力椭圆表示岩石的应力状态。应力椭圆Ⅰ（图5-12中的Ⅰ）代表了泊松比为0.25的重力应力场，也反映了可能存在的水平应力最小的情况。应力椭圆Ⅱ则代表下述情况：（1）$\nu = 0.4$ 的弹性岩石（可认为是岩石泊松比的最高值）；（2）弹性岩石，但在这种岩石中，由于塑性或黏弹性变形而使得垂直应力与水平应力接近相等。（3）弹性或非弹性岩石，其值小于0.4，但有地质构造应力。椭圆Ⅲ（呈一圆形）代表非弹性岩石的应力状态，如埋藏很深的岩盐，塑性和黏弹性的作用使得垂直应力与水平应力完全相等；或代表受到水平力作用的弹性岩石与非弹性岩石，这种水平应力的大小使得$S_v = S_h$。应力椭圆Ⅳ代表弹性或非弹性岩石在受到水平压力时的应力状态。应力椭圆Ⅱ、Ⅲ和应力椭圆Ⅳ的区别就在于椭圆Ⅳ必须有水平压应力存在时才有可能出现。

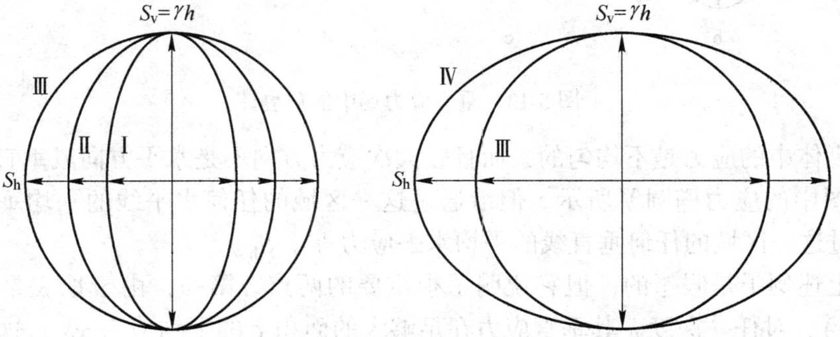

图5-12 应力椭圆

地下应力状态可能受到大块包裹体的影响。例如，我们来研究一个假想的矿体（图5-13阴影面积），当这矿体在周围岩石已固结后开始结晶，在结晶过程中向四面八方均匀膨胀，使它处于静水压力状态。此外，如果这个矿体处在重力应力场中，在A点的水平应力和垂直应力都大于单独重力场的数值，如图5-13中的应力椭圆Ⅱ，图中椭圆Ⅰ代表重力应力场。B点处在被压缩矿体之外的应力集中区域，垂直应力小于重力应力场垂直分量，水平应力则大于重力应力场水平分量，如图中的应力椭圆Ⅲ。此外，因为平衡条件，沿任何一条通过被压缩矿体和矿体之外的应力集中区域的水平线（如$x-x'$）上的平均垂直应力应为$S_v = \gamma h$。同样道理，在C点，其水平应力比单独的重力应力场的水平应力小，而其垂直应力比单独的重力应力场的垂直应力大，如图中的应力椭圆Ⅳ所示。若这块矿体位于地表下很深处（垂直深度比矿体垂直厚度大很多），则沿任何通过矿体与应力集中区的任何垂线上的平均水平应力将为 S_h。

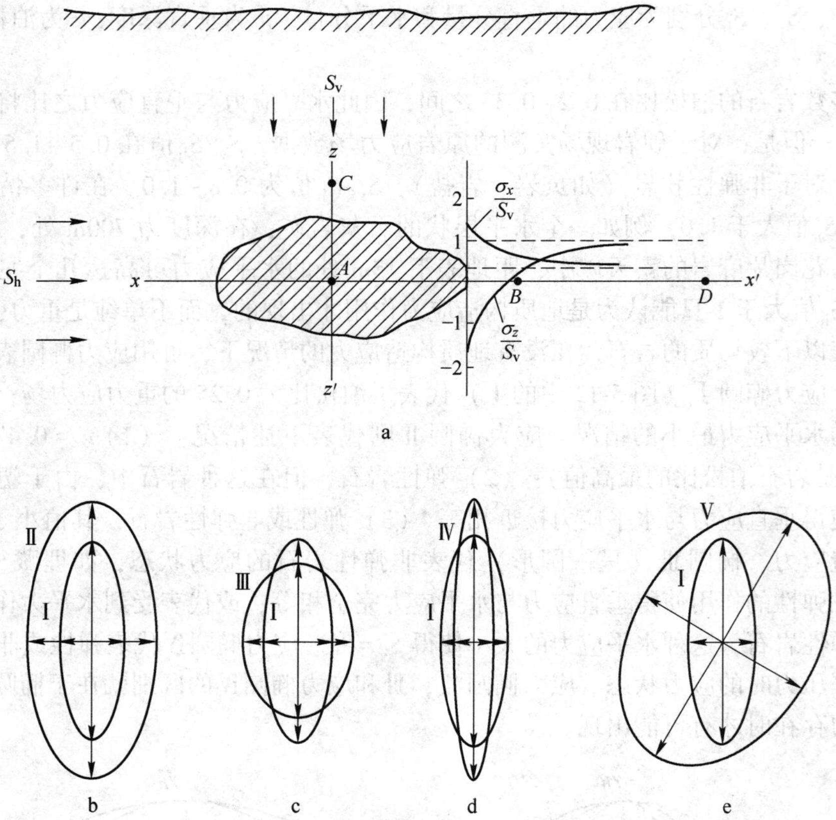

图 5-13　重力应力场中的包裹体

若包裹体中的应力是不均匀的，而且较大次应力方向不是水平方向或垂直方向，则应力椭圆如图中的应力椭圆Ⅴ所示。但沿通过这一区域的任何水平线的平均垂直应力等于 S_v，沿通过这一区域的任何垂直线的平均水平应力等于 S_h。

虽然上述例子是假想的，但它说明了很重要的两点。第一，由于地表是自由移动的（不受约束），对任一深度 h 其垂直应力在足够大的面积上的平均值为 γh。这个面积究竟要求多大，则取决于包裹体的大小。现有的地质资料对估计这个面积的大小还显得不足，但是对于一些大的地质构造特征来说，可以认为这个面积是几平方公里这个数量级。第二，水平方向的构造应力将影响水平应力，而垂直应力则不受影响。若构造应力方向既非垂直也非水平时，则对水平应力与垂直应力都有影响，这时应力椭圆轴的方向将不再是垂直的或水平的。

上述结论对分析用钻孔变形方法获得的原岩应力资料是很有帮助的。例如，在某些岩体中，特别是在有节理的岩体中，业已发现，二次主应力值在各点上变化很大，但其方向则基本上没有变化。如果二次主应力方向一致，但并不是在垂直方向或水平方向，则可以推断出，地质构造力正在测定区起作用。

值得注意的是，岩体中的节理型式和其他地质构造变动迹象并不是估算目前应力状态的唯一可靠根据。事实上，有的地方测量出的应力与重力应力场偏离很大，但该处却没有明显的地质构造变动。

5.6 岩石力学性质试验

大多数采矿作业都要在某一方面受到岩石力学的性质及行为的影响，所以重要的是改进岩石性质的试验方法，并使试验方法逐渐标准化，以便能对不同方法的试验结果加以比较。本节将讨论影响试验的各种因素，如测量仪器的精确度与性能，试件的尺寸与形状，承载面的加工，加荷速度以及温度、湿度等。有关岩石性质试验方面更详细的讨论可参阅美国试验与物资协会第Ⅱ部分（此书介绍了土和岩石试验的标准方法）。

5.6.1 定义和概念

对于测量应力、应变和位移（或变形）的仪器与试验方法，有许多具有特定含义的术语用来描述与说明它们。下面分别给予定义与解释。

（1）变形（或位移）灵敏度。它是指在刻度尺上所能读出的被测量的最小值。许多测量仪器中采用了机械、光学和电子等放大器，以改善其灵敏度。若变形测量仪刻度尺上所能读到的最小值为 d，放大系数为 m，则该仪器的灵敏度为 $S_d = d/m$。通常在选择测量仪器时，应选择变形灵敏度为预计测量范围的1%左右。

（2）应变灵敏度。若变形测量仪器用于测定应变，即用基本长度 L 除以变形，则仪器的应变灵敏度 S_s 定义为 $S_s = d/mL$。

（3）量程。在选择变形计或应变计时，必须考虑测量仪器的量程。量程即为该仪器所能测量的最大值。一般来说，增大仪器量程就会降低其灵敏度。

（4）漂移或时间稳定性。在进行长时间测量时，测量仪器应没有漂移现象。漂移或时间稳定性是指不是由于被测量本身变化，也不是由于在测量时通常可控制因素的变化而出现的测量仪器读数的改变。

（5）可重复性与精确度。在一系列条件完全相同的测量中，一个仪器不可能得到完全相同的读数，即读数不是完全可重复的。用试验来测量某个量，最可能数值是其算术平均值。要注意，可重复性与灵敏度都不是表示仪器精确度的。仪器的精确度只能与已知的标准加以比较才能确定。

5.6.2 实验仪器

由于岩石的破坏应变值很小，在单轴拉伸约为0.001~0.003，在单轴压缩时约为0.002~0.010，因而测定岩石应变的仪器必须十分灵敏。符合要求而且在市场上能买到的应变计类型很多，只要略加改动，就可用于岩石力学试验。

（1）变形计。表5-2列举了三种变形计的性能。测微计是能用于许多岩石力学试验的，具有足够灵敏度的机械式仪器。测微计量程大，结实耐用，不受温度影响，没有漂移现象。圆盘变形计比测微计更为灵敏，温度影响很小，没有漂移现象。线性差动转换器（LVDT）是将线变形（位移）转换成有关的电参量。这种仪器可用适当的电路来改变量程，并能得到很高的灵敏度，它与机械式仪器相比，这种仪器可以用于遥测。

表 5-2 变形计

型式	量程/mm	放大倍数	应变灵敏度($\times10^{-6}$)	温度稳定性	时间稳定性
测微计	25.40	60	100~1000	十分好	十分好
圆盘指示	2.54~25.4	100~1000	50~1000	十分好	十分好
线性差动转换器(LVDT)	1.27~76.2	可变的	10~100	良好	良好

(2) 应变计。应变计与变形计的不同之处，是它有固定的基本长度，因而可以直接读出单位长度的变形值，即应变值。表5-3列举了比较通用的几种应变计，并给出了它们的各种性能。塔克曼光学应变计由准直仪和光学应变计组成。粘贴式电阻应变计（电阻应变片）由于具有高灵敏度和比较大的量程（应变可大到2%），因而它使用效果较好，此外它还可以用于遥测。圆盘光弹应变计能在盘面上直接确定应变的大小和方向。

表 5-3 典型应变计的性能

型 式	基本长度/mm	放大倍数	量程/mm	应变灵敏度($\times10^{-6}$)	温度稳定性	时间稳定性
机械应变计(惠特莫尔)	50.8~254	1000	2.54	10~50	很好	…
光学应变计(塔克曼)	12.7~101.6	2500	0.1143	4	很好	…
电阻应变片(非粘贴式)	25.4	2000	0.0762	5	好	很好
电阻应变片(粘贴式)	3.2~50.8	2500~5000	0.0508~0.508	2~4	好	良
钢弦应变计	101.6	10000	0.1016	1	好	好
光弹应变计(线式)	25.4~50.8	…	…	70	良	差
光弹应变计(圆盘)	1.25D	…	…	50	良	差

(3) 加载设备。万能试验机虽然价格昂贵，但它可用于拉伸试验与压缩试验。其施加载荷能力可从27~2268t。有一种价格较便宜的压力机，原设计为试验圆柱形混凝土试件用的，其施加载荷可以从1.7~7.3GPa。在某些试验中，可用液压千斤顶施加载荷，施加载荷可从9~90t，它们也属于价格比较便宜的设备。

5.7 现场测试方法与仪器

在设计地下坑硐、坑硐系统、露天矿坑、道路边坡以及地表建筑物地基时，为使设计更加合理，需要知道该处岩石力学性质与应力分布的资料。这些资料加上开挖时与开挖后岩石变形资料，是评价地表岩石结构工程与地下坑硐稳定性的基本资料。研制与发展测量岩石性质、岩体应力与结构变形的仪器及方法已成为许多科研工作者的主要课题。下面介绍某些仪器和比较普遍采用的一些方法。

5.7.1 钻孔可视仪器

有关这方面的仪器简介如下：

（1）地层镜。地层镜是一种可在钻孔内观察或摄影的光学潜望镜，一般适用于直径为38mm（AX 金刚石钻孔）到70mm（NX 钻孔）的钻孔，延伸长度为3~27m。延伸长度较小的地层镜（3~6m）特别适用于直接观察钻孔内的断裂变化。装有十字标线的地层镜还可测量钻孔内夹层与节理的位移值。经过反复测量就可以测定这些位移值的变化。延伸长度大的地层镜可以用在地质钻探的钻孔中，特别是在岩芯采取不够的情况下，它就更加显得有用。

（2）钻孔摄影机。用于地质勘探钻孔（NX 钻孔）或直径更大些的钻孔，可对钻孔四壁进行摄影。在垂直钻孔或接近垂直的钻孔中，可用电缆把钻孔摄影机下放到 305m 或更深一些的钻孔中去。这种仪器还附带有罗盘和测倾仪，摄影时连它们的记录也拍摄进去，故可知道钻孔的走向和倾角。在垂直钻孔中，各种节理、层理的倾角与走向都能从照片中确定。当采用彩色摄影时，还可以帮助鉴别岩石类型。

（3）钻孔电视摄影机。可用电缆把电视摄影机下放到垂直或接近垂直的钻孔中去，孔深可达 305m。影像通过电缆传到地面可供直接观察或拍成照片。电视摄影机也附带罗盘和测倾仪，故可测定钻孔的走向和倾角，目前只有黑白电视摄影机。

5.7.2 变形测量仪器

下面介绍的测定变形仪器，可用于岩体开挖后的变形测量，如测量地表沉陷、顶板下沉、坑硐边墙或其他结构的变形，由于人为施加载荷（例如千斤顶施载）引起的变形等。水准仪与经纬仪可以用来测量大范围的变形，如测量地表沉陷。在良好条件下，一架精密的水准仪在 30m 范围内，测量垂直位移可达到 0.003m 的精确度，经纬仪测量水平位移的精确度也与此不相上下。

刚性变形计（刚性伸长计）计量长度可达 3m 或更长一些，它是用杆或管制成，并装有测微计，可用圆盘指示器或其他指示器来读数（见图 5-14）。这种仪器可用于测定地下坑硐边墙表面的变形或其他地下结构物的变形。若测定地点温度变化很大，则应用铟钢来制作刚性变形计的杆或管。将变形计固定在硐壁两端的锚点上测量边墙的表面变形，可运±0.005m 的精度。

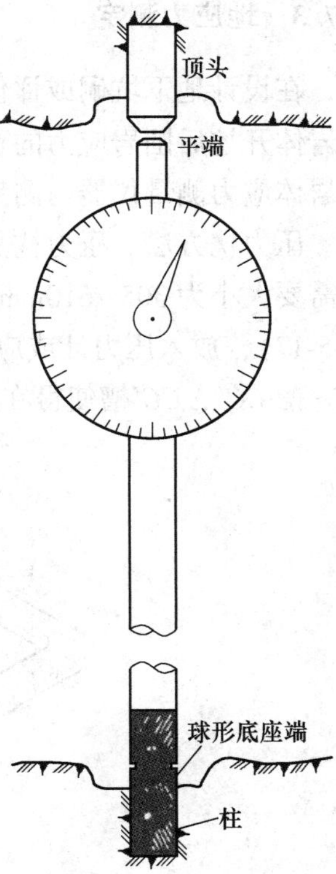

图 5-14　刚性变形计

长达 9m 或更长的刚性变形计可用于测量钻孔轴向变形值。测量时，应将刚性变形计一端锚固在钻孔底部（图

5-15)。变形计另一端与钻孔孔口参考点之间将产生变形。这种变形测量仪器通常都安装不动，而且由于岩石钻孔中的温度变化不大，因而测量精确度一般可达±0. 0025mm。

轴向多头变形计（多头钻孔伸长计）。这种仪器是用于测量钻孔整个长度的变形和钻孔中各点之间的变形（如测量一张开节理两侧的变形）。这类典型仪器具有七根杆，可分别固定在孔内各不同点上，并都延伸到钻孔口，测量各杆端与钻孔口参考点之间的距离即能得出各点的变形值来。这种仪器若配上“LVDT”（线性差动转换器）则可进行遥测。

由于轴向钻孔变形计通常放在钻孔内进行长期观察，而且钻孔内温度变化不大，因而这一类仪器的时间稳定性较好，特别适用于长时间变形变化的测量，即蠕变测量。

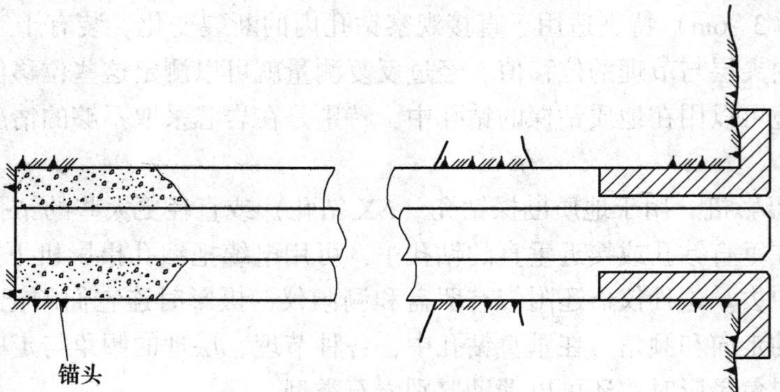

图 5-15　钻孔变形计

5.7.3　地应力测定

在设计地下坑硐或评价地下坑硐稳定性时，需要知道开挖前的原岩应力场，也需要知道岩体开挖后围岩应力的重新分布及其随时间的变化情况。许多科研人员致力于研究和发展岩体应力测量仪器与测量方法。下面介绍一种最基本的方法。

压力枕方法。压力枕是一个可承高压的盛油器，一般用韧性较好的钢制成，按应力测量需要大小为305~610mm见方（见图5-16）。为了测量应力绝对值，打钻孔 *A* 与 *B*（见图5-17），放入压力计或应变计（或传感元件），对准 *DE* 方向测量，然后打一排密钻孔拉开一槽 *CC′*，*CC′*槽使得在压力或应变传感装置区域内产生部分应力释放。然后，把压力

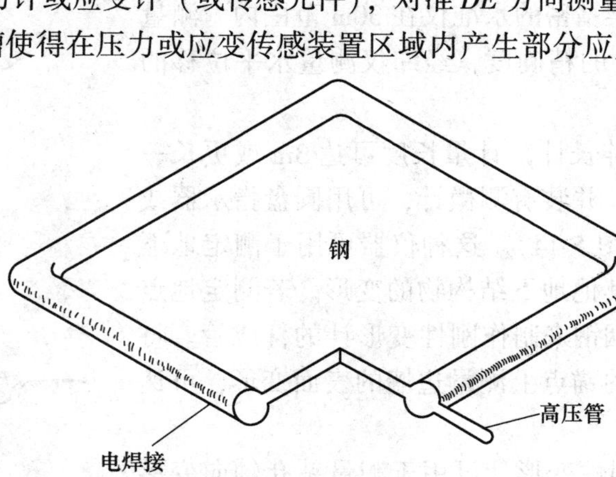

图 5-16　压力枕

枕放入 CC'槽内，压力枕的中心在 DE 线上，并用水泥砂浆浇灌。当砂浆凝固后，使用压力枕加压，使得钻孔内压力计或应变计恢复到原来的读数，这时压力枕的压力即为 DE 线上的平均应力。因为压力枕的时间稳定性很好，因而压力枕可用于长期观察应力的变化情况。

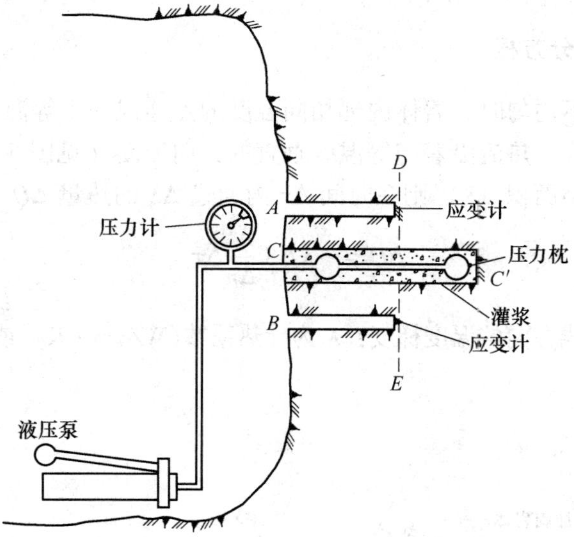

图 5-17 压力枕方法

虽然压力枕方法比较简单，其结果也易于解释，但它也存在着两个严重的缺点：(1) 只有垂直于压力枕方向的应力能够确定；(2) 因为安装困难，只能在靠近坑硐表面的地方进行测定。但这些地方的岩石常常由于爆破作用或应力重新分布而受到扰动。

5.8 矿山高温采场传热模型及其解法

5.8.1 引言

岩体热力学是一门新兴的边缘学科。理论研究刚刚开始，但应用前景非常广阔。尤其在一些金属矿山和煤矿，由于高硫矿石自燃产生高温采场，高温对围岩及锚固系统影响较大。这里建立了高温采场传热模型，推导出岩体热传导微分方程，最后用拉氏变换求解出高温采场围岩温度分布函数。这对进一步研究高温对围岩及围岩锚固系统的影响有着重要的参考价值。期望高温采场传热模型和岩体热传导微分方程能为岩体热力学这一新兴边缘学科的理论研究注入一点活力，起到抛砖引玉的作用。

5.8.2 矿山高温采场传热模型

东乡铜矿在开采过程中由于胶状黄铁矿石氧化自燃使采场温度升高形成高温采场。我们把采下的胶状黄铁矿石当作热源，假定与顶板围岩接触的热空气的温度始终保持恒定不变。取采场顶板围岩被注浆长锚索加固部分的范围作为高温采场顶板围岩系统。假定顶板围岩系统从高温采场热空气中吸收的热量完全转化为围岩中的温度应力，原岩应力与温度应力叠加形成围岩应力，围岩应力使顶板产生位移甚至冒落而做功（岩体膨胀机械功 W）。由于采场内风速较小，高温采场顶板围岩岩壁与采场热空气之间的热量传递方式以热传导为主，对流和辐射为辅可忽略不计。高温采场传热模型如图 5-18 所示，图中 t_w 为岩壁温度，t_f 为热空气温度。

5.8.3　岩体热传导微分方程

岩体内温度分布不均匀时，岩体内部相同温度的点连成一个等温面。等温面与平面相截可以得到一簇等温线，热流沿着与等温线垂直的方向流动（见图 5-19）。

在等温面上取微小面积 ΔS，则在时间 $\Delta\tau$ 内通过 ΔS 的热量 ΔQ 为：

$$\Delta Q = -\lambda \Delta S \frac{\Delta t}{\Delta n}\Delta\tau \tag{5-1}$$

式中，$\frac{\Delta t}{\Delta n}$ 为等温线法线方向的温度梯度；λ 为导热系数（W/(m·K) 或 W/(m·℃)）。

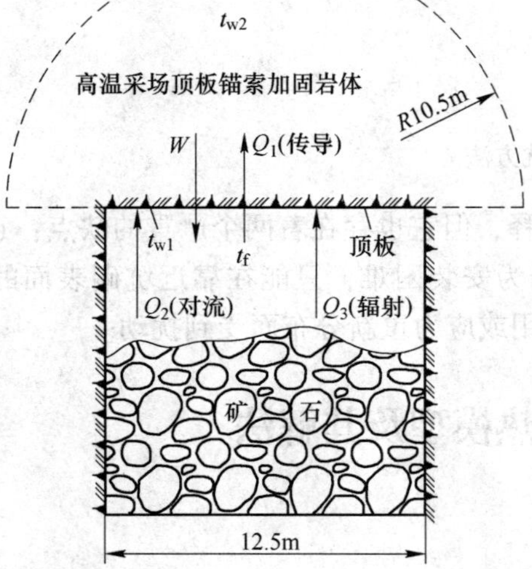

图 5-18　高温采场传热模型

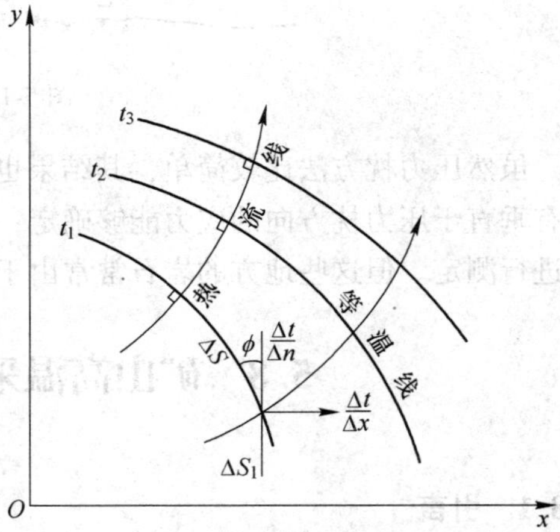

图 5-19　等温线和热流线

如果研究与 x 方向成直角方向的 ΔS_1 面上 $\Delta\tau$ 时间内的热流量，ΔS_1 与等温线成 ϕ 角。设 $\frac{\Delta t}{\Delta x}$ 为 x 方向的温度梯度，由于 $\Delta S_1 = \Delta S/\cos\phi$，$\frac{\Delta t}{\Delta x} = \frac{\Delta t}{\Delta n}\cos\phi$，则 ΔS_1 面上的热量为：

$$\Delta Q_x = -\lambda \Delta S_1 \frac{\Delta t}{\Delta x}\Delta\tau \tag{5-2}$$

为求得岩体中热传导的微分方程，如图 5-20 所示的均质岩体。采用直角坐标，从均质岩体中取微小立方体 $\Delta x\Delta y\Delta z$。设其中心点的温度为 t，则距中心面 $\frac{\Delta x}{2}$ 的左侧面的温度为 $t_{xL} = t - \frac{\partial t}{\partial x}\cdot\frac{\Delta x}{2}$，其中 $\frac{\partial t}{\partial x}$ 为 x 方向的温度梯度。由于这个面很小，因此在这个面上各点的温度实质上可认为相同。同理，距中心面 $\frac{\Delta x}{2}$ 的右侧面的温度为 $t_{xR} = t + \frac{\partial t}{\partial x} \cdot \frac{\Delta x}{2}$。因此由式（5-2）知，在时间 τ 内沿 x 方向从左侧 $\Delta y \Delta z$ 面流入的热量为 $\Delta Q_{xL} = -\lambda \Delta y \Delta z \frac{\partial}{\partial x}\left(t - \frac{\partial t}{\partial x} \cdot \frac{\Delta x}{2}\right) \Delta \tau$。

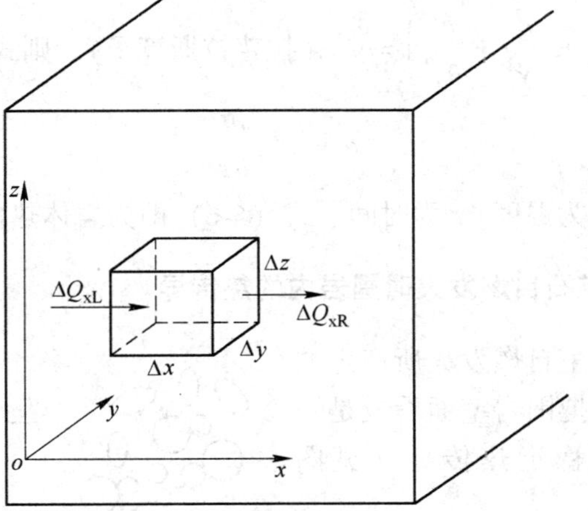

图 5-20 微小立方体内的导热

同样从右侧流出的热量 $\Delta Q_{xR} = -\lambda \Delta y \Delta z \frac{\partial}{\partial x}\left(t + \frac{\partial t}{\partial x} \cdot \frac{\Delta x}{2}\right) \Delta \tau$。因此消耗在小立方体内的热量为：

$$\begin{aligned} \Delta Q_x &= \Delta Q_{xL} - \Delta Q_{xR} \\ &= -\lambda \Delta y \Delta z \left[\left(\frac{\partial t}{\partial x} - \frac{\partial^2 t}{\partial x^2} \cdot \frac{\Delta x}{2}\right) - \left(\frac{\partial t}{\partial x} + \frac{\partial^2 t}{\partial x^2} \cdot \frac{\Delta x}{2}\right)\right] \Delta \tau \\ &= \lambda \Delta y \Delta z \frac{\partial^2 t}{\partial x^2} \Delta x \Delta \tau \end{aligned}$$

同样，y 方向、z 方向也可得到类似的热量公式。如果把三个方向的热量相加，就可以得到微小立方体内储存的全部热量为：

$$\begin{aligned} \Delta Q &= \Delta Q_x + \Delta Q_y + \Delta Q_z \\ &= \lambda \Delta x \Delta y \Delta z \frac{\partial^2 t}{\partial x^2} \Delta \tau + \lambda \Delta x \Delta y \Delta z \frac{\partial^2 t}{\partial y^2} \Delta \tau + \lambda \Delta x \Delta y \Delta z \frac{\partial^2 t}{\partial z^2} \Delta \tau \\ &= \lambda \Delta x \Delta y \Delta z \left(\frac{\partial^2 t}{\partial x^2} + \frac{\partial^2 t}{\partial y^2} + \frac{\partial^2 t}{\partial z^2}\right) \Delta \tau \end{aligned} \tag{5-3}$$

由于这种热量的增加，使微小立方体温度上升。如果设岩石的密度为 ρ，比热为 C，温度上升为 Δt，则岩石立方体内增加的热量应为：

$$\Delta Q = \rho C \Delta x \Delta y \Delta z \Delta t \tag{5-4}$$

由于微小岩石立方体内储存的热量与所增加的热量相等，因此由式（5-3）和式(5-4)可得：

$$\frac{\lambda}{\rho C}\left(\frac{\partial^2 t}{\partial x^2}+\frac{\partial^2 t}{\partial y^2}+\frac{\partial^2 t}{\partial z^2}\right)=\frac{\Delta t}{\Delta \tau}$$

上式当 $\Delta\tau$ 趋近于零时，$\frac{\Delta t}{\Delta \tau}$ 写成微分形式 $\frac{\partial t}{\partial \tau}$，则

$$\frac{\lambda}{\rho C}\left(\frac{\partial^2 t}{\partial x^2}+\frac{\partial^2 t}{\partial y^2}+\frac{\partial^2 t}{\partial z^2}\right)=\frac{\partial t}{\partial \tau} \tag{5-5}$$

若设 $a=\frac{\lambda}{\rho C}$；$\left(\frac{\partial^2}{\partial x^2}+\frac{\partial^2}{\partial y^2}+\frac{\partial^2}{\partial z^2}\right)=\nabla^2$（拉普拉斯算子）。则式（5-5）变为：

$$a\,\nabla^2 t=\frac{\partial t}{\partial \tau} \tag{5-6}$$

式中，a 为导温系数；t 为温度；τ 为时间。式（5-6）即为岩体热传导微分方程。

5.8.4　矿山高温采场矿石自燃发火时围岩内的热传导

设高温采场矿石发生自燃发火所产生的热量为一常数，则可以把围岩壁面看成是一个半无限大的一维非稳定热传导（见图 5-21），其微分方程为：

$$\frac{\partial t(x,\ \tau)}{\partial \tau}=a\frac{\partial^2 t(x,\ \tau)}{\partial x^2}\quad(\tau>0,\ 0<x<\infty) \tag{5-7}$$

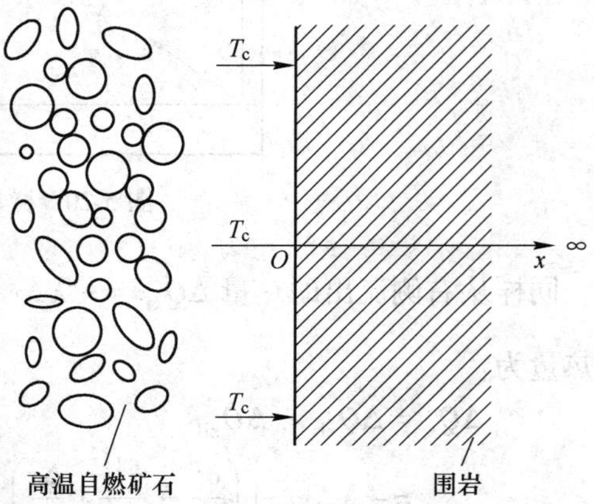

图 5-21　高温采场矿石自燃热传导示意图

若矿石在未发火时的温度为 T_0，且处处相等，则初始条件为：当 $\tau=0$，$t(x,\ 0)=T_0$。若有温度为 T_c 的气体从围岩壁面流过并使围岩壁面在整个热过程中维持 T_c 不变，则边界条件可写为：

$$\left.\begin{aligned}&t(0,\ \tau)=T_0\\&t(\infty,\ \tau)=常数\\&\frac{\partial t(\infty,\ \tau)}{\partial x}=0\end{aligned}\right\}（第一类边界条件） \tag{5-8}$$

若围岩壁面与流过的气体有热交换，则边界条件为：

$$\left.\begin{aligned}&-\frac{\partial t(0,\ \tau)}{\partial x}+H[t(0,\ \tau)-T_c]=0\\&\frac{\partial t(\infty,\ \tau)}{\partial x}=0\end{aligned}\right\}（第三类边界条件） \tag{5-9}$$

式中，$H=\frac{h}{\lambda}$，h 为热交换系数；λ 为导热系数。采用拉氏变换法，将微分方程式（5-7）变换为：

$$t''(x,\ s)-\frac{s}{a}t(x,\ s)+\frac{T_0}{a}=0 \tag{5-10}$$

则式（5-10）之一般解可写成如下形式：

$$t(x,\ s)-\frac{T_0}{s}=Ach\sqrt{\frac{s}{a}}x+Bsh\sqrt{\frac{s}{a}}x=A_1\mathrm{e}^{\sqrt{\frac{s}{a}}x}+B_1\mathrm{e}^{-\sqrt{\frac{s}{a}}x} \tag{5-11}$$

式中 $ch\sqrt{\frac{s}{a}}x=\frac{\mathrm{e}^{\sqrt{\frac{s}{a}}x}+\mathrm{e}^{-\sqrt{\frac{s}{a}}x}}{2}$ $\quad sh\sqrt{\frac{s}{a}}x=\frac{\mathrm{e}^{\sqrt{\frac{s}{a}}x}-\mathrm{e}^{-\sqrt{\frac{s}{a}}x}}{2}$

$$A_1=\frac{A+B}{2}\qquad B_1=\frac{A-B}{2}$$

若存在第三类边界条件，则将边界条件式（5-9）进行拉氏变换，得式（5-12）和式（5-13）。

$$-t'(0,\ s)+H\left[t(0,\ s)-\frac{T_c}{s}\right]=0 \tag{5-12}$$

$$t'(\infty,\ s)=0 \tag{5-13}$$

解方程式（5-11）和方程式（5-13）得 $A_1=0$。解方程式（5-11）和式（5-12）得

$$B_1=\frac{H(T_0-T_c)}{s\left(H+\sqrt{\frac{s}{a}}\right)}=\frac{T_0-T_c}{s\left(1+\frac{1}{H}\sqrt{\frac{s}{a}}\right)}$$

由此可得影像方程之解为：

$$t(x,\ s)-\frac{T_0}{s}=\left[\frac{T_0-T_c}{s\left(1+\frac{1}{H}\sqrt{\frac{s}{a}}\right)}\right]\cdot\exp\left(-\sqrt{\frac{s}{a}}x\right) \tag{5-14}$$

将上式进行拉氏逆变换，由于

$$L\left[\frac{b}{s(b+\sqrt{s})}\exp(-k\sqrt{s})\right]=\mathrm{erfc}\,\frac{k}{2\sqrt{\tau}}-\mathrm{e}^{-bk}\mathrm{e}^{b^2\tau}\mathrm{erfc}\left(b\sqrt{\tau}+\frac{k}{2\sqrt{\tau}}\right)$$

$$L\left[\frac{1}{\left(1+\sqrt{\frac{s}{b}}\right)}\mathrm{e}^{-k\sqrt{s}}\right]=\sqrt{\frac{b}{\pi\tau}}\mathrm{e}^{-\frac{k^2}{4\tau}}-b\mathrm{e}^{k\sqrt{b}+b\tau}\mathrm{erfc}\left(\sqrt{b\tau}+\frac{k}{2\sqrt{\tau}}\right)$$

式中 erfc 为余误差函数的符号。误差函数为：

$$\mathrm{erf}(x)=\frac{2}{\sqrt{\pi}}\int_0^x\mathrm{e}^{-t^2}\mathrm{d}t$$

余误差函数为：

$$\mathrm{erfc}(x)=1-\mathrm{erf}(x)=\frac{2}{\sqrt{\pi}}\int_x^{\infty}\mathrm{e}^{-t^2}\mathrm{d}t$$

最后得问题之解为：

$$t(x,\ \tau)=T_0+(T_0-T_c)\left[\mathrm{erfc}\,\frac{x}{2\sqrt{a\tau}}-\exp(Hx+H^2a\tau)\cdot\mathrm{erfc}\left(\frac{x}{2\sqrt{a\tau}}+H\sqrt{a\tau}\right)\right] \tag{5-15}$$

式（5-15）就是矿石自燃发热量为一常数时，高温采场内的热空气与围岩壁有热交换的情况下，围岩内部在任意时刻 τ 的温度分布。

5.9 注浆长锚索预控顶高温采场 ANSYS 三维仿真分析

5.9.1 引言

注浆长锚索加固技术广泛应用于边坡、隧道、深基坑、地下硐室和采场等的加固，但高温采场注浆长锚索岩体锚固机理尚无人问津。尤其在一些矿山，由于高硫矿石自燃产生高温采场，高温对围岩及锚固系统影响较大。东乡铜矿在开采过程中由于胶状黄铁矿石氧化自燃使采场温度升高形成高温采场，采场埋深 89. 75m，水平截面宽 12. 5m，沿走向长度 7m，垂直高度 32. 5m，倾角 30°，围岩为花岗斑岩。使用 ANSYS 分析软件建立三维采场温度模型，对东乡铜矿高温采场顶板注浆长锚索加固试验进行仿真分析，提出了高温环境下注浆长锚索加固岩体的复合作用锚固理论——“膨胀抬升锚索树根筋混凝土拱理论”，简称“胀锚拱理论”。该理论克服了目前各种单方面锚固理论的不足，综合形象地解释了高温环境下岩体锚固机理。研究成果为深井开采、有矿石自燃发火危险的矿山开采提供科学决策的依据及有益的参考，对在高温环境下或可能遭受高温影响的边坡、隧道、硐室和采场等岩体加固工程的设计和施工有着重要的参考价值。

5.9.2 模拟岩层范围

横向在采场两侧边分别加采场水平截面宽的三倍即 3×12. 5＝37. 5m。由于采场沿矿体倾向有 30°倾角，采场水平投影长度为 68. 79m。所以模拟岩层总的横向宽度为 37. 5+68. 79+37. 5＝143. 79m。模拟岩层总高为采场埋深加上采场高度，再加上采场底下一倍采场高度即 89. 75+32. 5+32. 5＝154. 75m。沿走向采场前后两端各加一倍采场走向长度即模拟岩层沿走向方向的总长度为 7+7+7＝21m。模拟岩层范围如图 5-22 所示。

5.9.3 选择模型

高温环境下注浆长锚索预控顶高温采场 ANSYS 三维仿真分析属热应力耦合问题。选择 Scalar Tet 98 即 SOLID98 十节点四面体热-结构（Thermal-Structural）耦合实体单元采用直接耦合法进行求解。岩层分三种类型：花岗斑岩、锚索加固岩层和充填体。充填体只有常温模型才有，高温模型没有。常温采场模型有不充填、半充填和全充填三种情况。高温采场模型为不充填模型，分 35℃（高温采场临界温度）、60℃、100℃、200℃、300℃、400℃、500℃、600℃、700℃、800℃、900℃和 1000℃十二种情况。

5.9.4 ANSYS 分析力学参数

常温采场花岗斑岩的弹性模量相对较大，但随温度的增加而迅速减少。在 ANSYS 分析过程中，常温 25℃模型考虑了温度梯度对原岩应力的影响，而所有高温模型均为考虑。常温和高温模型 ANSYS 分析力学参数见表 5-4。注意表中括号内数据和括号外数据分别代表高温高温和常温模型的数据，而不带括号的数据项代表高温和常温模型的数据是一样的。

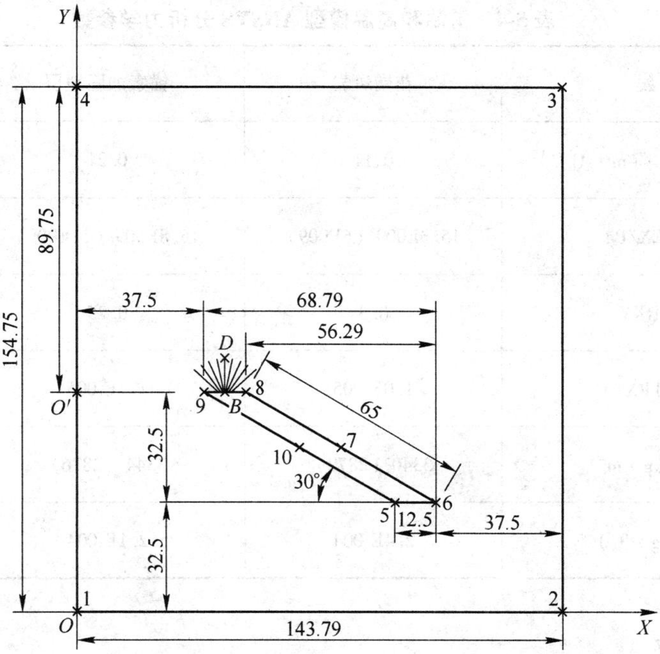

a

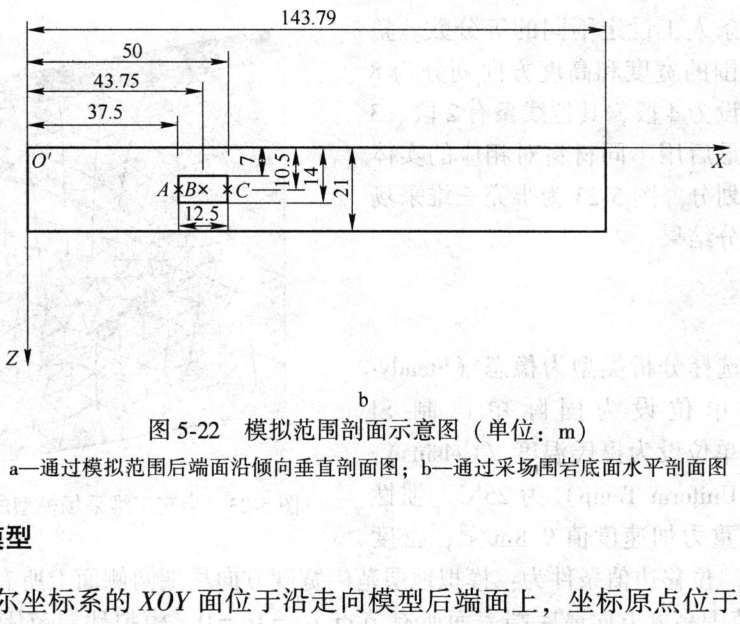

b

图 5-22 模拟范围剖面示意图（单位：m）

a—通过模拟范围后端面沿倾向垂直剖面图；b—通过采场围岩底面水平剖面图

5.9.5 创建模型

假定笛卡尔坐标系的 *XOY* 面位于沿走向模型后端面上，坐标原点位于那个后端面的左下角点处，*X* 正方向水平向右，*Y* 的正方向垂直向上。先创建关键点 1（0，0，0）；2（143.79，0，0）；3（143.79，154.75，0）；4（0，154.75，0）；5（93.79，32.5，0）；6（106.29，32.5，0）；7（78.145，48.75，0）；8（50，65，0）；9（37.5，65，0）；10（65.645，48.75，0）（见图 5-22a）。再由关键点创建线。锚索加固地层圆弧线部分先由圆心（43.75，65，0）和圆周上的一点（54.25，65，0）创建圆，再删除下半圆得到。由线创建面，对面进行 Overlap 和 Glue。由面沿法线直接拉伸得三维采场模型。充填体部分分上下两个部分建模。删除上半部分可得半充填模型，上下两部分都删除可得不充填模型。

表 5-4　常温和高温模型 ANSYS 分析力学参数

参　　数	花岗斑岩	锚索加固地层	充填体
导热系数 KXX/W·(m·℃)$^{-1}$	0.11	0.21	0.16
弹性模量 EX/Pa	15.3E009（6E009）	16.8E009（12E009）	2.48E009
泊松比 PRXY	0.3	0.25	0.18
线膨胀系数 ALPX/℃$^{-1}$	1.0E-005	1.1E-005	1.16E-005
密度 DENS/kg·m^{-3}	3340（2872）	3344（2876）	2080
比热 C/J·(kg·℃)$^{-1}$	2.4E-004	2.1E-004	4.3E-004

5.9.6　划分网格

对不同线条人工设定不同的等分数。整个模拟地层范围的宽度和高度方向划分为 8 段，深度方向设为 4 段，其他线条有 2 段、3 段和 4 段的。最后用不同材料对相应的实体模型进行网格划分。图 5-23 为半充三维采场模型的网格划分结果。

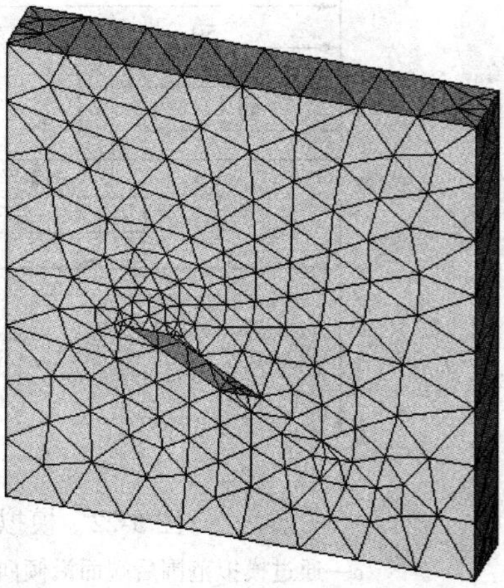

图 5-23　半充三维采场模型的网格划分

5.9.7　加载

常温加载选择分析类型为稳态（Steady-State）。长度单位设为国际单位制 SI（MKS）。温度单位设为摄氏温度（Celsius），设均匀温度（Uniform Temp）为 25℃。惯性载荷为 Y 方向重力加速度值 9.8m/s^2，密度使用换算密度。位移边值条件为：模拟地层范围宽度方向尽端两侧面上所有节点 $U_x = U_z = 0$，模拟地层范围高度方向最底端表面所有节点 $U_y = U_z = 0$，模拟地层范围深度方向尽端两侧面上所有节点 $U_z = 0$。

高温加载选择分析类型为瞬态（Transient），荷载子步数为 6。采空区两侧面和顶底面分十二种情况分别施加不同大小的温度载荷。高温模型的长度单位、温度单位、初始温度、惯性载荷和位移边值条件与常温加载相同。

5.9.8　求解结果

对采场顶板壁面上宽度方向路径 ABC 和顶板锚固体上高度方向路径 BD 进行了分析。

A、B、C、D 四点的坐标是 A（37.5，65，10.5），B（43.75，65，10.5），C（50，65，10.5），D（43.75，75.5，10.5）（见图 5-22）。通过 ANSYS 求解得到各种常温和高温采场模型的围岩温度场等值线图、围岩变形图、Y 方向位移（U_y）等值线图、第一主应力（σ_1）等值线图、第二主应力（σ_2）等值线图和第三主应力（σ_3）等值线图。还分别得到路径 ABC 和 BD 上的 U_y、σ_1、σ_2 和 σ_3 曲线图。图 5-24 为典型的高温采场围岩温度场等值线图。图 5-25 是 600℃不充采场路径 $ABCU_y$ 图。在图 5-25 中，横坐标为 A 点到路径 ABC 上任一点的距离（单位：m），纵坐标为 U_y（单位：m）。其他图形和曲线由于版面有限在此未列出。表 5-5 列出了不同模型地表最大变位量 U_{ysmax}，路径 ABC 上 A、B、C 点的 U_y、σ_1 和 σ_3 值以及路径 ABC 上 U_y 的最大值和最小值。表中正负位移分别代表上升和下降，正负应力分别代表拉应力和压应力，位移和应力的单位分别是 mm 和 MPa。

5.9.9 结果分析

由图 5-24 可知，高温采场位岩温度场分布整体上呈椭圆形分布。分布规律不随温度大小变化，温度大小只影响温度扩散范围。锚索加固地层由于水泥砂浆充填断层、节理、裂隙，密度增大，接触热阻减少，导热系数增加，传热较快。

地表覆盖层厚度在 50~500m 时，硬岩最大容许顶板下陷量 20~60mm，不造成工程公害的地表沉陷量容许值范围为 200~300mm。由表 5-5 可以看到，地表最大下沉量和最大抬升量分别为-48mm 和 152mm，顶板最大下沉量和抬升量分别为-45mm 和 58mm。地表和顶板的变位量均在容许范围内。

当温度升高时，由于岩层受热膨胀引起围岩向上位移以抵消重力引起的下沉位移。顶板下沉量减少，有利于顶板稳定。当温度在 100℃以上时，开始出现向上抬升位移。从图 5-25 和表 5-5 可知，采场顶板宽度方向左右两角点 A、C 当温度升高时出现抬升位移。而采场顶板中心点 B 均为下沉位移，未出现抬升位移。由表 5-5 知，A 点的第一主应力随温度的升高由拉变压，A 点的压应力和 C 点拉应力均逐渐增大。A 点主要受压，C 点拉应力大，B 点下沉量大，B、C 两点最易发生局部塌方事故。

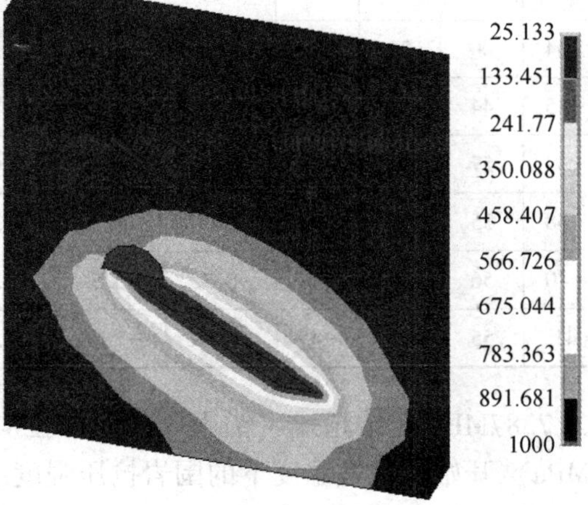

图 5-24 高温采场温度等值线图（单位：℃）

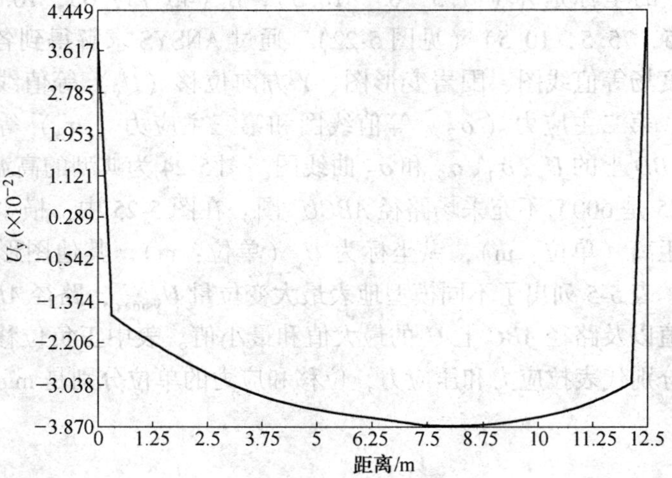

图 5-25 600℃不充采场路径 $ABCU_y$ 图

表 5-5 不同模型地表最大变位量 U_{ysmax} 和路径 ABC 的 U_y、σ_1 和 σ_3 值

模型	U_{ysmax} /mm	U_y/mm					σ_1 /MPa			σ_3 /MPa		
		A 点	B 点	C 点	最大值	最小值	A 点	B 点	C 点	A 点	B 点	C 点
常温全充	−37	−11	−25	−29	−11	−29	0.46	0.25	0.05	−1.87	0.03	−0.21
常温半充	−42	−11	−28	−30	−11	−31	0.57	0.30	0.01	−1.98	0.05	−0.25
常温不充	−48	−11	−29	−31	−11	−32	0.59	0.30	0.01	−2.06	0.06	−0.25
35℃不充	−42	4	−27	−31	4	−33	2.75	−0.01	0.08	−1.47	−5.12	−1.47
60℃不充	−17	6	−27	−27	6	−33	2.61	0.01	0.03	−2.39	−8.48	−2.49
100℃不充	36	8	−27	−25	8	−33	2.42	−0.03	1.25	−4.25	−13.97	−5.10
200℃不充	55	14	−30	−9	14	−32	2.07	−0.10	1.93	−9.26	−27.33	−10.22
300℃不充	58	19	−31	3	19	−33	1.89	−0.17	3.13	−14.28	−31.80	−15.25
400℃不充	69	25	−32	1	25	−35	1.38	−0.43	4.56	−19.31	−38.79	−19.31
500℃不充	82	31	−34	8	31	−37	1.26	−0.56	5.73	−24.33	−41.40	−24.33
600℃不充	90	36	−35	44	44	−38	0.97	−0.33	6.68	−29.36	−81.21	−31.43
700℃不充	105	43	−37	57	57	−40	0.63	−0.39	7.87	−34.39	−94.68	−36.42
800℃不充	123	49	−38	35	49	−42	0.43	−1.20	14.32	−39.19	−109.22	−39.19
900℃不充	135	54	−40	56	56	43	−0.33	−0.50	10.24	−44.44	−121.62	−48.2
1000℃不充	152	58	41	55	58	−45	−0.49	−1.53	18.06	−49.06	−136.44	−49.06

700℃时的最大拉应力 7.87MPa 开始超过了锚固体的允许拉应力 6.81MPa。而 600℃时的最大压应力（81.21MPa）开始超过该温度下的围岩抗压强度（30MPa）。所以高温采场的温度在 500℃及 500℃以下时是安全的。实际高温采场的温度一般在 35～300℃之间，所以采场顶板注浆长锚索预控顶支护参数能满足开采过程围岩稳定要求。

5.10　矿山高温采场岩体锚固机理——胀锚拱理论

5.10.1　胀锚拱理论模型

就单锚而言，锚索灌浆体是树根主体，断层破碎带、软弱层等大裂缝中的灌浆体是树根主要分枝，节理裂隙中的灌浆体是次要分枝或称根须，这样便形成一个“锚索树根”。注浆长锚索的施工过程就是一个个锚索树根的成长过程。

单排锚索扇排加固体就像一座钢筋混凝土拱桥，钢筋就是锚索树根，把它称为“锚索树根筋”（见图5-26）。破碎岩块相当于混凝土，扇形排面形状又像拱，所以把它称为锚索树根筋混凝土拱（见图5-27）。拱主要有两大特点，一是拱内主要承受压力，二是在两拱脚处有较大的水平推力。这样既充分利用了岩石和锚固体抗压强度大的性能，又将采场顶板荷载传递到两侧围岩中，比梁作用的受力更合理。

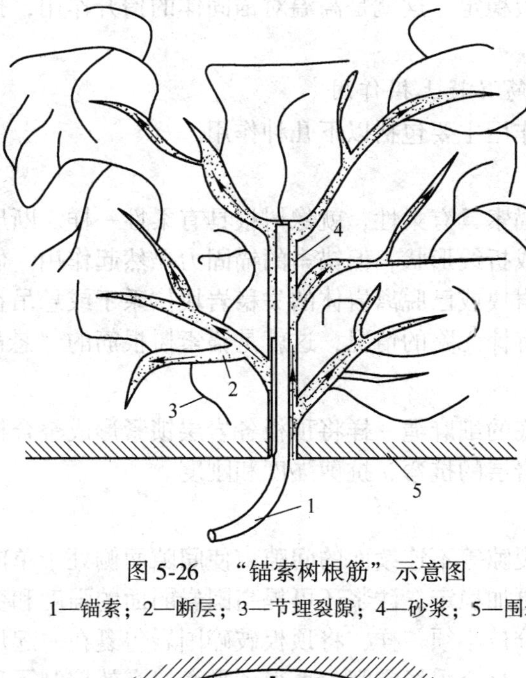

图5-26　“锚索树根筋”示意图

1—锚索；2—断层；3—节理裂隙；4—砂浆；5—围岩

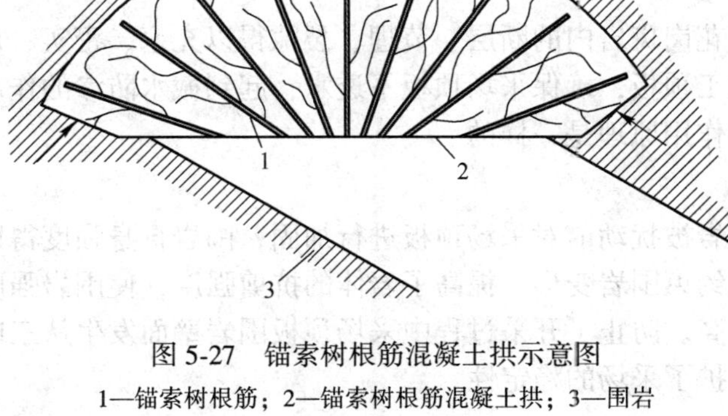

图5-27　锚索树根筋混凝土拱示意图

1—锚索树根筋；2—锚索树根筋混凝土拱；3—围岩

5.10.2 胀锚拱理论要点

“胀锚拱理论”主要包括膨胀作用、抬升作用和锚索树根筋混凝土拱作用。

5.10.2.1 膨胀抬升作用

A 膨胀作用

由于采场一般埋深较大，采场围岩属无限体或半无限体。岩体受热膨胀无法得到释放，必然在岩体内产生热应力，这种由于岩体受热膨胀变形所产生的热应力就是膨胀地压。这是高温对锚固体膨胀作用的不利一面。

越靠近高温采场临空面，岩石的温度越高。在高温环境下，随着温度的升高，锚索胀大成从孔底到孔口越来越大的楔形体。增大了锚索与灌浆体之间的摩擦阻力，提高了锚索的粘结强度。这是高温对锚固体膨胀作用的有利一面。

B 抬升作用

在高温环境下，由于岩体受热膨胀引起围岩向上位移以抵消重力引起的下沉位移。顶板下沉量减少，有利于顶板稳定。这就是高温对锚固体的抬升作用，抬升作用有利于锚固体的稳定。

5.10.2.2 锚索树根筋混凝土拱作用

锚索树根筋混凝土拱作用主要包括以下几种作用。

A 悬吊作用

锚索与锚杆不一样，锚索具有柔性，就像树根具有柔性一样。断层的错动可以使通过断层的锚索变成弯曲形状或折线形状，但锚索的锚固力仍然起作用。偶尔也能看到采场顶板的注浆长锚索把不稳定岩块或已脱离岩体的失稳岩块拉系于或悬吊在稳定的岩层中，出现层离筋连，悬而不落，有惊无险的情况，这就是锚索树根筋的“悬吊作用”。

B 叠合梁作用

锚索树根筋就像纳鞋底的细麻绳一样将顶板各岩层锁紧形成叠合构件，岩层之间的阻力大大增加，提高了顶板岩层的抗弯、抗剪强度和刚度。

C 注浆加固作用

水泥砂浆充填节理、裂隙等不连续面的间隙，使间隙两侧处于单向或双向应力状态的岩体进入三向应力状态，更加稳定。注浆还可提高围岩弱面的强度和变形模量，形成脉状或条带状胶结体，像树根分枝小须一样，将顶板破碎围岩包裹在一起形成一个楔形体。这个楔形体嵌楔于采场顶部，整个采场空间力系得到平衡，有效控制了顶板的冒落。

D 截水防渗作用

注浆使矿体顶板花岗斑岩内的断层、节理、裂隙得以充塞、密实、加固，形成一定厚度的连续的不透水人工顶板，确保采场顶板不透水，起到截水防渗的作用。这和树根的防水固砂、保持水土的作用原理是一样的。

E 预加固作用

注浆长锚索在原岩被扰动前对采场顶板进行加固，围岩自身强度得以保持。而且由于锚索树根筋通过受拉约束围岩变形，提高了岩体的抗剪强度，使围岩强度在其自身强度的基础上进一步得到提高。防止了开采过程中采场顶板围岩壁面发生从三向应力状态向平面应力状态的转变，维护了采场的稳定性。

6 采矿方法选择、地下和露天采矿方法

6.1 采矿方法选择

6.1.1 矿床和岩石分类

当一个矿床已被发现、圈定和评价之后，下一步就是选择一种在赋存条件上、经济上和环境上都适合于从该矿床内采出有用矿物的开采方法。"矿床"这个术语是用以表示有用矿物（包括矿石和煤）的富集。即使有过去的经验可以借鉴，但许多重要的开采设计参数只能根据钻探的岩芯标本鉴定资料来确定。

影响开采方法选择的因素可以归纳如下：（1）矿床的空间特征（大小、形状、产状和深度）；（2）矿石和围岩的物理（或力学）性质；（3）地下水和水力条件；（4）经济因素：包括矿石品位、相对的开采成本以及要求的生产规模；（5）环境因素。例如，矿山地表的保护，预防空气和水的污染。在这些因素中，矿床的空间特征和矿石与围岩的物理（或力学）性质限制了可能应用于该矿床的许多开采方法。

矿床的类型一般认为有以下六种：

（1）块状矿床。在水平或垂直范围内，矿化（或矿物）都比较均匀分布的大矿床。浸染型铜矿是典型的块状矿床，盐丘也包括在此。

（2）层状或板状矿床。一种平行于层理的矿床，大多数出现在沉积岩中，通常水平尺寸很大而厚度有限。大多数煤层和某些蒸发盐矿床（如钾盐）属于这一类。

（3）薄矿脉。一种长而窄（厚度小于3m）的矿化（矿物）带，通常是急倾斜的，矿脉与围岩一般接触明显。许多黄金和其他金属矿物产出于薄矿脉。

（4）厚矿脉。其定义除矿脉厚度大于3m以外，其他均如同薄矿脉。

（5）扁豆状或囊状矿床。一种孤立矿体，或者是在块状、层状或脉状矿床中的一种在垂直和水平方向尺寸都不大的矿体。铅、锌和铁矿石常常产出于这种类型矿床。

（6）砂矿床。一种地表或接近地表的矿床，通常呈板状，并且范围可能很大，在岩屑中（如砂和砂砾）含有有用矿物（如金、铂）。

与矿床有关的岩石物料分类如下：

（1）岩屑。岩石由于受机械或化学分解作用，而产生的固体颗粒的沉积物或其他堆积物，通常只具有较小的粘结力和极低的抗压强度（例如土壤、砂子、砂砾、冲积层、干盐湖）。

（2）无黏结力的节理和裂隙岩体。一种经常出现在地表、或接近地表、或断层带中的岩体，在这种岩体的节理或裂隙中含有蚀变物或分解物，例如黏土物质。这种岩体黏结力很弱，可视为松散的，但其颗粒粒度又比土壤大。

（3）局部黏结的节理和裂隙的岩体。这是一种节理或裂隙局部重新胶结的岩体，具有低到中等的黏结力。

（4）薄层状岩体。一般为沉积成因的岩体，其中薄分层的平均厚度小于 0.3m。在薄分层之间的层面可能是局部黏结的，岩体可能是有裂缝的。在煤矿顶板常常碰到的层状页岩和砂岩就是典型的这类岩体。

（5）厚层状岩体。薄分层的平均厚度大于 0.3m 的岩体，层间可能有一些黏结力，而岩体也可能带有裂缝。

（6）块状岩体。一种相对来说没有什么节理或裂隙的岩体，或是一种虽有节理或裂隙，但节理或裂隙面之间的黏结力较大，因而强度较大的岩体。再胶结的角砾岩和砾岩包括在这一类中。

以下各节简要地叙述各种开采方法，并说明每一种开采方法所适用的矿床空间特征以及矿石和围岩的物理性质。没有涉及海洋采矿。

6.1.2 地下采矿方法选择

如果一个矿床的深度用露天剥离覆盖层进行开采（即露天开采）已不合算时，就应考虑用地下开采。想要从这种矿床回收矿物就得选择或设计一种最安全、最经济的采矿方法；同时，它能提供适宜的岩层支护手段，以保护采矿场；并在某些情况下，可以保护地表。由于在地下采矿法中，岩层支护是必不可少的工序，所以表 6-1 所列的，以及在文中将要叙述到的各种采矿方法，都是在此基础上分类的。同时，岩层支护又取决于矿床的产状与矿石和围岩的力学性质，因此所介绍的每种采矿方法，都包含着该法所适用的矿床特征的说明。

表 6-1 地下采矿方法分类

<table>
<tr><td rowspan="7">Ⅰ</td><td rowspan="7">自然支撑采矿法</td><td rowspan="3">空场采矿法</td><td colspan="2">孤立采场的空场采矿法</td></tr>
<tr><td rowspan="2">留有矿柱的空场采矿法</td><td>留不规则矿柱的空场采矿法</td></tr>
<tr><td>留规则矿柱的空场采矿法</td></tr>
<tr><td colspan="3">房柱采矿法</td></tr>
<tr><td colspan="3">分段采矿法</td></tr>
<tr><td colspan="3">留矿采矿法</td></tr>
<tr><td colspan="3">横撑支柱采矿法</td></tr>
<tr><td rowspan="5">Ⅱ</td><td rowspan="5">人工支撑采矿法</td><td colspan="3">分层充填采矿法</td></tr>
<tr><td colspan="3">方框支柱充填采矿法</td></tr>
<tr><td colspan="3">长壁采矿法</td></tr>
<tr><td colspan="3">短壁采矿法</td></tr>
<tr><td colspan="3">分层崩落采矿法</td></tr>
<tr><td rowspan="2">Ⅲ</td><td rowspan="2">崩落采矿法</td><td colspan="3">分段崩落采矿法</td></tr>
<tr><td colspan="3">矿块和盘区崩落采矿法</td></tr>
</table>

地下采矿方法有如下三大类：

（1）自然支撑采矿法。在本类采矿方法中，由于回采矿石而形成的空场（矿房或采场）不需要使用规则的人工支护方法，而主要依靠矿岩自然支撑能力。也就是说，在空场中，由于覆盖层的重力或地质构造力产生的载荷是施加在空场的侧帮和（或）未开采的矿柱或岩柱上。这种规定并不排除使用锚杆或其他轻便的支护方法，只要这种人工支护对于作用在自然支撑的采场结构上的载荷，没有产生重大的影响。

（2）人工支撑采矿法。在本类采矿方法中，采场或矿房要求有充分的支护；也就是作用在采矿场上面的一部分载荷，为支护系统所承受。

（3）崩落采矿法。在本类采矿方法中，因为矿体的产状和力学性质之故，使得矿体在重力作用下能够崩落，从而可以获得比用其他采矿方法更好的结果。

上述这种地下采矿方法分类实质上与杰克逊和加德纳提出的分类相同。莫里森、路易斯和克拉克也提出过相似的分类。因为矿柱回采是第二步骤的开采作业，所以在本节中不予涉及。

这几类采矿方法的适用条件常常没有清楚的界限。事实上，在同一矿床中，曾经使用过空场法和矿块崩落法两种方法。这种情况有些是因为矿床内部或矿床周围矿岩性质变化的结果，或者由于矿床产状的变化之故（例如矿床尖灭），或者由于工艺或经济因素的改变，使得一种采矿方法优于另一种方法。但是采矿方法的选择，往往主要决定于矿床的产状和力学性质，有时甚至完全受它支配。

地下开采所引起的环境危害问题，主要是矿坑酸性水泄入地面河流，以及因岩层移动而引起的地表破坏，两者都可发生在矿床开采的同时和开采之后。在美国，矿坑酸性水的排泄常常是东部各州煤矿开采的一个问题。在用崩落法开采大型块状低品位矿床时，地表下沉是普遍现象。然而，很多地下矿山特别是层状和大型扁豆状矿床以及回采率高的矿床，最终是会发生沉陷的，往往使地表破坏而永久不能利用。煤矿和蒸发盐矿就是典型的例子。一般来说，地下矿山除了地表沉陷以外，不涉及其他重大的环境问题，虽然可能会出现一种或几种职业病问题。

6.1.2.1 自然支撑采矿法

在自然支撑采矿法中，作用在采矿场上面的载荷为采场的围岩或未采的矿（岩）柱所承受。除了砂矿以外，这类采矿方法在任何类型的矿床均可应用。但是采场尺寸取决于围岩和矿柱的岩石类型。例如，不需支护的暴露跨度（上下盘之间、两盘与矿柱之间、矿柱与矿柱之间的最小尺寸），对于节理和裂隙面上没有黏结力的、节理十分发育的或薄片状的岩石物料来说事实上为零，而对整体岩体可大至30m以上。因而一般来说，自然支撑法的采场尺寸将取决于岩体中的弱面的强度和间距，以及采场所处的深度和方位。

自然支撑采矿法又可以分成两类：空场采矿法和房柱采矿法。

A 空场采矿法

空场采矿法确切的定义是：空场法的采场是一种地下空间其中有用矿物已被采出，而其两盘或顶板无坑木或其他支护。空场法较普通的概念是指采场两盘和顶板用矿（岩）柱支护的，或用横撑支柱、锚杆以及其他支护手段来支护的。我们同意后一定义，并从结构观点将空场分为两类：孤立的（单一采场）空场法和留有矿柱的空场法（多个采场）。

孤立采场的空场法是一种无矿柱，或者是无支护的地下采场。这种采场基本上处在其他地下采场的影响范围之外。孤立矿囊、透镜状矿体和柱状矿体曾用这种方法开采。竖井、开拓平巷和民用的地下建筑工程（隧道、发电站的地下硐室）等也可以包括在这种方法的概念范畴内。

一般来说，只要岩体的物理性质允许，任何类型的岩体均能应用孤立采场的空场法。一个孤立采场允许暴露的最大跨度取决于矿床埋藏深度、矿体周围的地质和物理参数。例如，在燧石角砾岩中，在91m深处曾开采过一个跨度达30m的孤立采场；在深达305m的裂隙性的碧玉铁质岩中，跨度达15~23m；在裂隙不大发育的白云质灰岩中，深度为91m，达15~18m。图6-1表示孤立采场的空场法。

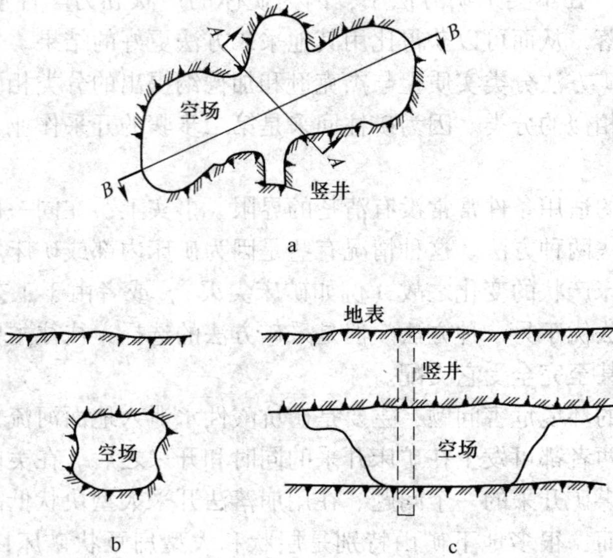

图6-1 无矿柱的孤立采场

a—平面图；b—*A*—*A* 剖面图；c—*B*—*B* 剖面图

留有矿柱的空场法。一般一个面积相当大的矿床，比如一种薄的或厚的脉状矿床或大型囊状或透镜状矿体，不能使用单独一个不支护的采场（空场）来开采。为了保证安全，在矿床范围内需要支护，而这种支护若是利用留下未采的原矿石或废石的话，这种采矿方法就叫做留有矿柱的空场采矿法。

从结构设计的观点来看，这样一种采矿法相当于一种多个采场的情况：即各采场紧密靠近布置，以至一个采场周围的应力分布影响到相邻采场周围的应力分布，反过来也是一样。

留有矿柱的空场采矿法又可分为留不规则矿柱和留规则矿柱两种形式。

（1）留不规则矿柱的空场法。图6-2为矿柱间距和（或）尺寸都不规则的空场采矿法。这种采矿方法用于开采下列矿床：

1）较大的矿囊或透镜状矿体，特别是矿床的矿石品位和（或）厚度有变化时。只要可能，矿柱应留于较贫矿石处。若矿石品位富，矿柱一般可在最后予以回采。

2）层状矿床和任意倾角（通常小于45°）的薄或中厚的脉状矿床。也就是说，在这样一个角度下，破碎矿石不能在重力作用下滑动。而且当矿石品位或厚度有变化时，使用此法尤多。

在留不规则矿柱的空场法中，暴露跨度将取决于顶板岩石的性质。如果顶板岩石是完整的，曾经采过跨度达30m的采场，在燧石角砾岩、盐丘和厚层石灰岩中有过这样的例子。在部分再胶结的节理和裂隙性岩石中，暴露跨度为15~30m是常见的。在有分层的层状岩石中，顶板暴露跨度将取决于直接顶板厚度。在直接顶板厚度为0.6m或更大时，采过跨度为12~24m的采场。

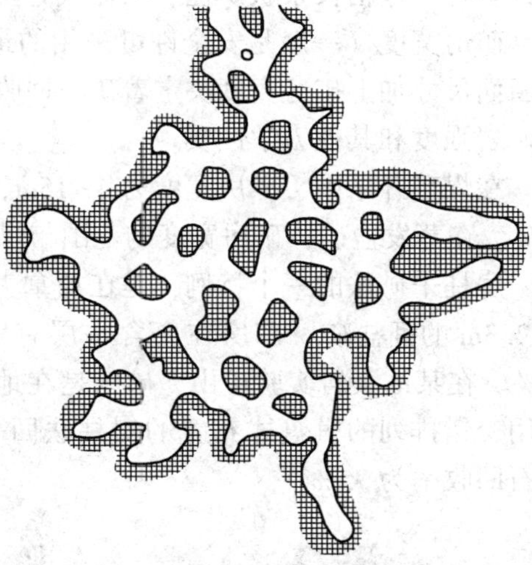
图6-2 留不规则矿柱的空场法

在尺寸有限的矿囊或透镜状矿体中，此法能达到的面积回收率将取决于矿床深度，并取决于形成矿柱的矿石和（或）岩石以及形成顶板、底板和矿床侧帮围岩的力学性质。一般在小于610m开采深度时，矿石的面积回收率为60%~80%。田纳西州东部的锌矿和密苏里-堪萨斯-俄克拉荷马三州地区的铅锌矿均采用留矿柱的空场法。这些矿山的矿石平均回采率为75%。

（2）留规则矿柱的空场法。通常适用于层状矿床，有时也用于品位和厚度都比较均匀、范围也比较大的脉状矿床。在这种方法中，矿柱的横截面形状和尺寸以及矿柱之间的间距都是比较均等的。图6-3为一个留规则矿柱空场法的典型例子。同样，在厚大块状矿床采用几个阶段水平回采的地方，也曾用留规则矿柱的空场法，即上一阶段的矿柱，正好位于下一阶段矿柱之上。例如在路易斯安那州的杰裴孙岛矿的盐丘中采矿就是采用这种方法。

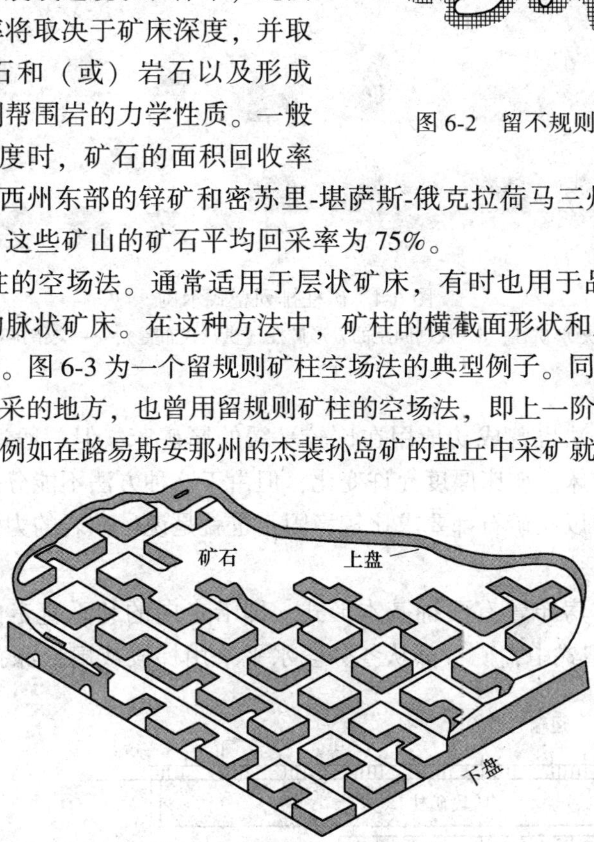

图6-3 留规则矿柱的空场法

在留规则矿柱的空场法中，允许暴露跨度首先取决于顶板岩石类型，如薄层页岩为3~3.7m，在盐丘中达到46m。这类采矿方法的矿石回收率，取决于矿床埋藏深度和形成矿柱的岩石或矿石的力学性质。一般深度小于610m时，回收率达60%~80%。

B 房柱采矿法

房柱法的设计布置实质上是与留矿柱的空场法相同的，但房柱法限于在矿石品位和厚度都比较均匀的缓倾斜矿床中使用。例如在煤矿和蒸发盐矿床（层状岩盐、钾盐、天然碱和硼砂）。还有一些地下采石场也用房柱法开采。这种方法（如图6-4所示）实质上是回采网格排列的矿房，各矿房之间为一系列断面一致的矿柱所隔开。矿房的网格排列型式有许多种，包括长条状矿柱、棋盘式布置的方形矿柱等。

矿房宽度（一般是安全许可采用的最大宽度）受直接顶板岩石的特性的限制。矿柱横断面尺寸加上矿房宽度决定着矿石回收率的大小，它取决于矿床埋藏深度以及组成矿柱的矿岩强度和其他力学性质。

在煤矿开采中，矿房宽度为4~15m，平均为9m。回收率在50%~70%之间，平均为60%。在蒸发盐矿，矿房宽度的范围与煤矿类似，但回采率通常高一些，为60%~90%。

房柱采矿法的一个特例，是在加拿大萨斯喀彻温省，开采一个埋藏深度在945m、厚度2.3m的钾盐矿。矿房在离含水层有一定距离之下开采，其宽度为6.4m，回收率为30%。在某油页岩实验矿山，矿床是在地表以下274m深处，厚度为16m的油页岩矿床，采用交错排列的棋盘式布置的房柱法回采，矿房宽度为18m、矿柱横断面为18m×18m，矿石回收率为75%。

图6-4 矿柱排列型式示例

a—规则间距的矩形矿柱；b—规则间距的方形矿柱（棋盘式布置）；c—交错排列的棋盘式布置

C 分段采矿法

虽然这种采矿方法也曾成功地用在比较平缓的厚矿床，但一般适用于急倾斜的薄矿脉、厚矿脉和层状矿床。矿床厚度允许变化，但由于这种方法不能分采，矿石品位应该相当均匀。上下盘围岩以及矿石都要求比较稳固；也就是说，矿岩的力学性质与其他空场法的要求相同。

分段采矿法的矿房布置有两种基本形式，即沿走向的和垂直走向的，如图6-5和图6-6所示。在这两种型式中，矿石都从各分段水平采用梯段或扇形深孔崩下矿石，并借自重溜入放矿漏斗。

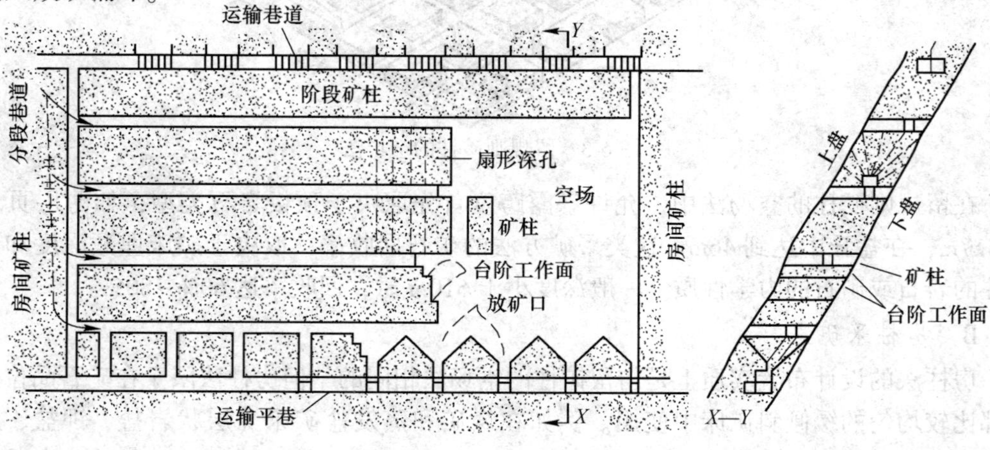

图6-5 在薄矿脉中沿走向布置采场的分段采矿法

a—采场沿走向剖面图；b—X—Y剖面图

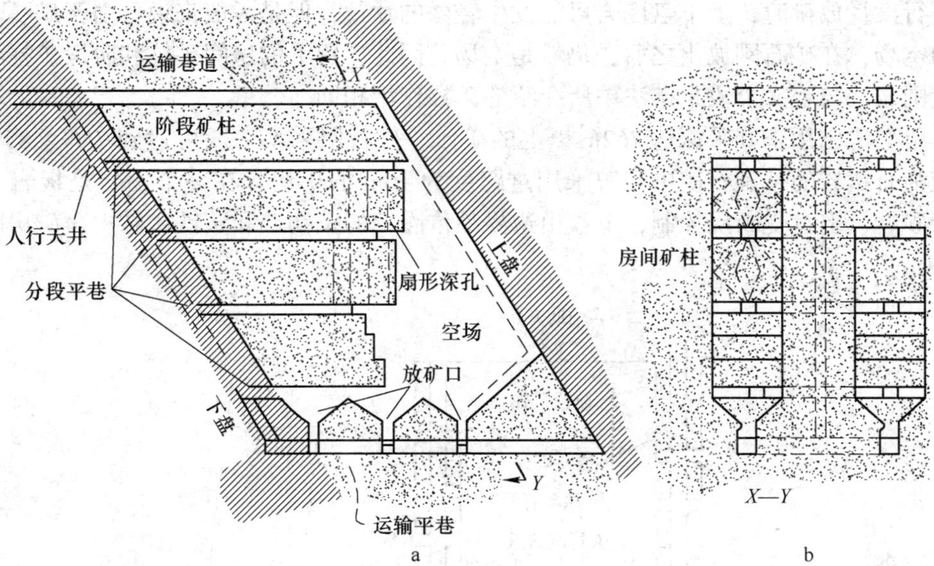

图 6-6 在厚矿脉中垂直走向布置采场的分段采矿法
a—采场垂直走向剖面图；b—X—Y 剖面图

沿走向布置的分段法用在较薄的急倾斜矿床中。矿房长边平行于矿体走向，其长度不定。矿房宽度（或跨度）受矿体厚度限制。在回采区段内可留不规则的或规则的房间矿柱。这种方法的矿房宽度曾达 21m。阶段矿柱通常是规则的，用作采空后的矿房顶板和主要运输巷道或阶段巷道的底板。若矿柱是急倾斜的，阶段矿柱还要支撑侧面载荷。这种方式布置的矿房回收率约达 75%。两盘围岩可能引起少量贫化，阶段矿柱轻微的片落是允许的，但必须避免大冒落。

对厚矿床（大于 21m）来说，通常使用垂直走向布置矿房的分段法进行回采。在这种布置方式中，矿房长边垂直矿体走向，其长度受矿体厚度的限制。矿房之间通常留规则的房间矿柱，阶段矿柱的布置与沿走向布置矿房的一样。房间矿柱的间距由矿石的允许暴露跨度决定，但很少大于 21m。如果矿房是急倾斜的，则阶段矿柱还提供横向支撑。因为大部分矿石留作房间矿柱之用，所以垂直走向布置矿房的矿石回收率一般比沿走向的低，但经验表明，来自两盘围岩的贫化较小。

上下盘为流纹岩、角砾状凝灰岩和聚合岩或砾岩的块状硫化矿床，曾经采用过跨度为 12~15m 的矿房；在两盘为绿岩的块状硫化矿床，矿房跨度曾达 14~27m；在两盘是高度变质的片岩、杂砂岩和板岩的含铁硫化矿床，跨度达到过 30m。

D 留矿采矿法

此法（图 6-7）用于回采急倾斜的薄矿脉或厚矿脉，有时也用于急倾斜层状矿床。这种采矿方法基本上是一种用上向梯段工作面回采的方法。它的一部分破碎矿石要一直积存到矿房全部回采完毕才能放出。矿石破碎时体积将增大，故必须定期地通过放矿漏斗或放矿口放出 30%~50%的崩落矿石，以保持继续回采的工作空间。一般说来，矿脉必须是足够稳固的，使整个矿房宽度的矿石顶板无需支护，同时在落矿时，矿石不要压实到不能放矿的程度。上下盘都应该较稳固，以防止围岩片帮而引起矿石大量贫化。

矿房回采期间，矿房内留下的碎矿石将对两盘围岩起某种程度的稳定作用。当矿房采完进行大量放矿时，上下盘围岩可能发生轻微的片帮，但是一般来说，由于矿石采出而形成的空场，在矿石刚放出之后，仍然是空场。因此，留下的房间矿柱和阶段矿柱将支撑上下盘围岩，与上文分段采矿法中所介绍的矿柱作用相同。

留矿法已用来开采深达 762m 以上的矿床。矿石回采率一般可达到 75%~85%。在上下盘为石灰岩的某萤石矿中，曾采用过跨度为 10m 的矿房。在一个围岩是板岩、片麻岩和杂砂岩、上盘受断层控制，下盘由边界品位圈定的黄铜矿和黄铁矿脉中，矿房跨度达到过 21m。

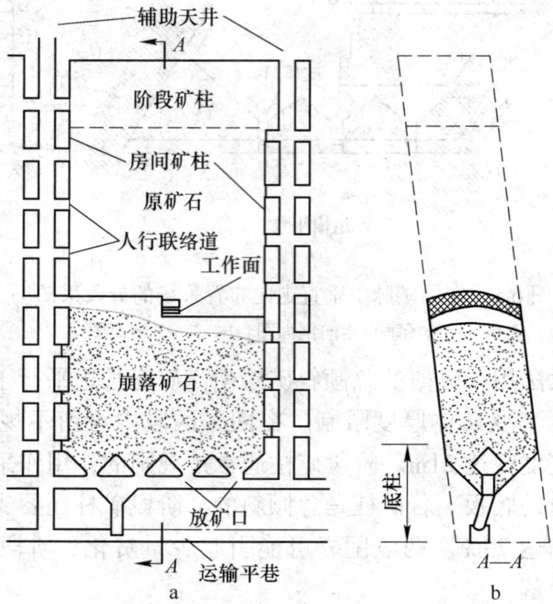

图 6-7 留矿法

a—采场沿矿脉走向剖面图；b—A—A 剖面图

E 横撑支柱采矿法

这是一种用规则或不规则的支架（横撑）架设在矿脉上下盘之间的采矿方法。矿脉可以是缓倾斜至急倾斜的层状或薄矿体，厚度一般为 3.7m 或在 3.7m 以内（图 6-8）。横撑支柱只当作唯一的人工支护，故通常仍要求上盘（有时要求上下两盘）是中等稳固的，例如薄层的或有部分粘结力的节理和裂隙性岩石。

横撑支柱法曾用于开采一个埋藏在 1067m 深处、厚 3~3.7m，倾角 30°左右的铜矿床，矿体产于霏细状砾岩内。开采厚度超过 3.7m 时，就需用其他支护方法。

6.1.2.2 人工支撑采矿法

在人工支撑采矿法中，由覆盖岩石自重产生的载荷中很大部分将由人工支架（立柱、棚子、木垛、石垛和充填料等）承受。覆盖岩层自重产生的载荷大约每 1ft 垂直深度为 7kPa。比如位于地下 152m 深处的采场，如果重力载荷在采场开挖以后没有传递给周围的围岩，则此采场的人工支架必须具有 3858kPa 的支撑能力。除充填法开采的后期阶段，目前还没有这样一个支撑能力的支架。即使大量采用横撑、棚子和其他轻便支架，其总的支撑能力大概也只能承受重力载荷的百分之几。液压支柱（千斤顶）能够支撑较大的压力。在 152m 深处的一个采场内，若按中心间距为 1067mm 排列来架设 163t 的液压支柱，大约可以支撑覆盖岩石重量的 36%。在大的采场中，假若木垛和带状石垛布置得相当密，可以支撑重力载荷的 50%。而用充填料支护，在地表沉陷和充填料压实之后能支撑覆盖岩层重量的 100%。

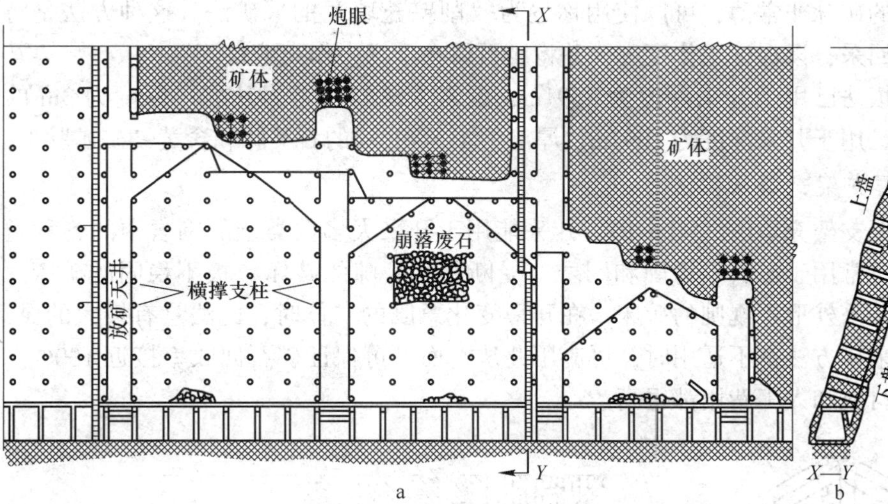

图 6-8 横撑支柱采矿法

a—采场沿矿脉走向剖面图；b—X—Y 剖面图

A 分层充填采矿法

这种方法最适用于矿体倾角大于碎矿石自然安息角的脉状或层状矿床（图 6-9）。矿石可以是块状的，厚层状的以及部分黏结的节理性的，但应当是足够稳固的，以能维持等于采场宽度的跨度而不冒落。围岩，主要是上盘围岩，如果没有支护通常不能长期保持稳定。

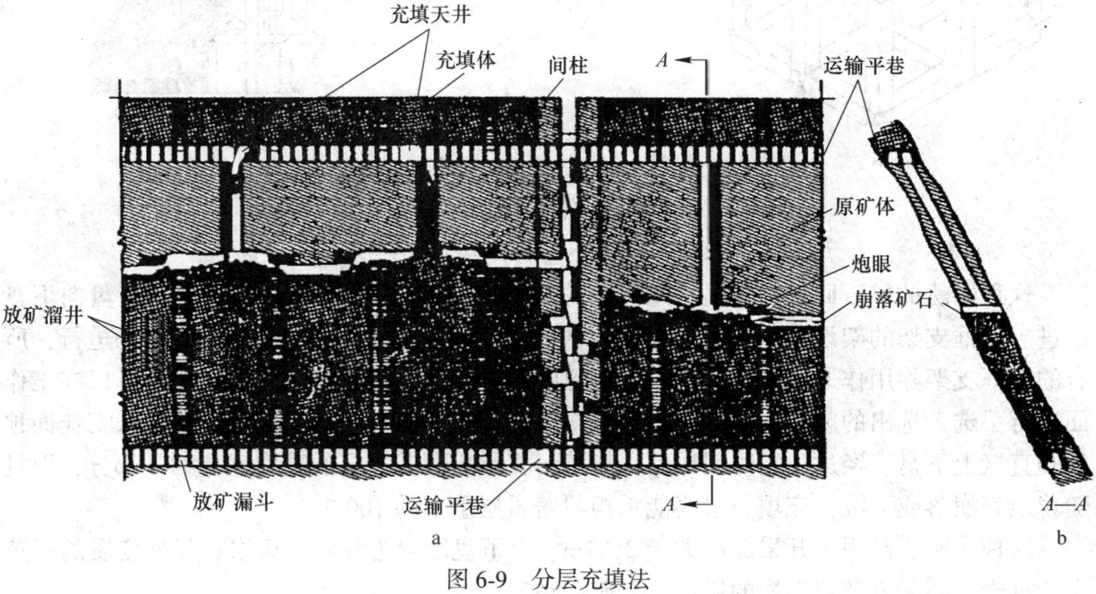

图 6-9 分层充填法

a—采场沿矿脉走向剖面图；b—A—A 剖面图

这种方法是用上向梯段工作面崩落矿石并从采场运出。有时在工作面进行手选，并将废石留在采场中。崩下来的矿石运出后，用充填料充填采空区，一直充填到使顶板与充填面保持必要的工作空间高度为止。回采工作循环如此反复进行。充填料可用采掘的废石、砂及砾石、土壤或经过分级的选矿厂尾砂。若留有矿柱，通常是可以回收的，矿石回收率几乎达百分之百。

如开采的矿脉非常薄，可以使用称之为“削壁充填”的采矿法。这种方法是将矿脉和帮岩分别回采，以保证工作宽度，并将废石留在采场中作充填料。

分层充填法已用于开采深度为2591m、围岩为斑岩及熔岩片岩、厚度为3m的石英脉。该法也已用于开采深度为1097m、厚度为1.5~30m的石英脉和含黄铁矿矿脉。

B　方框支架充填采矿法

虽然方框支架充填法（图6-10）几乎能用于开采大多数类型的围岩中的各种类型的矿床，但它更常用于矿石不稳固和围岩（受断层和裂隙的破坏）极不稳固的矿床。该种方法适用于开采外形不规则的矿床，在开采变化急剧的矿体时，此法具有极大的灵活性。当其他所有采矿方法都不适用时，可应用此法，而且可保证矿石回收率接近100%。然而这种方法的材料和人工费用都很高。

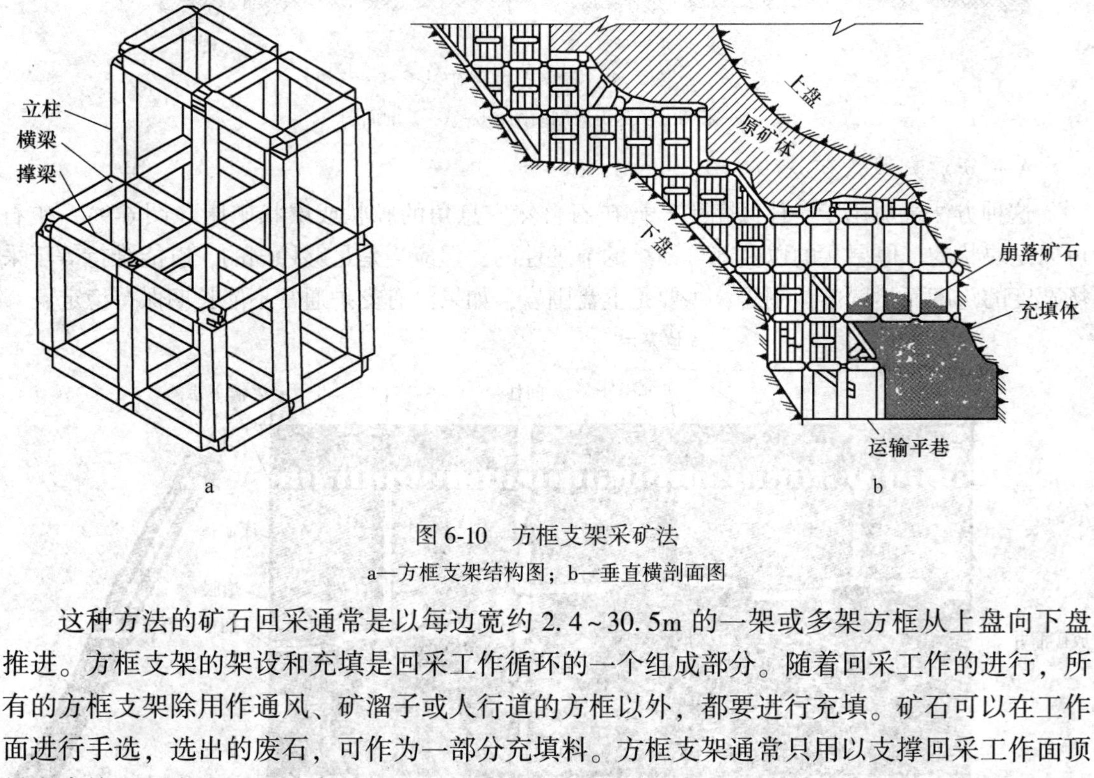

图6-10　方框支架采矿法
a—方框支架结构图；b—垂直横剖面图

这种方法的矿石回采通常是以每边宽约2.4~30.5m的一架或多架方框从上盘向下盘推进。方框支架的架设和充填是回采工作循环的一个组成部分。随着回采工作的进行，所有的方框支架除用作通风、矿溜子或人行道的方框以外，都要进行充填。矿石可以在工作面进行手选，选出的废石，可作为一部分充填料。方框支架通常只用以支撑回采工作面顶板和直接上下盘。经过一定时间以后，充填料将承担覆盖岩层的重力载荷的一部分，而且随着地表崩落或下沉，充填料最终能承担覆盖岩层重量的100%。

这种采矿法已用于开采深度大于2591m、上下盘围岩为片岩、斑岩、强烈变质的石英岩、页岩、石灰岩及花岗岩的铅矿、金矿和银矿。

最近发展的使用或不使用胶结充填料的下向充填法，看来可以与方框支架充填法相互竞逐。

C 长壁采矿法

长壁法按其原来的概念主要用于采煤，不过这种方法及其变形方案现已用来开采如铀矿和金矿这样的金属矿。此法适合于开采厚度为0.9~2.4m，倾角小于12°，埋藏深度达914m或更大的矿床。覆盖岩层应为不稳固的薄层状的岩石，并在放顶支柱线以外能完全自然崩落（图6-11）。矿床底板的岩石应比较坚硬，以能承受支柱传来的载荷。

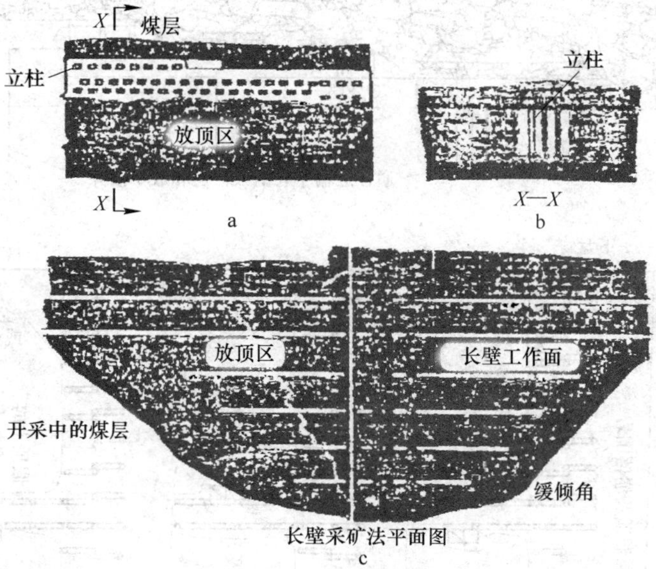

图6-11 长壁采矿法

a—开采煤层平面图；b—X—X剖面图；c—长壁采矿法平面图

因为长壁法回采工作面及工作区段上面的顶板要用大量的支柱支护，所以尽管采空区会发生崩落，它仍属于支柱采矿法。

在任何倾角的矿床中，将回采工作面有规则地依次布置，以使地压均匀分布，通常被称为变型的长壁式回采方案，但它实质上不是一种采矿方法，而是一种地压管理方法。

在使用长壁法开采的煤矿中，工作面是用截煤机、采煤机或刨煤机落煤，而用运输机将煤运出。通常回收率接近100%是可能的。由于实际上将煤全部采出，覆盖岩崩落到采空区中，因此地表下沉就比较均匀和充分。然而，在用长壁法开采的某些欧洲的煤矿中，采空区用矸石充填带支撑，以限制冒落地表下沉。

D 短壁采矿法

短壁法和长壁法适宜于同样的矿床类型和同样的岩石性质。两者的主要区别在于回采工作面的长度。短壁法工作面的最大长度通常是46~49m。美国的安全法规和矿业法规要求缩短回采工作面的长度。比较短的工作面灵活性较大，特别在顶板不好的区段。短壁法使用的设备及其效果和长壁法一样。

E 分层崩落采矿法

这种采矿方法基本上用于开采矿石和围岩都不稳固，允许暴露跨度很小的厚层状矿体或厚度较大的脉状矿床（厚度一般大于5m）。矿体是由顶部自上而下用木材支护的水平分层或近似水平的分层进行回采。在第一分层铺设木材假顶，并崩落覆盖岩层。当以后各分层推进时，将工作面后面放顶区的支柱爆下来进行放顶工作，但工作空间是经常处在假顶的保护之下（图 6-12）。虽然这种采矿方法最终会导致地表陷落，但由于工作面大量的木材支架和铺设木假顶，故本法仍属于支柱采矿法。本法不能选别回采，也不能进行手选。但是矿体与上下盘接触面都可以是不规则的。矿石回收率接近 100%。

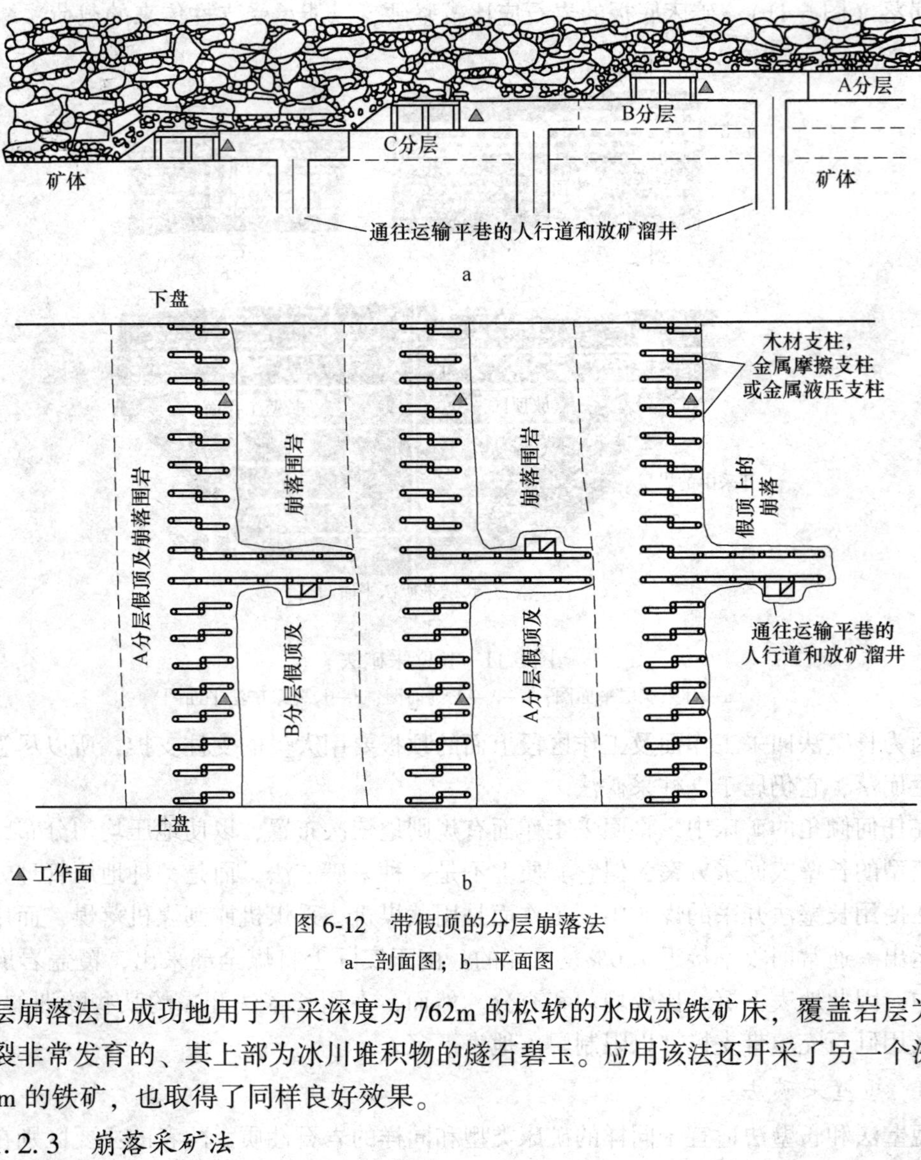

图 6-12　带假顶的分层崩落法

a—剖面图；b—平面图

分层崩落法已成功地用于开采深度为 762m 的松软的水成赤铁矿床，覆盖岩层为很脆的和断裂非常发育的、其上部为冰川堆积物的燧石碧玉。应用该法还开采了另一个深度为 46~122m 的铁矿，也取得了同样良好效果。

6.1.2.3　崩落采矿法

通常认为崩落采矿法包括以下三种：分层崩落采矿法、分段崩落采矿法和矿块崩落采矿法。总的来说，应用此种采矿方法的一般要求应是水平面积很大的大型矿床，如厚矿层或厚大矿脉。矿石应是松软的，若矿石是坚硬的，则应是粘结性差的和十分破碎的，或者是二者兼而有之。覆盖的岩层从坚硬的岩层到冰碛层均可，但必须随着矿石放出而崩落和下降。由于分层崩落采矿法需要消耗大量的坑木及支护，故已列入支柱采矿法中论述。

矿石及覆盖岩层均是节理裂隙非常发育的坚硬岩石，在节理面上几乎没有什么黏结力。由于矿岩节理裂隙非常发育，所以在一定的暴露面积时，比如 3~61m^2 以上，撤出支架后便会自行崩落。某些类型的矿岩要采取一些措施才能发生崩落，例如在矿块边界上用深孔拉槽和预裂爆破来诱导崩落。矿岩分离后在自重作用下应当能崩落，并随重力向下流动，同时破碎成便于运搬的小块。崩落采矿法最适用于低品位的大型矿床。由于崩落会发展到地表，所以此法仅适用于地表允许陷落的场合。

A 分段崩落采矿法

这种方法能用来开采急倾斜的块状或大的囊状矿体及厚板状或厚的脉状矿床。它通常用于开采水平尺寸很大的矿体，往往上部已用露天开采，外形不规则或由于其他因素而不宜用矿块崩落法。矿石应该具有一定的稳固性，例如具有节理或裂缝的但有一定粘结力。矿石不应该有自然崩落倾向，但当崩下时应该形成符合要求的块度。此法在一定条件下也可用于开采具有结块倾向的轻微黏结性的矿石。覆盖岩层应具有黏结性差的节理和裂缝，且能随矿石的崩落而崩落，不会造成过大的矿石贫化或延缓崩落的现象。当覆盖岩层崩落时以能形成小块至中等块度为宜，但粉末状细粒要很少。

在主要阶段运输平巷之间开掘分段平巷，分段平巷之间的垂直距离为6~12m，留下6~9m的矿石柱状体用爆破崩落（图6-13）。矿石破碎后落到分段水平中，并从此运出，覆盖岩层立即崩落在碎矿石上面。这种方法要求由上而下回采矿床。分段崩落法不能选别回采，也不允许在回采工作面进行手选。矿体的上盘和下盘可以是不规则的。这种方法通常用于开采低品位的矿床。在正常情况下，若允许较大的贫化，矿石回采率可达90%。

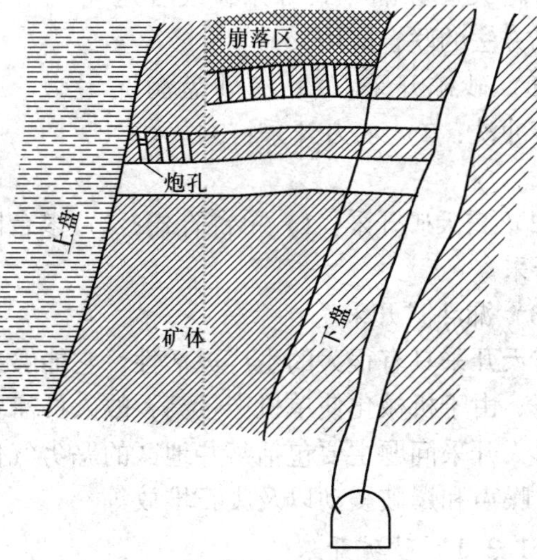

图6-13 分段崩落法

分段崩落法已经用来开采松软的赤铁矿体，其下盘是石英岩和硅质页岩，上盘具有裂隙并有轻微黏结力的铁质燧石岩。

B 矿块崩落采矿法

这种方法通常用于开采块状的和浸染状的并具有构造破坏的大型贫矿床。矿石及覆盖岩层应该是不稳固且能自然崩落。节理、裂隙或层理非常发育，而且在节理、裂隙及层理面上的黏结力很低的矿岩将是理想的崩落对象。覆盖岩层的岩石物料类型通常不像节理或裂隙的间距、岩石的蚀变程度和裂隙面上缺乏粘结力等那样重要。矿岩都应该在破碎后不会结块。矿石在崩落过程中允许被磨碎。

矿块崩落法是成本低、产量高的采矿方法。主要运输巷道及放矿漏斗都布置在崩落矿块的下部。矿块的高度通常大于30m（图6-14）。矿块在拉底以后，矿石将崩落成碎块，然后定期进行放矿。对开始准备崩落的矿块可采取措施使其适当的与周围的矿岩分离，以促进崩落作用。使用此法开采，矿床的回收率可接近100%，但由于矿石贫化可能会要求较早地停止放矿而降低回收率。

6.1.3 露天开采方法选择

露天矿是一种开采矿物原料的露天开挖工程。它可用来开采各种靠近地表的、在任何类型岩石中的金属或非金属矿床。所谓靠近地表，一般是指深度小于152m。矿床的规模可以从几吨（例如在密苏里州东部开采的重晶石小矿囊）到1亿吨以上（例如在犹他州的宾厄姆铜矿）。比较大的矿床一般具有相当大的面积。以下所列的露天开采方法，可分成三种基本类型：砂矿、露天矿和漏斗式开采，或者这些开采方法的联合应用。

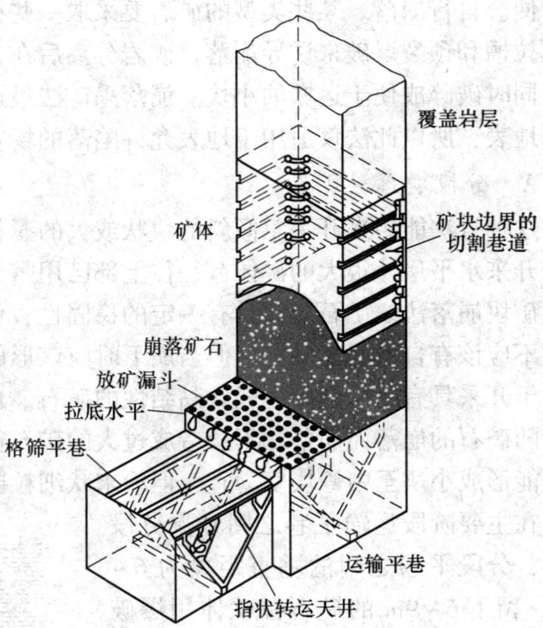

图 6-14　矿块崩落法

（1）砂矿开采：1）淘砂盘淘洗和流槽冲洗；2）水力开采；3）采砂船开采。

（2）露天矿开采：1）单台阶式；2）多台阶式；3）剥离开采（内排土场法）；4）采石场开采。

（3）漏斗式开采。

露天开采具有很大的生产灵活性，它能够选别开采，并在露天境界内能百分之百地采出矿石。由于机械化使单机产量高，故人员需要少，并比地下开采安全。

露天开采问题主要包括某些地区的恶劣气候，以及不良的环境问题，如地表被破坏、粉尘、噪声和爆破震动以及废石堆放等。

6.1.3.1　*砂矿开采*

砂矿开采是靠碎屑矿物在流水中选别沉淀引起富集而生成的。这种开采方法一般要求矿床靠近水源和接近地表。前面列举了三种普通砂矿开采方法：淘砂盘淘洗和流槽冲洗、水力开采、采砂船开采。

A　*淘砂盘淘洗和流槽冲洗*

在美国，淘砂盘淘洗用于早期的砂金矿开采中。那些砂矿床水源充足，矿石（金、银、贵重宝石等）富集呈层状或囊状。淘砂盘淘洗只能用于矿石重于杂质（废石）和产量不大的情况下。由于它是一种低效率的方法，所以现今只用来探寻砂矿床或矿石的原生矿脉或其他发源地。

流槽冲洗也用于早期的金矿开采中，现大多已被其他高效率的方法所代替。当前主要用作勘探。适合这种开采方法的砂矿床厚度可达1.8~2.4m，并可以是干燥无水的。但为了分离矿石和废石，需要水和槽形木箱（流矿槽），并需要一定的斜坡以运走水和废石。设备规格和斜坡角度取决于矿床的大小、分离砂砾所需要的时间、可供使用的水流量和预估的砂砾或卵石的最大粒径。

因为在美国适合淘砂盘淘洗或流槽冲洗的大多数砂矿床已被采完，所以一般涉及此种开采方法的环境问题已不再考虑。

B 水力开采

水力开采适用于一般含砂砾和卵石的、比较大型的砂矿床。从管子和喷嘴（水枪）喷出大量具有压力的水用以破坏矿床。水的压头应足以冲垮砂砾层，并把它运搬到流矿槽。另外，还需加水冲洗流矿槽。

冲采工作面高度一般为5~15m，最高不应大于45~61m。为了获得最好的开采效果，砂矿基岩的坡度，对细砂砾至少为2%、对中粗砂砾为4%~5%、对粗砂砾应大于5%。水力开采方法的产量受有效水量、矿床的厚度、卵石块度和砂矿基岩坡度的限制。

这种开采方法所带来的环境问题有水的流失和尾砂处理。而且由于水力开采最终会破坏大面积的地表，复田也成为一个问题。

C 采砂船开采

采砂船开采是一种松散型砂矿床的水下挖掘方法。这种方法通常适用于低品位的，且面积和厚度都很大的砂矿床。这种矿床可能是现在的或古代的河流或河床。矿床最佳的表面坡度为2%，最大为6%。如果基岩平坦而坚硬，则矿物不会陷于其中；或是软而破碎，易于挖掘，那么回收率都会增加。

采砂船基本上是一个连续的大容量挖掘机，附有重力选矿设备（跳汰机等）以及废石运搬系统。全部机器设备安设在一个漂浮平台上。

采砂船能从4~30m的水面以下挖掘砂矿，在马来西亚已成功地使用到49m深。砂丘（图6-15）高出水面以上的高度，一般不应大于4.6~7.6m；但对大型采砂船，可以高到12~15m。如果砂丘较高，应当设法剥离，以免垮落。采砂船的吨位或尺寸取决于砂砾中的黏土含量、卵石粒度和可供浮起挖泥船用的水量。

采砂船开采问题就是在池塘里要有足够的水浮起采砂船，并有较清洁的水精选砂砾。由于采砂船的开采规模大，尾砂堆放、复田以及水源是主要考虑的问题。

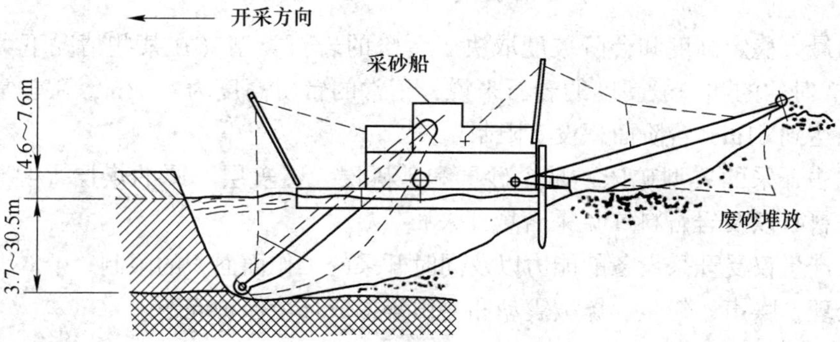

图6-15 采砂船开采

6.1.3.2 露天开采

露天开采可用于开采近地表或在地面上的任何类型岩石中的任何矿床。这种开采方法最宜用于开采有相当大水平面积的矿体。它的生产能力高，因而成本低。虽然“剥离开采”和“采石场开采”都是露天开采，但“剥离开采”通常是指采煤，而“采石场开采”则是关于非金属原料的生产，例如开采规定尺寸的料石、岩石集料等。

决定露天采场设计的因素，包括矿床的节理和其他裂缝的方位、剥采比、气候条件、要求的生产能力和可采用的设备。还有，在某个深度以下，对任何类型的矿床，都存在着选用露天开采还是选用地下开采的问题。通常由经济因素决定。有的矿山曾经采用露天和地下两种方法开采。例如，美国加利福尼亚州里弗-赛德的克雷斯特莫尔矿曾将露天开采改为地下开采的矿块崩落采矿法，后来随着开采深度的增加，又改用房柱采矿法。美国亚利桑那州的莫伦西铜矿和加利福尼亚州婆罗的杰宁弗矿都由地下开采改为露天开采。露天开采设备的发展相对地来说超过地下开采设备，这也是一个有利于使用露天开采的因素。

露天开采有以下四种型式：（1）单台阶开采；（2）多台阶开采；（3）剥离开采；（4）采石场开采。

A 单台阶开采

在这种露天矿中，以一个台阶形成唯一一个作业水平，在这个水平上的矿石和废石，是以台阶工作面采掘的（图 6-16）。单台阶的露天开采可用于开采各种岩石类型的任何较浅的矿床。因此，采石场开采和剥离开采都可以用单台阶作业。

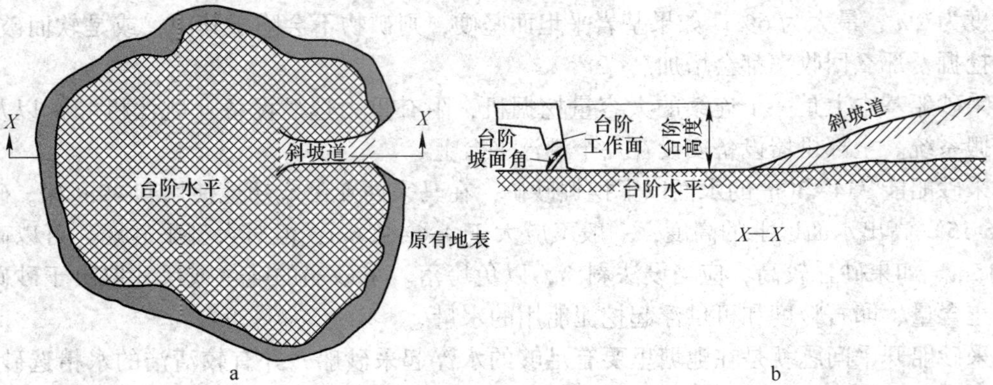

图 6-16 单台阶开采的露天矿
a—平面图；b—X—X 剖面图

台阶的最大稳定高度和台阶坡度取决于台阶的岩石类型（在某些情况下可能由矿业法规规定）。对软的和一般硬度的岩石来说，正常的台阶高度为 4 ~ 8m，在非常特殊的情况下，可以达到 61m，台阶面积没有限制。

采用此法开采的典型矿床，是含砂层和砂砾层、覆盖层不厚的煤层（见剥离开采）和近地表的料石以及岩石料（见采石场开采）。

此法的产量仅受开采设备的能力以及同时开采的工作面面积的限制。

废石处理、噪声、粉尘、爆破震动和复田等构成环境保护问题。

B 多台阶开采

多台阶开采一般适用于任何块状的、厚层状的、厚矿脉或板状矿床，这种矿床埋藏深度或延伸深度大于单台阶开采的适用范围。矿岩可以是任何类型的，但要有一定的稳固性，以便采用经济的台阶高度，也可以是由半固结（干盐湖）到风化蚀变的以及很破碎的岩石组成，也就是说，矿岩仅需要很小量的爆破即可采掘。

如露天矿深度超过 8 ~ 15m，则需用一个以上的台阶。用一个以上的台阶时，台阶宽度（图 6-17）可为 6~23m，取决于运输设备的规格和岩石的性质。这些台阶一般用作行车道，形成一条通到坑底的螺旋道，或者是上下水平台阶之间的斜坡道。设计台阶宽度或护道，要注意防止人员和设备受到台阶小型滑坡的危害。台阶坡面角（图 6-17）通常要比露天矿边坡角陡，因为台阶矮小时岩石能够保持更近乎垂直的暴露面。露天矿边坡角可以在 20°~70°之间。在露天矿废弃之前的最后开采期间有时边坡角加陡，以增加回收率。

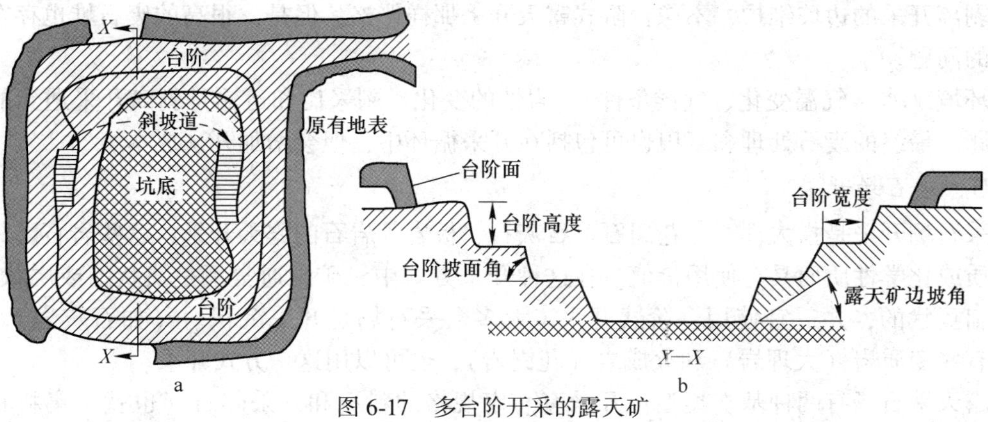

图 6-17　多台阶开采的露天矿

多台阶露天开采所出现的环境保护问题，有废石处理、噪音、粉尘、爆破震动和复田等。水可能引起环境问题。

由于环境受到破坏，对露天矿已产生不良的反应。然而，大多数产量高的地下矿，如矿块崩落法开采，崩落几乎随回采立即发展到地表，因而引起地表破坏，或使地表无法利用。在许多情况下，露天矿坑的复田和利用比地下矿山地表最终沉陷区的处理要容易而且费用少。

C　剥离开采

剥离开采主要用于开采接近地表的煤层。但是，其他黏结力低的矿床也能够采用此法开采。大多数剥离开采是在层状的沉积岩中进行，需不需要爆破，决定于覆盖层的岩性。

采用剥离开采的煤层厚度为 0.6~9.1m 或更厚一些。一般比较厚的和多层的煤层宜用台阶式开采。采用现代化设备，在覆盖层条件比较有利的煤层中，剥采比已高达 30∶1，深度已达 46m。剥采比还取决于采矿成本和设备效率。它的变化范围很大，在大多数情况下，它决定着可采煤层厚度与覆盖层厚度之间的关系。

剥离开采一般是在横切煤层的某一个方向逐条进行覆盖层剥离和采煤。然后在相反的方向挖掘平行条带，覆盖岩石或废石被放到原先已采出的区域内。根据矿床条件的许可重复这一循环（图 6-18）。

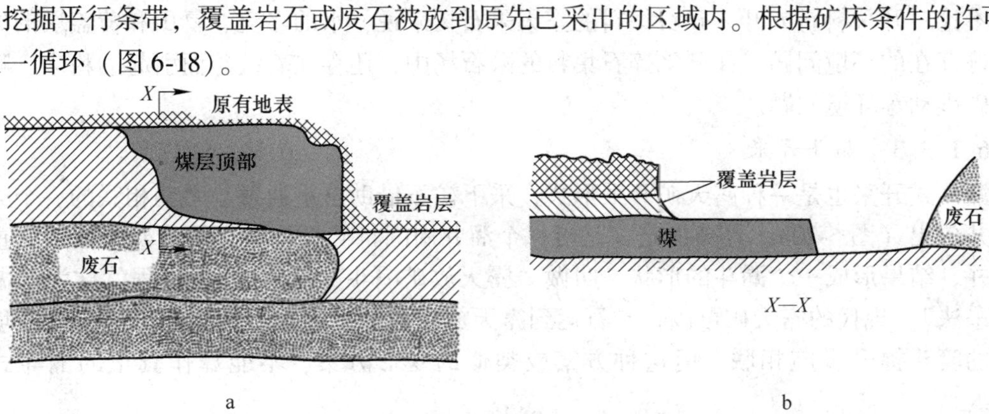

图 6-18　剥离露天矿
a—经复田和地形整修；b—X—X 剖面图

剥离设备一般都非常大，可直接或另用一套运输系统将废石卸到早先的已采区。例如斗轮式挖掘机每个铲斗容积从小于0.8m^3到大于4m^3；索斗铲的铲斗容积从接近5m^3至超过168m^3。单斗挖掘机的铲斗可达153m^3。采煤是用挖掘机来完成的，铲斗通常为5~9m^3。

剥离开采的边坡维护，不像台阶式露天开采那样严格。但是，很高的废石堆也存在着滑坡的问题。

环境（水、气温变化、气候条件）、岩性的变化、剥采比和运输是剥离开采遇到的主要问题。最终的废石处理和复田也可包括在开采循环中，但会增加开采成本。

D 采石场开采

采石场开采是指大理石、花岗石、石灰石、板岩等岩石的露天开采，这些岩石因其力学性质或化学性质而具有使用价值。在这种开采方式中，矿床通常不是块状的或层状的，就是扁豆状的，并适宜使用台阶式开采。大多数采石场是开采沉积岩（如石灰岩）。然而，有些变质岩（大理岩）和火成岩（花岗岩），也可以用这一方式开采。

露天采石场有两种基本类型：开采有一定规格的料石和开采碎石（也就是集料和供化工用的石灰石）。

开采料石的采石场一般具有垂直坡面的台阶，并且整个露天采石场的边坡比较陡（图6-19）。因此岩石中任何裂隙或节理面都必须有黏结力，使岩石具有比较高的黏结力。这种岩石一般是用某种切割方法进行分割，以代替爆破。这样做，是为了保护料石的形状和强度。台阶高度高达61m。采石场开采一般是有选别性的，产量有限。

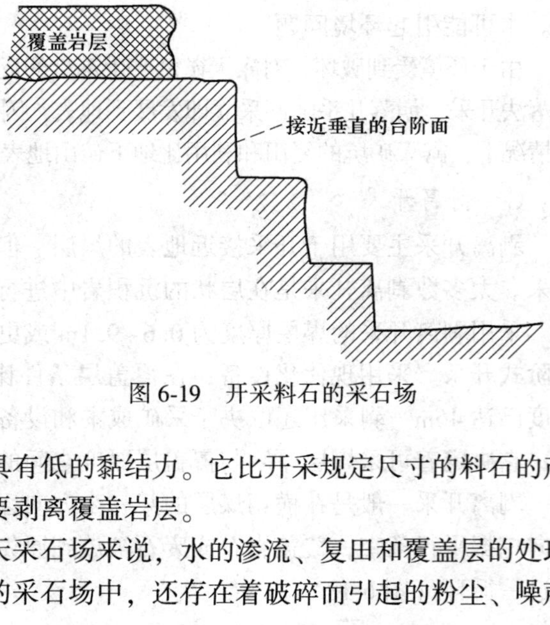

图6-19 开采料石的采石场

集料或供化工用的石灰石的采石场开采，通常是将岩石爆破成碎块。破碎块度取决于对产品的要求。因此岩石准许具有低的黏结力。它比开采规定尺寸的料石的产量高，但选别开采性少。大多数采石场需要剥离覆盖岩层。

不论对开采料石或开采碎石集料的露天采石场来说，水的渗流、复田和覆盖层的处理是普遍存在的环境问题。在开采碎石集料的采石场中，还存在着破碎而引起的粉尘、噪声和爆破震动等环境问题。

6.1.3.3 漏斗开采

漏斗式开采也是一种露天矿开采形式，采下矿石借助自重通过与平硐相联的一个或多个溜井放出（图6-20）。经典的定义是沿每个溜井周围将矿石采掉，使岩矿石借助自重溜入溜井，结果形成一个漏斗的形状，叫做“露天放矿漏斗”，整个开采过程就称为“漏斗式开采法”。现代的露天矿可以将矿石运到露天放矿溜井，溜井与位于露天境界处或境界以下的箕斗提升设施相联。但这种方案或类似的变形方案，不能算作真正的漏斗式开采法。

能用露天开采的几乎任何类型矿床以及某些急倾斜薄矿脉，都可使用漏斗式开采法。

矿床的岩石物料类型可以是各种各样的，但应不存在溜井内结块卡矿的可能。开采这类不会结块的矿床时，露天坑可以比较深、窄而长（图6-20）。边坡可以是台阶，也可以不是，因此矿床应是块状的。如果是裂隙型的，应当有较高的黏结力。当快要到达下部境界，即将开始转入地下开采的大型露天矿山，可利用这一方法作为一个过渡或临时性措施。

这类开采方法的主要问题是水引起矿石在溜井内黏结和边坡滑坡。根据开采规模大小，还可能有复田、尾砂处理、粉尘、噪声和爆破震动等诸如此类的环境保护问题。

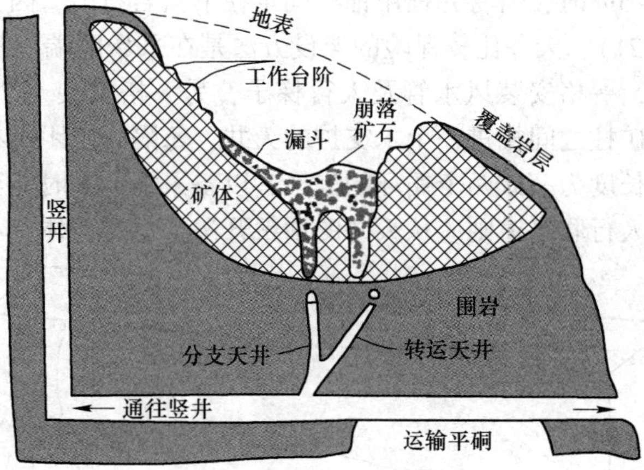

图6-20 漏斗式开采

6.2 地下采矿方法

6.2.1 留矿采矿法

留矿法是一种上向回采的采矿方法，它利用爆破下来的矿石作为回采作业的工作平台并起到支撑矿房两盘的作用。

留矿法大多用于开采矿石稳固而无需支护、上下盘围岩也应稳固能自行支撑或只需少量的支护的急倾斜脉状矿床。围岩小量片落和轻度破碎只要不引起严重贫化还是允许的；但若围岩大量片落，则将堵塞放矿漏斗，甚至把已采矿石裹住而放不出来。矿石必须稳固是由于在采场内支护顶板是不经济的。矿体的倾角最小不得小于40°~50°。矿体倾角缓则放矿时矿石放不出来，或者是只从上盘放出矿石，使采场内留矿堆不平整。一般在矿体倾角大于60°时，才能高效地回采。过去，一些厚大矿体采用垂直走向布置，划分矿房矿柱，用留矿法回采矿房，用各种不同的支撑采矿法回采房间矿柱。目前这种方法已不宜采用。

由于费用上涨和缺少熟练的矿工，在美国，只要可能的话，留矿法正被其他效率更高的采矿方法所代替。根据M.F.古奇报导，在加拿大也是这样。正常情况下，留矿法目前只是用于不能采用机械化开采的品位较高的薄矿脉，或在实现机械化所需费用太大的小型矿山中采用。

（1）阶段。留矿法采场结构有各种不同的形式，这是为了要把薄矿脉的采准与生产探矿结合起来和维护必需的采准巷道，而又尽可能减少不能回收的矿柱矿量。阶段垂直高度可从 30 到 152m。应尽可能选用高阶段，但阶段最大高度取决于放矿控制；当采场高度超过 61~91m 时将出现放矿不正常的现象。若上下两个采场中间有副阶段时，合理的最大阶段高度可达 152~183m。若矿体赋存条件是稳定的，则可根据钻探资料把阶段平巷布置在脉外，使阶段平巷与矿体间保持大致恒定的距离。

（2）天井。通往采场的垂直通路可用垛框或横撑支柱支护的天井，或用普通法开凿在矿脉中或下盘中的天井。垂直高度不大的采场可在留矿堆中砌筑垛框顺路天井。在垛框顺路天井高度超过 3~5m 时，需将井框用锚杆固定在下盘岩石中，因为在放矿时，矿石流动会破坏天井（图 6-21）。天井比较保险的架设方法是在采场两端用横撑支柱和背板来构筑。天井可分为两格，一格安装风水管及人行梯子，另一格安装一个小箕斗（图 6-22）。对较大的采场，需在矿柱之间掘进一个木支护的天井，每隔一定距离在天井中向两侧开凿通往采场联络道，其长度为一或两个循环的进尺，以备采场上采时能和采场相通。天井可开凿在下盘中，这时人行联络道则应从天井的顶帮开凿，穿透矿体。

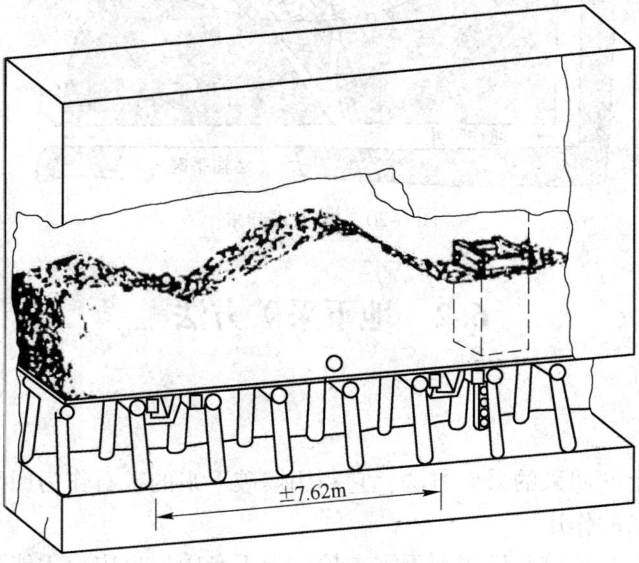

图 6-21 垛框式天井和假底结构的留矿法

6.2.1.1 采准

采准的主要目的是构筑放矿结构，一般是在矿体被阶段平巷及天井划分成矿块之后进行的。

溜矿法最简单的布置方式是在阶段脉内平巷顶部挑一次或两次顶，然后用木材支护巷道并安装放矿漏斗，并在采场的端部用垛框天井作为通往采场的通路（图 6-21）。这种采场布置的缺点是：木材消耗量大；阶段平巷维修费用高；当矿石放空时，采场片帮可能危及阶段平巷的运输作业。另外在回采过程中需要放出部分矿石，装矿时矿车摆在阶段平巷内，将会影响阶段水平上的正常运输。最后，漏斗口的大块需要进行二次破碎，将会炸坏漏斗及附近的木支架。

上述采准布置方式的改进方案是在脉内阶段平巷每隔约 7.6m 向上掘漏斗颈及放矿漏斗。两个漏斗之间留下保护阶段平巷的采场底柱，在底柱上面开始回采（图 6-22）。架设

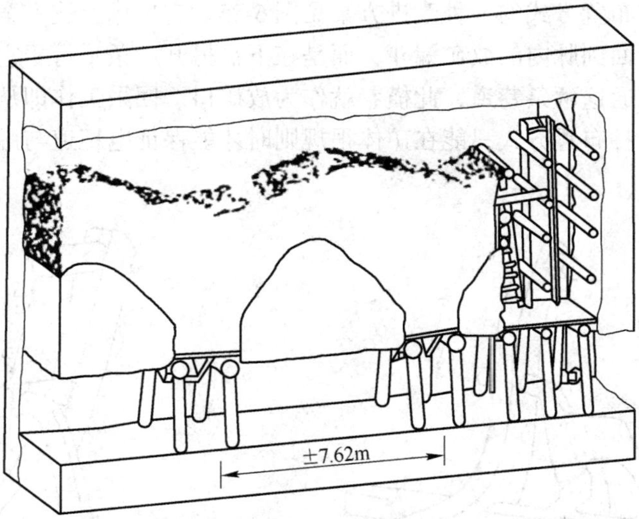

图 6-22 横撑支柱天井与留底柱的留矿法

一个放矿漏斗，需要大量的坑木。为了减少架设漏斗所耗的坑木及其费用，有些矿山试图采用装载机出矿的平底放矿口结构。从脉内每隔一定距离向下盘开凿一短的装矿横硐，然后又弯回到矿体内并在脉内互相联接。装矿横巷要有一定的长度，以能容纳小型装载机并将矿石卸入后面等候着的矿车中去。这种采准布置虽然可使脉内平巷因矿柱保护而不需要坑木支护费用，但仍有其缺点。装载机需经常挪动，等候着的空矿车阻碍了巷道中的运输作业。此外，当采场已放空，片落的围岩有可能滚到阶段运输平巷中来。上述这种采准布置绝大多数应用于厚大矿体中的盘区留矿法中，这时可在主要运输平巷以外开掘集矿巷道，使一台装载机服务于几个放矿口而不需要移动很大距离（图 6-23）。大型矿山最好的采准布置形式是从脉内天井中开凿电耙道，这样在阶段运输平巷上留有完整的底柱。在脉内电耙道靠下盘一侧每隔一定距离开掘漏斗，放出的矿石用电耙扒到天井处的小矿仓，下设放矿闸门（图 6-24）。这种布置方式比在阶段运输平巷中安设许多放矿漏斗要经济些，而且能使采场人员和运输人员的工作互不干扰。当采场已回采结束并放完矿后，可在阶段运输平巷及电耙道向上挑顶回采底柱，以增加矿石回收率。

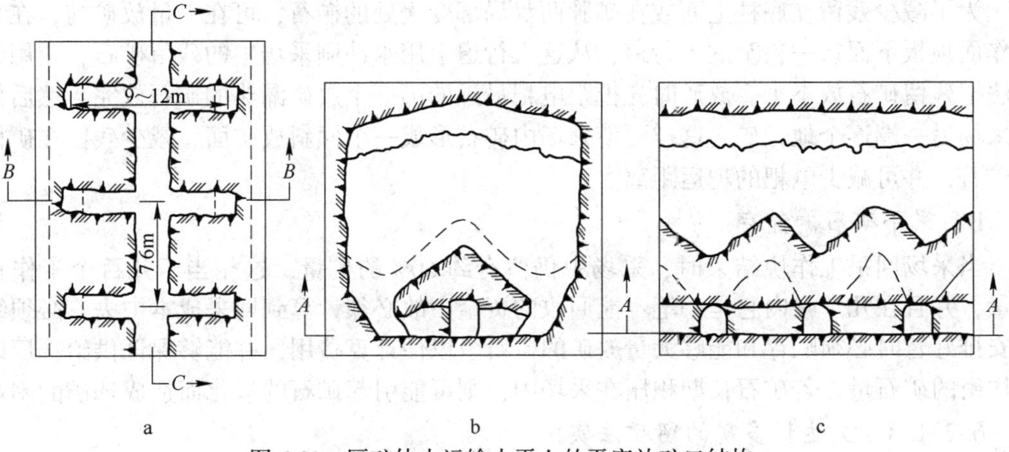

图 6-23 厚矿体中运输水平上的平底放矿口结构

a—*A*—*A* 断面；b—*B*—*B* 断面；c—*C*—*C* 断面

上述电耙出矿布置方式的一种改进方案见图6-25。它也像上述方案中一样开凿脉内电耙道，但不开掘弯回到脉内的放矿漏斗，而是在下盘另开一条平行于它的电耙道，并每隔一定距离用横巷贯通这两条巷道，此横巷就作为放矿口。回采工作即从脉内的那条电耙道向上挑顶开始。这种布置方式只能在矿体很规则时才能保证电耙道与脉内巷道之间始终保持在3m的距离。

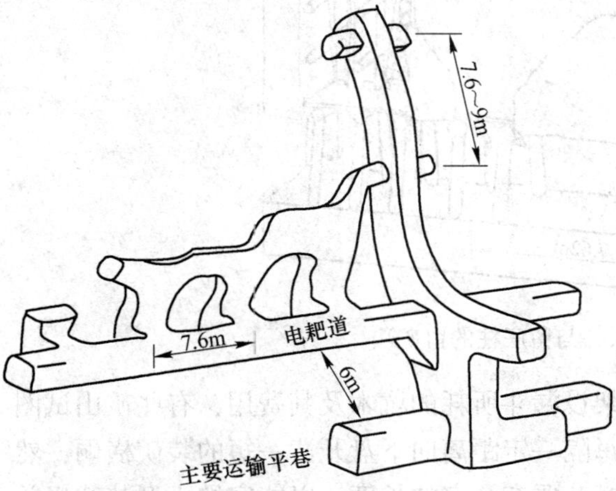

图6-24 脉内天井与单一电耙道及弯型漏斗

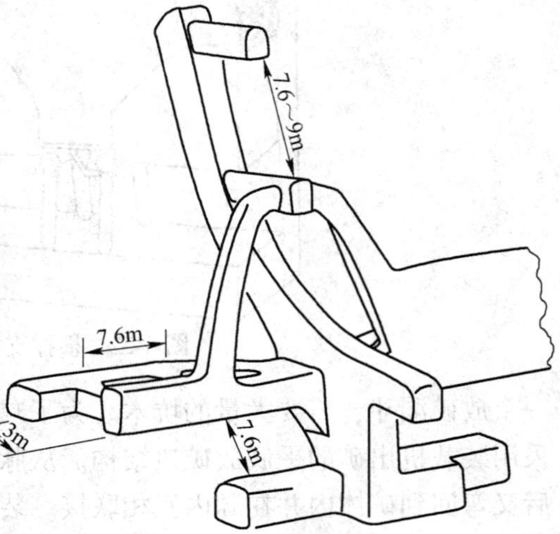

图6-25 下盘天井与双电耙道
（每隔7.6m用小横巷贯通）

6.2.1.2 回采工作

当采准工作完成后，回采工作就很简单了。回采工作几乎都是用较平缓的采场工作面，自下而上进行的。每回采一层时先用V形掏槽形成自由面。采场中留废石柱的意义不大，但可利用这些矿柱作为支撑局部不够稳固的上盘围岩。这种废石柱应留在两个放矿漏斗之间以尽量不妨碍放矿。在回采过程中放出一定量的矿石，但不能放多了，否则需搭平台才能进行采场工作面的凿岩。在放矿过程中出现不正常或结拱现象，可试用灌水或用爆破方法来松动它。一般情况下产生上述事故的采场应暂停作业。

A 大量放矿

为了减少残留在底柱上面或在矿脉两盘局部变缓处的矿石，可在大量放矿前，在采场工作面顶板下面筑一狭窄的人行道，从这人行道上用水冲刷采场中的残留矿石，或用爆破方法把残留矿石放下来。放矿时先把距电耙最近的第一个放矿漏斗的矿石放完，然后依次向采场另一端逐个地耙矿。这样可使采场内矿石形成一个倾斜放矿面，减少残留在矿柱上的矿石，并可减少电耙的耙运距离。

B 采下矿石的储存

当采场回采工作快结束时，采场中仍留有约60%的矿量，这相当于几百个工作日的产量，并且在几个月内它是一笔不能回收的资金，故必须计算到回采成本中去。必须统计并安排好暂时必须贮存和能够大量放矿的矿石量以便计算费用，并能够保证供给选厂以持续均衡的矿石量。若矿石长期积压在采场中，则可能引起矿石的氧化而造成选矿的困难。

6.2.1.3 艾达拉多矿的留矿法实例

艾达拉多矿位于科罗拉多州的圣·胡安山的南边，介于雷德山口与特勒里德之间。

1971年该矿生产规模约1626t/日，完全是用留矿法生产的。矿脉组走向长5486m，倾斜延深914m。矿脉倾角变化在45°~90°，大多数采场平均为70°~85°。矿脉厚度一般为1.5~2.1m，偶而有窄到0.6m，宽到7.6m的。产于特勒里德砾岩中的交代型矿体，开采宽度有的厚达18m，但这并不影响采场基本布置型式。图6-26为该矿一般的采准布置。

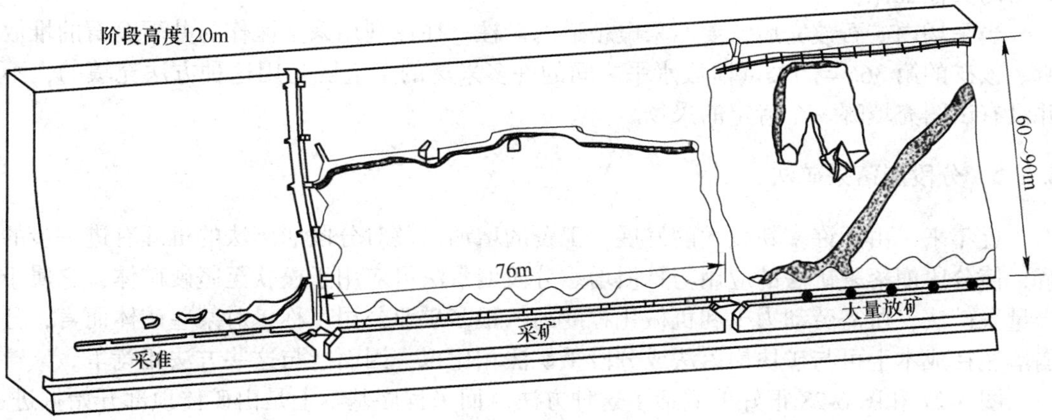

图6-26 艾达拉多矿留矿法的一般布置方式

阶段平巷开凿在脉内，阶段高度122~152m。过去曾使用过脉外平巷采准，但由于矿脉沿走向变化较大，以及金刚石钻孔地质资料不足，故效果不好。天井布置在矿体下盘，与矿体之间留有3m厚的岩柱。天井是用阿利马克天井爬罐开凿的。通往采场的人行联络道是从天井的顶板开凿一直通到矿体内。联络道的垂直间距为9m，天井的水平间距为122~152m。曾试用过天井钻机，先钻一超前孔然后扩孔的方法钻进天井。但由于钻孔随着深度而变陡，使钻成的天井难于利用。

采准工作首先是开凿一个溜眼和漏斗，并在电耙道底板（高出阶段运输平巷底板约9m）上构筑电耙绞车硐室与格筛。然后向矿体两端开凿脉内电耙道，各长61~76m。与相邻的电耙道贯通处，再开凿一套放矿溜眼及电耙绞车硐室，以减少耙运距离。在电耙道靠下盘一侧每隔7.6m开一个放矿漏斗，第一遍炮掘进1.8m高、3.6m宽，第二遍炮掘2.4m高，2.1m宽，然后向上挑三次顶（一次比一次宽）即可返回到矿脉，上述开掘漏斗的每遍炮爆破以后，要仔细进行通风。再在脉内挑第四次和第五次顶将相邻两个放矿漏斗上部连在一起。继续再向上开掘，使漏斗内填满矿石，并且当所有漏斗上部都已刷大和互相贯通以后，最后就将采场顶板刷平。在电耙道端部开凿一小天井通到采场内，并用垛框进行支护。在采场另一端也打一个小天井与下盘辅助天井的第一个联络道连通。这样采准工作即告完成。

回采工作首先是在采场工作面顶板中间开凿一个V形切割槽作为爆破自由面、每次放20~25个炮眼，每次爆破的最后三排炮眼不爆，留作下一次爆破用。若在采场内需留矿柱，则应留在两个放矿口之间，向上回采两个分层后再贯通起来。在每次爆破前应从下面对应的漏斗内耙出一定量的矿石以降低采场内的矿石面。使下一班的工人可以有通路进入回采工作面，并立即开始撬顶和工作。在艾达拉多矿，采场回采一直到放矿控制发生困难时才停止。一般情况下采场高度为76m。在这高度上开凿小天井通到相邻的采空区作为通风用。在采场顶板之下构筑一条窄的人行栈道使采场内残留矿石能放净，有些采场把两个阶段之间的矿石全部采完，但这只是个别情况。

当采场回采结束后，立即开始大量放矿，可将最靠近电耙绞车的第一个放矿漏斗的矿石耙空，若矿石的流动性很好，则可以从最初几个放矿漏斗放出绝大部分的存窿矿石。采场内若出现矿石结拱，或在矿柱上和下盘变缓处残留矿石而放不出来时，则可从构筑的人行栈道用水冲刷或用爆破方法把矿石放下来。大块则在电耙道内进行二次破碎，这不影响矿山的其他工作。

当采场内矿石放完后，要回采电耙道的矿柱。往往利用采空区作为井下废石的堆放处所。该矿的第 366 与 732m 阶段水平之间的许多采场的采空区是用这种方法充填的，不过并没有试图充填哪一个特定的采场。

6.2.2 分段崩落采矿法

近年来，由于许多新技术的发展，工资的增加以及对分段崩落法的机理有进一步的了解，使分段崩落采矿法的应用与日俱增。分段崩落法可应用于松软至坚硬矿体，它属于高产量采矿法，所需劳动力少和机械化程度高。很多矿业公司声称，对某些矿体而言，分段崩落法在成本上可与矿块崩落法或分段采矿法相比拟，因而能与这些方法相竞争。

图 6-27 和图 6-28 很好地概括了这种方法。回采程序基本上是由矿体顶部开始掘进一

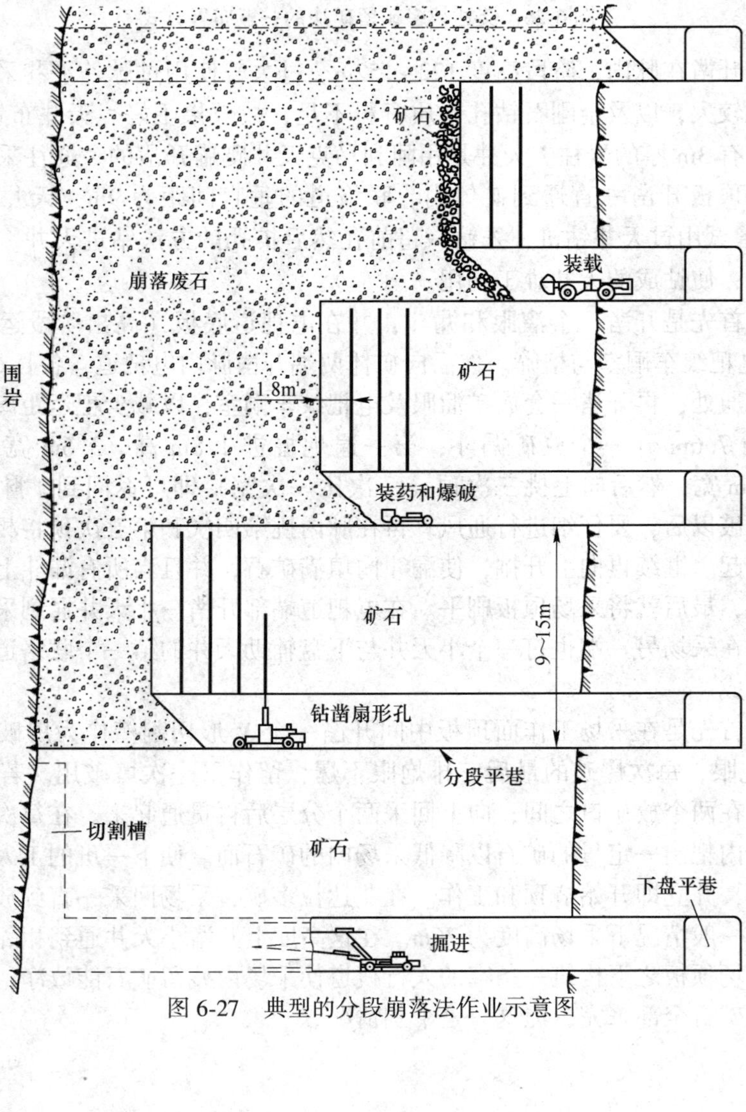

图 6-27 典型的分段崩落法作业示意图

系列分段回采进路。首先开掘一个垂直切割槽，然后钻凿一系列扇形炮孔并进行爆破，每次爆破后，放出崩落下来的矿石。在放矿过程中，覆盖岩石必须随矿石向下崩落使矿石不致飞散并避免产生严重的地压问题和危害性的冲击气浪。现在使用的这种方法，矿石的一些贫化是不可避免的，要想减少一部分矿石的损失，就必须进行周密的放矿控制。在控制放矿的情况下，矿石的回收率和贫化率可与矿块崩落法和盘区崩落法相比拟。

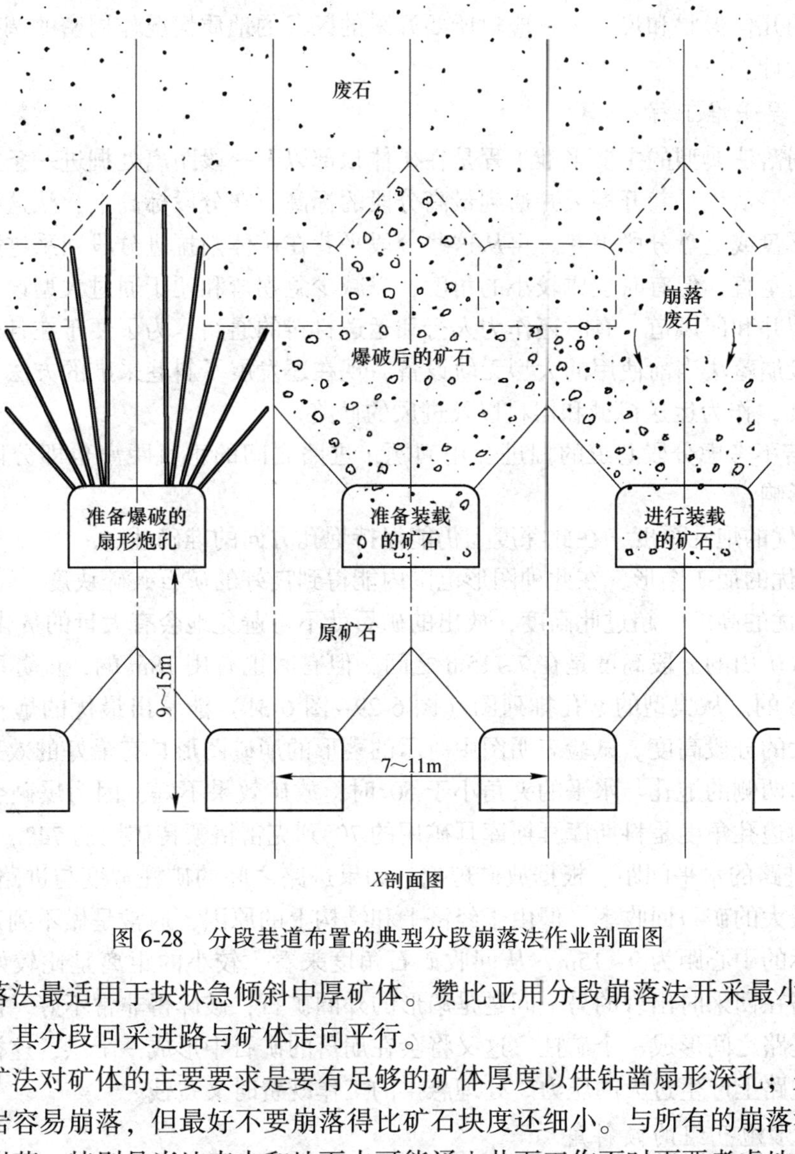

图 6-28 分段巷道布置的典型分段崩落法作业剖面图

分段崩落法最适用于块状急倾斜中厚矿体。赞比亚用分段崩落法开采最小厚度为 6m 的板状矿体，其分段回采进路与矿体走向平行。

这类采矿法对矿体的主要要求是要有足够的矿体厚度以供钻凿扇形深孔；并且覆盖岩层和上盘围岩容易崩落，但最好不要崩落得比矿石块度还细小。与所有的崩落法一样，地表必须允许崩落，特别是当地表水和地下水可能涌入井下工作面时更要考虑地表能否允许崩落。分段崩落法原来是为开采松软矿体设计的，但是近代凿岩爆破技术的发展已使此法能适用于很多比较坚硬和稳固的矿体，例如瑞典北部的稳固矿体。在稳固矿体中使用分段崩落法与使用空场法相比，其主要优点是需要劳动力少以及不需要回采矿柱或充填采空区。因为有些贫化是不可避免的，所以使用这种方法开采的任何矿体都必须有廉价的选矿方法。实践表明，当要求矿石回收率高时，就必然会造成贫化率加大。现在最好的作业的回收率为 85%~90%时，贫化率为 15%~20%。

6.2.2.1 分段崩落法的设计

任何用分段崩落法的矿山的最优设计必须是考虑多种因素的协调方案。最佳的放矿参数必须同分段回采进路巷的数目和掘进费用以及为了支承地压需要在分段回采进路巷间有足够的矿柱等因素权衡。使用这种方法的矿山常常是经常不断地进行试验，以便改善巷道布置和达到更经济的开采。在矿石强度和品位有变化的矿体中，可能需要对各个区段逐个调整采场的几何形状和尺寸，并应对所要开采的区段的地质情况作周密的调查，以便及时修改采矿设计。

A 主要采准工程

分段崩落法典型的主要采准工程是在矿体顶部以下一段距离处掘进一条主要运输平巷或集矿平巷。从该平巷开掘天井通到最高分段的标高。在分段标高上，从这些天井沿矿体走向掘进下盘或上盘分段平巷。再从这些分段平巷在矿体内掘进分段回采进路，它们通常与矿体走向垂直，但有时也成较小的角度，以减少急拐弯和便于通过大型设备。这些天井作为矿石溜井和回风道，有时还作为人行和运送材料的通路。为了便于在各个分段水平之间移动分段崩落法当前使用的大型无轨设备，现在还发展了斜巷采准的方法。斜巷的坡度一般为20%，作为运送机械和器材以及进风的通路。

（1）若不考虑分段巷道的掘进费用问题，进路之间的垂直距离也即分段高度，受下列因素的影响：

1）最优的炮孔深度，在此深度上仍能保持炮孔方向的准确性。

2）最优的崩矿图形，在此种图形范围内能得到良好的矿石破碎块度。

3）最优的高度，超过此高度，放出的矿石就不可避免地会有大量的贫化。

大多数矿山的分段高度是在7~15m之间，但有时也有用18m的，前苏联的报导甚至有大于18m的。从典型的炮孔排列图（图6-29~图6-31）能看出最优的炮孔深度并不直接决定最大的分段高度。试验表明图中所示的菱形的崩矿图形具有最好的效果。试验已发现当扇形内两侧的炮孔与水平的夹角小于60°时，放矿效果不好，因为爆破会发生挤死现象。典型的边孔角度是科斯库耳斯库耳矿用的70°到克雷格蒙特矿用的74°。

（2）进路的水平间距。根据放矿理论，如果进路之间的矿柱宽度与进路的宽度相等，就能达到最大的矿石回收率。但由于经济上和结构上的原因，通常是做不到这一点的。进路之间实际的中心距为9~15m，从回收矿石角度来看，较小的距离是比较好的。间距比较宽的进路在回采时出现的另一问题是扇形的外圈矿石，破碎得非常不好。矿石破碎不完全，会在进路之间形成一个矿柱，这又将会在崩落的矿石中形成一个拱，这样就会阻碍放矿，并在进路上产生过大的压力。处理悬拱的工作既费时又费钱。

B 扇形炮孔组的倾斜角

瑞典的研究已经表明，最优的扇形炮孔组的倾斜角是在60°~120°之间，从理论上来说，这个角度应根据矿石块度与废石块度大小的比值来定。但实际上，后倾角很少，常用的是与水平成70°~90°之间的前倾角，如图6-29~图6-31所示。扇形角度的最终选择必须根据具体的采矿条件，既要保持扇形炮孔和眉线的稳定性，又要保持高的矿石回收率。最优的角度只能在实际条件下通过试验才能确定。

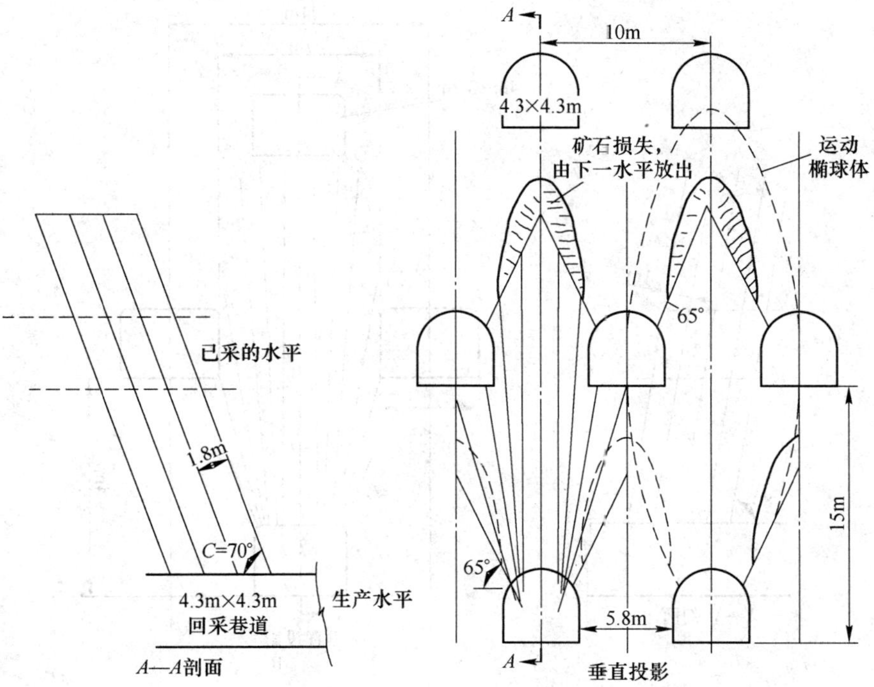

图 6-29 分段崩落法（穆富利拉矿）

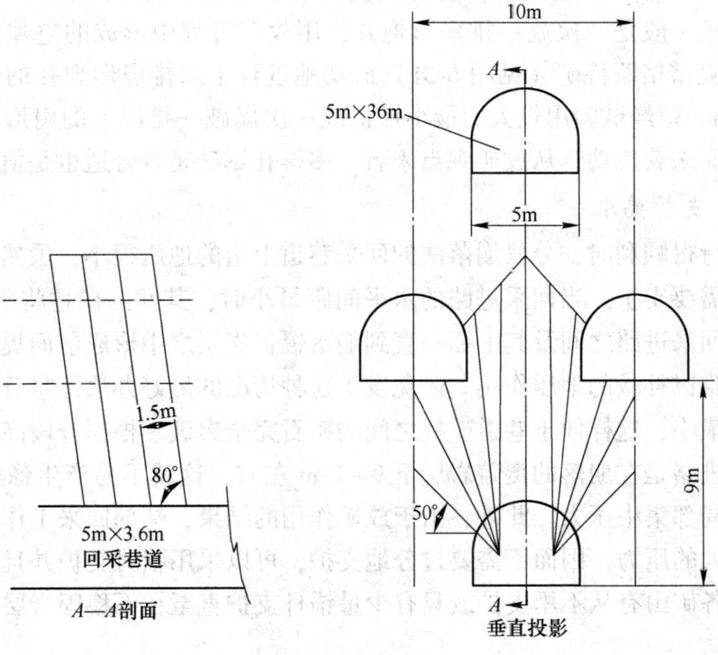

图 6-30 分段崩落法（瑞典基鲁纳矿）

C 扇形炮孔组的最小抵抗线

瑞典的工作表明，最小抵抗线最好是 2.1m。在瑞典的条件下，这样的抵抗线获得了最高的回收率，如果抵抗线大于或小于这个数值，就会使贫化率增加。许多矿山的实践指

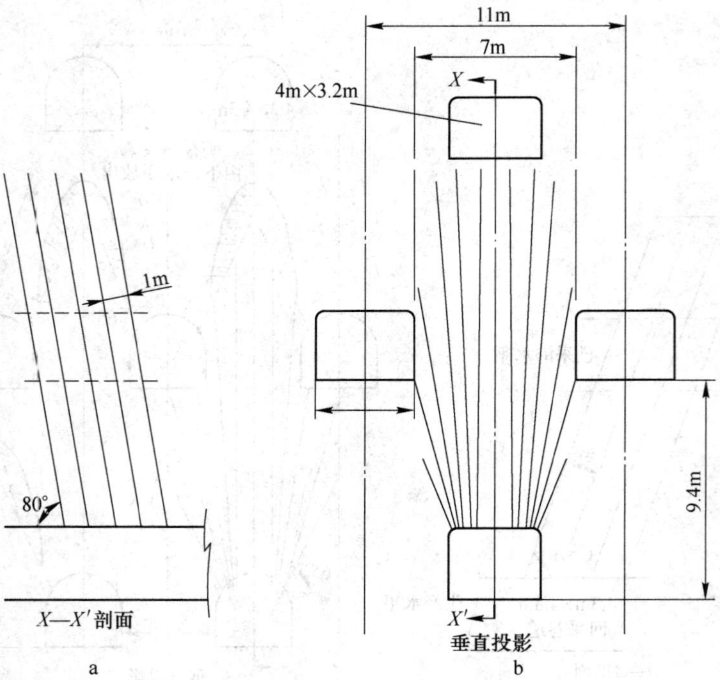

图 6-31 分段崩落法（加拿大克雷格蒙特矿）

出抵抗线约为 1. 8m。在这种情况下能达到良好的爆破块度和回收率，但单位炸药消耗量可能高些。爆破一般是一次放一排扇形炮孔，用放矿过程中形成的空隙作自由面，如图 6-27 所示。在克雷格蒙特矿（见图 6-31）成功地进行了双排扇形炮孔的爆破，其最小抵抗线减少到 1m。曾经试验用较大的最小抵抗线一次爆破一排以上的扇形炮孔，但由于产生了挤死现象而未获成功。从放矿观点来看，多排孔爆破是否合适也是值得怀疑的。

6. 2. 2. 2 支护要求

当崩落进行得顺利时，分段崩落法的回采巷道上边的地压很小，虽然在软弱不稳定的岩层中仍然还需要支护。当回采进路的水平间距最小时，其间的矿柱将承受最大的负荷。应当注意，在回采进路之间及其上面一直到崩落覆盖岩层之中形成前面提到的悬拱时，就会引起严重的难以补救的地压作用。避免发生这种情况的最好办法是将分段回采进路的水平间距缩减到最小，这样便于巷道矿柱之间的矿石完全爆破。根据分段高度的不同，最上面的分段回采进路是在崩落的覆盖岩层下 9～15m 左右，这就不易产生像矿块崩落法采场下面常出现的局部集中压力。此外，由于放矿作用的结果，端部回采工作面不断移动没有时间允许形成大的压力。因而不需要过分地支护，可以采用临时支护并且往往是可以回收的。实际上，各矿山有从不用支护或只有少量锚杆支护直至在不稳固岩层中用规则的木棚子支护。

由于岩层的不稳固和放矿时矿石的磨损，在装矿地点顶上的眉线被破坏，在某些矿山已经证明是一个严重问题。克雷格蒙特矿的情况是最好的例证，经过大量试验后，用 2. 4m 的砂浆锚杆一般能保护眉线不受破坏。在眉线破坏的最坏情况下，必须使用支柱和横梁，并相应地减小回采进路的宽度。

6.2.2.3 通风

分段回采进路中的通风是一个问题，因为它是独头巷道，空气不能循环。因此必须靠风筒通风。风量不仅取决于巷道断面大小和巷道内工作的人数，而且也取决于设备的要求。使用柴油设备时，有效风量的大小是确定实际允许使用的机械设备功率的一个主要因素。

6.2.2.4 设备

由于分段崩落法能够实现高度机械化，为了达到最好的采矿条件，必须正确选择设备。所要采用的设备的大小和结构类型必须根据岩层情况以及采场几何关系（例如拐角的弯度）而定。采用较大设备可以增加产量，但过大的巷道又增加了支护和维修费用，在某些情况下，必须在二者之间取一个折中方案。总的说来，明显地趋向于采用无轨车辆，对于短运距到中等运距来说，特别着重于自带动力的装运卸机。

A 矿石装载和运搬

在分段水平内运搬矿石有两种基本设备。第一种是大容量的前端式装载机，例如铲运机或阿特拉斯柯普柯 T4G 装运机，既能装又能运。在断面较小的分段平巷内通常采用这些装运机（表 6-2）。装运机沿着分段平巷运输并直接将矿石卸入溜井。在断面较大的分段平巷内使用另一套设备，用前端式装载机与梭车配套，典型的是用 32 吨的基鲁纳汽车。运距变化可以很大，主要取决于当地的条件。简而言之，增加矿石溜井的数目就能缩短运距，由于运距短而提高的产量必须与开凿和维修矿石溜井的费用相权衡。在松软的岩层中掘进矿石溜井的费用很高，需要坚固的衬砌，并且有效寿命很短。目前趋向是采用胶轮行走的无轨开采设备以提高速度和机动性并降低维修费用。

表 6-2 典型回采设备及性能

<table>
<tr><th>矿山名称</th><th>设 备</th><th>单程运距</th><th>生产能力</th></tr>
<tr><td rowspan="2">基鲁纳
（瑞典）</td><td>乔伊 18HR 型装载机，配合基鲁纳 480 型汽车，载重量 38t，车身容积 $18m^3$，用 179kW 柴油机驱动</td><td>>200m</td><td rowspan="2">产量，367t/工班</td></tr>
<tr><td>KL560 2LD.450 型铲运机，能装运 10.5t，斗容 $3.8m^3$</td><td><200m</td></tr>
<tr><td>柯斯库耳斯库耳
（瑞典）</td><td>阿特拉斯·柯普柯 T4G 胶轮装运机，斗容 $0.3m^3$</td><td colspan="2">最高产量 508t/工班
运输的平均数据：
运距/m　产量/t·工班$^{-1}$
20　290
40　255
60　229
80　207
101　189</td></tr>
<tr><td>克雷格蒙特
（加拿大）</td><td>ST4 型铲运机用于掘进和回采。内燃机铭牌功率降到 78kW 以减少通风量</td><td>最远，366m；
平均，229m</td><td>平均，305t/工班</td></tr>
</table>

B 穿孔要求

在分段崩落法中通常使用两种类型的凿岩机。

(1) 掘进分段平巷用的凿岩台车(表6-3)。一般是双支臂或三支臂无轨凿岩台车，例如单人操纵的阿特拉斯柯普柯公司的波马131型3支臂凿岩台车。

表6-3 回采和分段巷道掘进使用的典型穿孔设备

矿山名称	回采穿孔	分段巷道掘进	爆破细目
基鲁纳(瑞典)	阿特拉斯柯普柯公司辛巴22型台车	丹佛通用型三支臂凿岩台车	回采凿岩工效225m/班相当于2438t/工班
马耳姆贝里厄特(瑞典)	阿特拉斯柯普柯公司辛巴22型台	乔埃·谢尔佩型三支臂液压台车	
克雷格蒙特(加拿大)	加德纳-丹佛公司扇形深孔凿岩台车，使用2台DH123型凿岩机。阿特拉斯柯普柯辛巴26型台车(改进的)，用2台BBC120型凿岩机钻凿扇形深孔	加德纳-丹佛公司通用台车，使用DH123型凿岩机	一个人每打两个掘进炮孔组，有时能打三个回采炮孔直径51mm
芒特艾萨(澳大利亚)	阿拉拉斯布克Ⅱ型凿岩台车	加德纳-丹佛三支臂凿岩台车，用DH123型114mm的凿岩机和3m的推进架	回采凿岩平均为61m/班

(2) 钻扇形孔的深孔凿岩设备。通常是带冲击式凿岩机的台车，例如阿特拉斯柯普柯公司的辛巴22型凿岩台车或加德纳-丹佛公司扇形深孔凿岩台车，它由一个司机操纵，可按要求的长度和直径钻凿炮孔。台车安置后，通常每班能钻凿51mm直径的炮孔183m。

C 爆破装药

爆破一般都用铵油炸药，有时也使用浆状炸药和硝甘炸药，并都是采用机械装药，散装炸药的装药速度超过1000kg/h，装填硝甘炸药药卷的速度为400~800kg/h。在大多数作业中，良好的爆破块度很重要，特别是在覆盖层废石块度小的地方，因为如果矿石爆破的块度大，就会有过早放出废石的趋向。在克雷格蒙特矿，使用75%福赛特炸药的38mm×406mm药卷，其炸药消耗量为0.4kg/t。

6.2.2.5 分段崩落法的优缺点

(1) 适用分段崩落法的矿体种类很多。此法特别适用于比较松软的岩层中，否则这类岩层得用方框支架或分层崩落法来开采。但是此方法并不限于用在比较软的矿体，它也可用于其他稳固的岩层中，例如瑞典的基鲁纳矿。只要覆盖岩层能崩落，并且矿体有足够的厚度允许用扇形深孔，就可以使用这种方法。

(2) 这种方法可以实现高度机械化，需要的劳动力很少。这些因素使它成为一种低成本的采矿方法，所以在工资不断提高和有经验的矿工逐渐缺少的时代，它就成为非常值得采用的采矿法了。

(3) 此方法的适应性很大，能够选别回采，这就有利于将不同品位的矿石进行配矿。

在瑞典，采用分段崩落法的矿山就有采用计算机控制将不同品位的矿石进行配矿的。

（4）此方法可认为是高产量采矿法，特别是使用了现代的装运卸和穿孔设备。如果矿体的几何形状允许时，可以增加装矿点的数目来获得所需要的产量吨数。

对一个具体矿体来说，此方法与其他方法相比较时，下列几点值得仔细研究：

（1）矿石回收率可低到60%，一般不超过80%~85%，虽然这项指标不高，但与需要留矿柱和以后不易回采这些矿柱的其他采矿法相比较，还是不相上下的。

（2）用此方法时贫化是不可避免的，特别是矿石块度大而覆盖岩层崩落块度非常小的地方更为突出。当矿石和覆盖岩层之间外观上没有差异时，会出现放矿控制问题。在此情况下，如果要保持最小的贫化率，必须实行严格的放矿控制程序。

（3）在独头分段回采进路内必须用风筒进行通风。

6.2.3 充填采矿法

6.2.3.1 定义与基本方案

充填采矿法是用某种废料充填采空区来支护围岩的一种采矿方法（见图6-32）。因此，充填作业是回采过程中不可缺少的一环。矿体是一小段一小段地进行回采的，在相邻的矿体尚未回采之前，对采空区实行部分或全部充填。充填用的废料称之为充填料。最常用的充填料是废石、砂或砾石以及尾矿。有时也有采用坑木作为对围岩或顶板的临时支护，但没有必要笼统地进行这种支护。

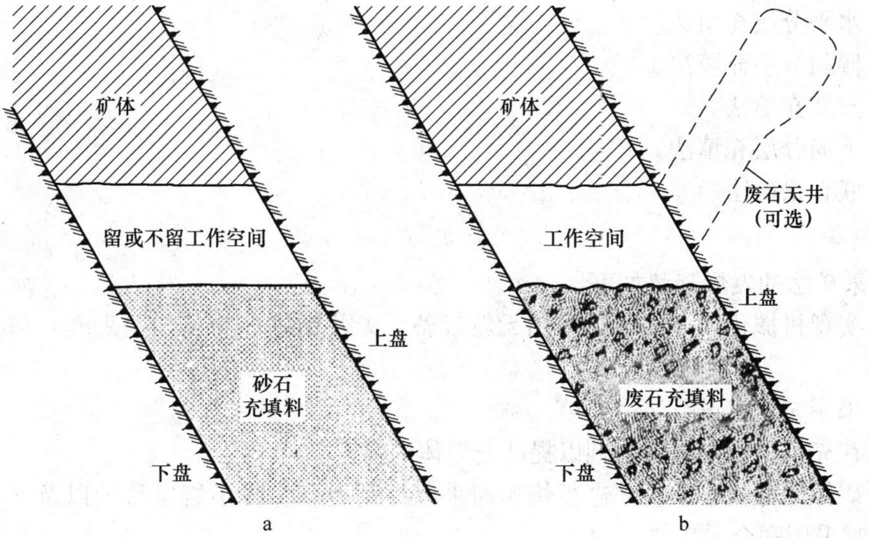

图6-32 用充填料支护围岩

a—砂硫填料；b—废石充填料

大多数充填法都是上向回采的。为了人员通行、通风和出矿，在充填料中架设了一些顺路天井。不过，采场各有不同的特点，脉内和脉外采准工程随矿石和围岩的强度以及矿体形状的不同而变化。充填之前，回采面积的大小取决于矿石和围岩的稳固性。出矿系统随充填的性质、使用的设备以及整个经济条件而不同。

A 用途与分类

充填采矿法广泛用于开采围岩不稳固和规模不大、需要完全采出或选别回采的急倾斜矿体。对于必须防止或控制岩层移动的地区，充填法也可适用。根据岩层条件的变化，还可以将分层充填采矿法改变为支护程度不同的各种回采方案（图 6-33）。

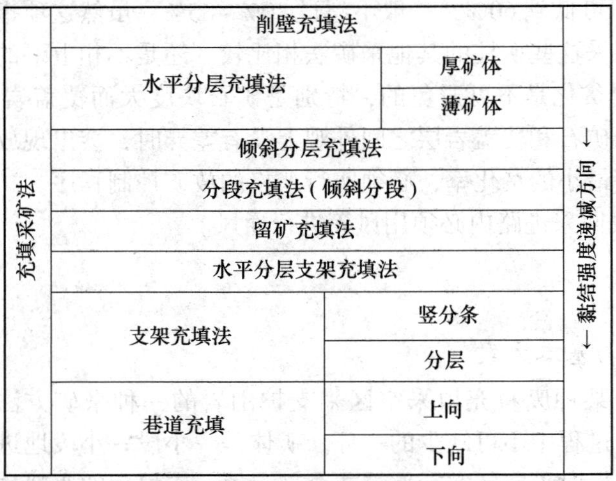

图 6-33 随矿岩强度不同而变化的各种充填采矿法

充填采矿法通常可分为以下几种不同的类型：

（1）削壁充填法。

（2）水平分层充填法。

（3）倾斜分层充填法。

（4）支架充填法。

（5）下向分层充填法。

（6）联合采矿法。

B 趋势

充填采矿法的发展趋势如下：

（1）实现机械化作业，包括采用无轨设备、天井钻机（为了加速采准）以及掘进斜巷通道。

（2）采用充填机进行风力充填。

（3）在充填料中掺入添加剂以提高充填体的强度。

（4）矿体化分为小矿块并进行快速回采以控制地压和减小岩层移动以及尽量避免在回采矿柱时采用联合采矿法。

（5）应用锚杆、人工顶板、金属网和喷射混凝土作为临时支护。

（6）在沿走向的长采场或一个盘区的一组采场中同时进行凿岩、爆破、支护和充填作业，实现连续采矿。

（7）逐步减少使用水泥固结土、充填料上面铺木地板、人工充填和其他耗费时间的作业方式。

C 技术经济统计资料

传统的充填法素来被认为是一种成本高和产量低的采矿方法，但通过近几年来一系列的改进，已使充填法在经济上更加具有吸引力。其采矿成本通常介于留矿法和方框支架法之间，而机械化充填采矿法的生产能力则接近于房柱法的水平。

表6-4列举了分层充填法的某些平均技术经济统计资料。这些统计资料包括探矿、开拓和采准、回采、充填、提升、运输、排水以及矿山一般费用。

表6-4 分层充填法技术经济统计资料

项目	最高	最低	平均（近似值）
采矿直接成本/美元：			
每吨矿石	49.21（+）	2.07	9.65
水砂充填成本/美元：			
每吨水砂充填料	4.42	0.30	0.80
每吨矿石	3.10	0.15	0.64
劳动生产率/吨·工班$^{-1}$：			
回采工作面	31.5	4.6	14.3
全矿	18.8	2.0	6.5
坑木消耗量，板英尺： （面积1英尺^{2}为1板英尺） 每吨矿石	29.5	可忽略不计	不详
炸药消耗量/kg：			
每吨矿石	0.56	0.18	0.33
工资占采矿直接成本的百分比：			
机械化分层充填法	—	—	40%
普通分层充填法	—	—	57%

D 优缺点

优点：

（1）能够保持岩层稳定。

（2）矿石回收率高，贫化率低，采下的废石常常可留在采场中。

（3）矿石一经崩下，即可放出，因此可避免不利的化学反应，并可早日回收资金。

缺点：

（1）采场生产能力不易调整，且由于充填系统循环作业，崩矿只能断续进行，造成采场生产不均衡。

（2）充填料必须按照要求及时供应。

（3）因需充填而提高了采矿成本。

6.2.3.2 岩层控制

随着回采工作向前推进，来自充填体和围岩的压力逐渐增大，压力的这种增大往往给采准巷道的维护带来很大困难。采用留矿柱的方法来克服充填体的压力，但矿柱难以回采，围岩的压力问题通过采用较小的采场进行开采可部分地得到解决。用较小的采场进行回采，并随后迅速用致密材料予以充填，常可使岩层移动和岩体压力增大的过程得以延缓。在原矿体或深部采场中，松软围岩的地压问题可通过垂直矿体走向交替布置矿房与矿柱的办法来解决。这些矿柱将支承上下盘围岩中的地压，一直到其间充填了胶结充填料时为止。矿房和矿柱的基本布置方式取决于矿体的厚度与岩石的强度。矿房垂直走向布置带来了矿柱回采问题，故需进行第二步骤回采。

在充填体尚未被充分压实到足以发挥其有效的支承作用之前，采场上、下盘将在相当大的范围内自由闭合。据美国矿业局在较薄的采场内的试验记录，当围岩压力约为4134kPa时，上下盘闭合距离超过508mm。提高充填料的密度对制止上下盘闭合有显著效果。充填体通过捣实或使用胶结充填，可使密度大大提高。

用水力和风力充填的充填料，只要粒度适当和级配均匀，其压缩率最小。水力充填料的压缩率很少超过20%，通常为5%~10%。当充填料的水分含量为10%~20%时，能更有效地制止上下盘的闭合。最近的实践结果表明，充填得当的风力充填料，其强度比水力充填料还高。松散的干充填料的抗压强度最小，其体积压缩率达25%。

减小矿体两盘的相对移动有利于在充填采场的四周进行回采作业，并能使矿柱上的应力集中现象得以缓和，也减小了整个岩层移动的量。用充填料还可控制围岩片落，从而防止围岩不稳固区段急剧扩大。

6.3 露天采矿方法

图6-34为露天矿鸟瞰图。

图6-34 露天矿鸟瞰图

6.3.1 露天钻机

下面只讨论露天矿、采石场和剥离工程中采用的一次爆破孔钻进。虽然一次爆破孔常钻成垂直的，但倾斜孔也常用，因此，大多数钻机都具有钻倾斜孔的能力。少数钻机设计成用于剥离工程中钻水平孔，但这种钻机的数量有限。一次爆破孔直径范围是51~432mm，孔深常常是钻到9~18m或更深一些。大多数钻机用旋转式、冲击式或者旋转冲击式钻进方法，火钻的使用有限。因为各种钻机的设计能力都很大，所以它们的特点是钻进速度快、行走快、定位迅速、自动接卸钻杆、提钻和下钻速度快。

6.3.1.1 旋转钻进

在各种穿孔方法中，旋转钻进是适用范围最广的方法。当使用多刃旋转钻头时，此法可用于软岩中，而用牙轮钻头时，此法可用于中硬到极硬岩石中。这两种类型的钻头将在后面加以叙述。大多数旋转法钻进的炮孔都不深，深度由 9 到 18m，孔径在 152~299mm 范围内，但旋转法却能钻进 76~432mm 直径的孔而深度却远远超过炮孔的要求深度。炮孔钻机是为高产量设计的，在软岩中每台班可钻进炮孔 244~366m。压气排粉的牙轮钻头的应用最广。在表土、软沉积岩、煤之类的软岩层中，用压气或水排粉的多刃旋转钻头或螺旋钻可充分发挥其优越性。

旋转钻进的发展趋势是增大炮孔直径，以降低按体积计的钻进成本和发挥大直径炮孔炸药爆破效能较高的优越性。这个趋势要求发展更大型的钻机，有些能给钻头施加 54432kg 的轴压。现在，牙轮钻机甚至已用在像明尼苏达铁燧石这样最硬的岩石中。

露天旋转钻机由动力源、钻杆和钻头组成；钻杆乃是单根钻杆或数根中空钻管接在一起的钻杆组。动力源同时对钻杆施加下向轴压和带动钻杆转动。钻杆将轴压和旋转运动传递给钻头，同时也用作冲洗介质的导管。在正常钻进中，压气或液体冲洗介质通过钻杆压入孔底，穿过钻头工作面，带起岩粉，通过钻杆外侧和孔壁之间的空间带出地表。由地面动力源施加的钻进扭矩代表破碎岩石所需的能量，此能量随着钻刃剪碎和压碎岩石表面而消耗。在软岩中主要是靠切削作用破碎岩石；在硬岩中主要是靠齿纹压入作用，而在中硬岩石中则靠切削和压入联合作用破碎岩石。

A 旋转钻机

旋转式炮孔钻机的主要部件是底架、原动机、回转系统、加压和提钻系统、排粉系统、钻架和钻杆架。图 6-35 所示柴油动力的履带式钻机说明了这些特点。

中型炮孔钻机，可钻直径达 200mm 的炮孔，此钻机即可用于旋转钻进，也可用于潜孔冲击钻进（布赛勒斯·伊利公司）。

B 底架

旋转炮孔钻机既可装于汽车底盘上，也可装于履带底盘上。重型钻机总是履带式的，许多中型钻机也是。履带底盘比汽车底盘能承载较重的钻机，在高低不平或倾斜地面上行走比较方便。轻型旋转钻机或螺旋钻机通常用汽车底盘。汽车比较机动灵活，当移动距离长和移动频繁时有一些优点。各种钻机底盘都要使用单独可调的液压千斤顶来找平和支承。

C 动力源

可用汽油机或柴油机、或者电动机作旋转钻机的原动机。虽然电力最经济，但是，当机动性和自成系统为重要因素时，常常优先采用柴油动力。可通过机械方法传递动力，或者更常见的由液压装置传递。在以下几方面需要动力：（1）钻机移位；（2）操作千斤顶和起落钻架；（3）对钻头产生轴压；（4）钻头旋转；（5）提升钻具；（6）驱动空压机。在能够钻 311mm 炮孔的电力驱动钻机上，功率分配是：旋转，52~104kW；行走和提升钻具，26~52kW；加压系统，15kW；空压机，298kW；所有其他系统，30kW。因为这些作业不是同时进行的，所以动力源的额定功率小于各系统所需功率的总和。在钻进过程中，主要的用电机构是空压机和旋转系统。在轻型汽车式钻机上，具有功率输出器的汽车发动机可作主要动力源使用，否则要提供单独的原动机。

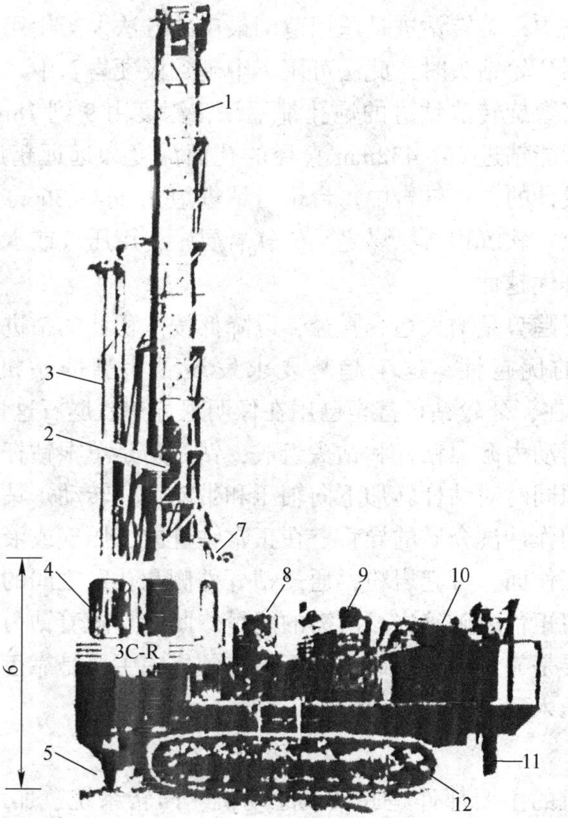

图 6-35 中型炮孔钻机

1—提供操纵回转设备所需高度以及放稳穿孔工具的钻架结构；2—具有变速控制的液压操纵的顶部回转驱动装置；3—用于钻深孔时存放钻杆的鞍式钻杆架；4—靠近钻孔的司机室内的控制盘；5—防尘用干式捕尘器或是喷水装置；6—底部最大高度，可用平板车在两工地间运输；7—提升和下放钻架的液压缸；8—用扇风机冷却的液压油冷却器；9—全部钻孔所需柴油机功率；10—V 形皮带带动的双级空压机；11—液压调平千斤顶；12—履带架

D 旋转系统

提供旋转动力的系统有传动钻杆系统和顶部液压或电力传动装置。传动钻杆系统利用由原动机通过机械或液压传动的转盘。接于钻杆上的方形、六角形或具有花键槽的传动钻杆通过转盘上的配合孔滑动，并与转盘一起转动。传动钻杆系统的结构坚固而可靠，但是，除非钻杆形状与传动钻杆相同，否则在接新钻杆时必须卸下传动钻杆。在顶部传动系统中，液压马达或电动机通过齿轮传动装置将旋转动力直接传递给钻杆的顶端。整个传动装置都接于钻杆上，并随着钻杆在孔中的起落，沿安装在钻架上的导轨上下移动。当钻杆需要接长时，把传动装置从钻杆上卸开，提升到钻架的顶部，以便接入新钻杆。通常，旋转速度都介于 30~120r/min 之间，大多数钻机的设计扭矩是每 100N 轴压力 3~6N · m。

E 加压系统

所有炮孔钻机都有加压系统，给钻头提供足够的轴压力，以便有效地破碎岩石。视岩石强度或硬度的不同，旋转钻进中一般使用的钻头每毫米直径需加载 1.4kN。由于钻杆重量只占此负载的很小部分，故需额外的下向压力。下向压力几乎全是由液压动力产生，通过连接于钢绳或链条上的活塞，或仅通过活塞，或通过链条和链轮，或通过齿条-齿轮传动而获得。最常见的是链条-链轮加压系统，它利用液压驱动的链轮与装在顶部驱动马达座两侧的两条无极滚子链条啮合并传动。另一些加压系统只利用活塞或端部带有链轮的活塞，当活塞伸出时带动滚子链条或钢绳运动。还有一种加压系统利用装在旋转传动装置上的从动小齿轮，啮合钻架上的齿条。小型螺旋钻机一般采用液压活塞直接将推力施加在推力轭上。

所有加压系统均利用钻机的重量抵抗施加于钻头上的轴向压力的反力。因此，在大直径炮孔的钻进中要用重型钻机，最大机重在73t以上。总的来说，钻机能施加的轴压力为钻机总重的55%~70%。施加给钻头的总轴向压力不仅取决于钻机的总重量，也取决于其重量在钻机上的分布。有些钻机为了加大机重，配有充满砂子或水的配重箱。

F　排粉系统

由于牙轮钻头穿孔速度较高和寿命较长，几乎所有旋转钻机都用压气排粉的三牙轮钻头。只有当孔中涌水太大，用压气排粉难以对付时才利用水排粉。正常的排粉通路是压气自空压机进入钻杆达到钻头，在孔底将岩粉吹起，经钻杆外壁和孔壁之间的环形空间带出孔外。钻进所需压气量是岩粉一经形成立即将其排出所需的量。压气量不足会使岩粉再磨碎，从而降低穿孔速度。为有效清扫孔底所需最小排粉速度，对于像石灰岩这类的低密度岩石是15m/s，而对于像铁矿石之类的高密度矿岩或者岩粉颗粒大时是30m/s或者更高。

由于炮孔比较浅（30m或30m以内），207~414kPa的风压一般足以控制钻孔的涌水。压气由钻机自带的一台或多台空压机供给，通常由单独的75~149kW电动机或柴油机驱动。单级空压机可供给207~482kPa的压气，而两级空压机既可供给207~414kPa的低压压气，也可供给689kPa或1732kPa的高压压气。如用潜孔冲击器，则需高压压气。在钻进过程中，岩粉被排出炮孔，较大的碎块通常落到炮孔四周，而较小的颗粒则排入大气中或者被收集起来用作试样或舍弃。

如果利用一次捕尘系统，则用活动罩罩住炮孔，大部分悬浮于空气中的细颗粒被真空系统捕集，沉积于漏斗内。如果利用二次捕尘系统，含尘空气通过旋流分离器，除最细粒的外全部分离出来。另一减少浮游粉尘的方法是往压气流中喷入少量的水。这种气水混合物将细岩粉集合成较大颗粒的球，以便于收集。在炮孔周围集聚的岩粉以后可用做炮泥。

G　钻架和钻杆架

钻架按能容纳一根钻杆的全长来设计，可以制成能容纳长达15m以上的任何长度的钻杆。钻架是铰接的，并接有液压缸。这可使移钻时根据需要放低钻架。如果钻机的重心很低，移距短，且地形适宜，则移钻时可不必放低钻架。如需钻进倾斜孔，则可将钻架调到非竖直状态。大多数钻机能钻凿与竖直面成0°~30°的倾斜孔。

大多数钻机都有装在钻架上的钻杆架，用于存放和自动更换钻杆。钻杆架有臂式的，它存放一根钻杆；有箱式或桶式的，存放3~10根钻杆，或者存放足够钻进30~46m孔深所需的钻杆。箱式钻杆架具有自动分度，每当储杆器转到适当位置时，提供一个已装有钻杆的格。

H　旋转钻头

多刃旋转钻头和牙轮钻头是旋转钻进中使用的两种主要钻头。多刃旋转钻头以切削或刮削作用破碎岩石，限于钻进软岩。虽然需要的推力要比牙轮钻头小得多，但单位推力的扭矩却要大得多。这类钻头主要是用于土壤、软页岩、胶结性差的砂岩和其他软沉积岩。

牙轮钻头是双牙轮型或者是三牙轮型。后者有三个安装在轴承上的铣齿或硬质合金柱齿的锥形牙轮。双牙轮钻头则有两个锥形牙轮。双牙轮钻头最常用于倾斜层状岩层，因为在轴向压力很小时，利用这类钻头有利于保持孔斜在允许的范围内。双牙轮和三牙轮钻头可划分为软岩用、中硬岩石用、硬岩用和极硬岩石用钻头（见图 6-36）。软岩钻头的铣齿间隔大，牙轮的安装偏离它的纯滚动位置，以便在滚动过程中产生滑动。滑动有利于产生类似多刃旋转钻头的刨切作用，有助于软岩的钻进。

通常，硬岩钻头的齿较小或硬质合金柱齿的凸出高度较小，为了最大限度地减小径向磨损，加强径向面。硬岩钻头的牙轮作纯滚动，没有或很少滑动。在钻齿纯冲击和压入作用下破碎岩石来实现钻进，没有或很少有软岩钻头的那种刮削作用。在为压气排粉设计的牙轮钻头中，具有专门的内气路，把大约占排粉总风量 20% 的压气用来冷却和吹洗牙轮轴承。这种压气分流方式是用泥浆或水排粉的牙轮钻头与使用压气排粉的牙轮钻头之间的主要区别。

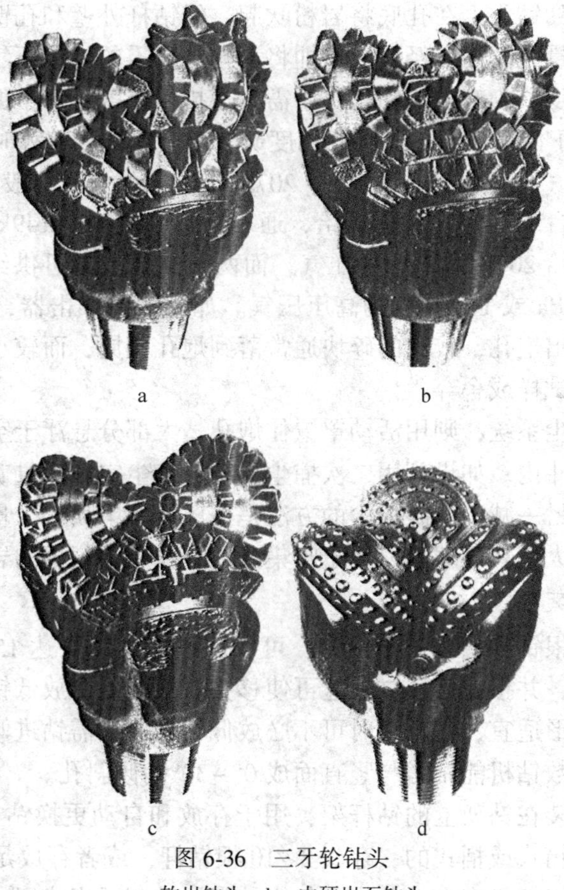

图 6-36 三牙轮钻头

a—软岩钻头；b—中硬岩石钻头；

c—硬岩钻头；d—碳化钨硬质合金镶齿的极硬岩石钻头

6.3.1.2 冲击式穿孔

这一节将介绍露天矿或采石场炮孔的冲击式穿孔方法。冲击钻机通过一字形钻头或球齿钻头施加高频高能量冲击破碎岩石。活塞冲击钻头或钻杆产生冲击功，又产生高能量应力波传递给钻头，当冲击功达到足够大时，钻头压碎和剪碎岩石。钻头每冲击次转动一定角度，不断地产生新的破碎面。

冲击式钻机多用在硬岩中钻凿小直径炮孔；不能使用或没有重型旋转钻机时，也用于钻凿大直径炮孔。冲击式穿孔用于钻凿直径为50~305mm的炮孔，孔深在30m以内时用普通冲击凿岩机，孔深超过30m时用潜孔钻机。

冲击式穿孔的主要优点是：（1）可在最硬的岩石中钻凿小直径炮孔；（2）冲击式钻机较轻便，价格便宜，且因为只需数千磅（注：1磅=4.4453N）的推力故比较机动灵活；（3）冲击式钻机可由单人操作，并可钻凿任意角度的炮孔；（4）随着独立旋转凿岩机的发展，冲击式穿孔用于范围广阔的岩种和孔径都是经济有效的。

A 冲击式钻机的种类

冲击式钻机主要有两类：普通凿岩机和潜孔钻机。前者冲击机构在孔外，冲击功通过中空钻杆组传递给钻头；后者冲击器直接冲击钻头，在穿孔过程中随着钻头潜入孔内。

a 潜孔冲击式钻机

用来钻凿炮孔的所有潜孔钻机都是风动的，压气通过钻杆供给冲击器，钻杆支承着，并带动冲击器旋转。冲击器只给钻头以冲击能量，而旋转则由安装在地面钻机上的马达带动。图6-37和图6-38为两种典型的潜孔冲击器。

图6-37 潜孔冲击器（英格索尔-兰德公司）

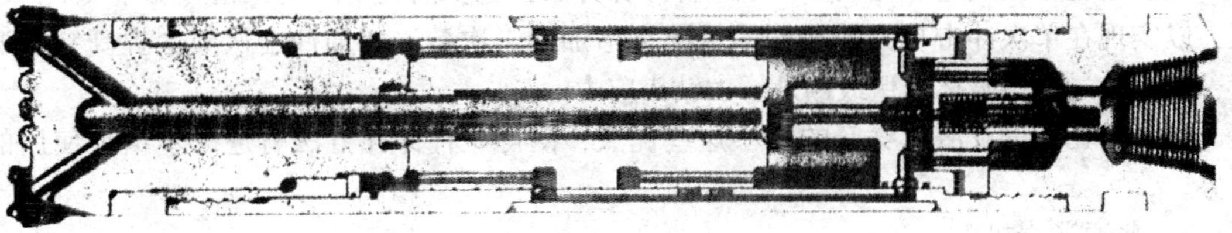

图6-38 潜孔冲击器（米辛制造公司）

市售的潜孔冲击器直径为83~254mm，一般用于钻凿102~229mm炮孔，但能钻到305mm。潜孔钻机通常用来钻凿30m深或30m以内的炮孔，但能钻凿305m以上的孔。钻头直径必须至少比冲击器直径大12.7mm，以便提供排粉空间。尽管在浅孔中已卓有成效地使用螺旋钻杆排粉，但通常用压气直接排粉。潜孔钻机的工作风压是689kPa、1034kPa、1378kPa或1723kPa，风压越高穿孔速度越大。就大多数垂直孔钻进而言，为了有效地清扫炮孔，要求的排粉风速是20m/s。潜孔钻机通常用8.9~17.8kN推力作业。再加大推力未必会提高穿孔速度，反而会加大钻头磨损，增加钻头损坏的机会，最终使钻机停钻。潜孔钻机的转速在10~100r/min之间，视钻头直径、风压、岩石硬度和磨蚀性而定。表6-5列出了几种典型潜孔冲击器的规格。

表 6-5 几种潜孔冲击器的规格

冲击器规格	炮孔直径/mm		
	102	152	203
总直径/mm	82.55	133.35	155.575
钻具重量/kg	41~45	82~91	136~159
钻具长度/mm	1016~1143	1016~1524	1270~1651
活塞直径/mm	63.5	114.3	127
工作风压/kPa	689~1772.5	689~1772.5	689~1772.5
耗风量/$m^3 \cdot s^{-1}$	0.047~0.236	0.142~0.283	0.236~0.755

一般认为潜孔钻机与普通凿岩机相比，具有以下优点：

（1）由于不是通过钻杆和连接套传递冲击功，冲击器和钻头之间的能量损失保持在恒定的最低值，故深孔中穿孔速度较大。因此，不拘孔深如何，潜孔冲击器可将全部冲击功直接传递给钻头。据估算，接长5根或6根钻杆及连接套后，穿孔速度要损失50%。

（2）潜孔冲击器的废气可作为所需排粉压气量的一部分。

（3）一旦冲击器潜入孔内，运转产生的噪声即被衰减。

（4）由于冲击功不通过钻杆和连接套传递，故钻杆和连接套的寿命较长。

潜孔钻机有以下缺点：

（1）可能钻凿的炮孔直径要大到足以容纳冲击器，故最小孔径大约是102mm。

（2）冲击器上方岩石冒落会使冲击器难以抽出，有时会损失在孔内。为最大限度地减少这种危险，在易发生大块冒落的岩层中使用潜孔钻机时应十分小心。

（3）在潜孔冲击式穿孔中，气缸直径必须小于钻头直径。这个要求比起普通凿岩机来是个缺点，因为它使可能传递给钻头的冲击功受到限制。普通凿岩机可以而且通常是利用比气缸小的钻头，以有利于穿孔的最佳化。

虽然潜孔钻机制造厂比较少，但这种穿孔方法在稳步前进中。现在趋向于加大工作风压，以实现在单次冲击功大约相同的情况下增加冲击次数。增加冲击次数会提高穿孔速度，而不会过多地破坏孔壁或额外增大钻头应力。

深孔潜孔钻进及潜孔噪音的减小这些优点，使得这种穿孔方法有进一步增加使用的趋势。

b 普通凿岩机

这种凿岩机是最广为应用的一种冲击式穿孔机械。冲击机构安装在钻车上，而冲击功通过钻杆传递给钻头。它们通常是风动的，一般用压气进行排粉。这类凿岩机用来钻凿直径50~152mm的炮孔。每分钟冲击次数为1200~2500次，钻头转速介于100~400r/min之间。由于深孔中钻杆的能量损失大，故这种凿岩机多用来钻凿深30m或30m以内的炮孔，但在特殊地点也用来钻凿深达122m的孔。除风动凿岩机外，有少量的小型手持式内燃凿岩机和直径较大的液压凿岩机已得到应用。目前美国和英国已推行液压凿岩机，但由于资料不足，现时还难以推测它们对冲击式穿孔技术状况的影响。

B 冲击式穿孔工具

a 钻头

冲击式钻头主要有两类：直线形钻头和球齿钻头。为了更好地适应各种冲击穿孔的要求，又可细分成以下几种不同的结构形式。

(1) 十字形钻头：四块硬质合金片互成直角镶嵌。

(2) X 形钻头：四块硬质合金片成 X 形镶嵌（图 6-39）。

(3) 一字形钻头：只镶嵌一块硬质合金片。

(4) 十字形钻头：四块硬质合金片成特殊的前角镶嵌，是为旋转冲击式钻机设计的。

(5) 球齿钻头：这是一种镶嵌若干个圆柱形硬质合金片的平底钻头，较常见于 50~165mm 的较大尺寸钻头（图 6-40）。

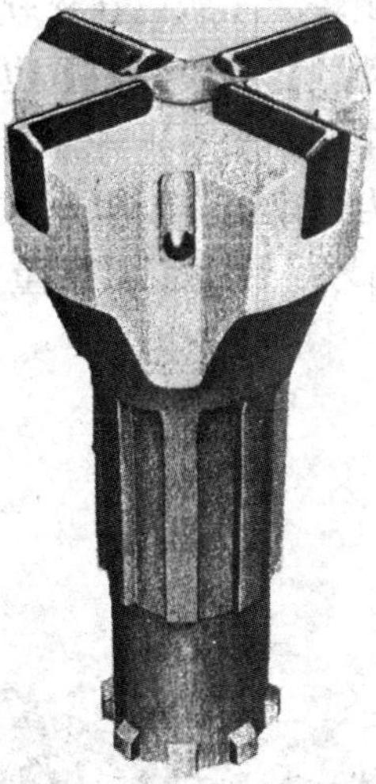

图 6-39 X 形硬质合金潜孔钻头
（肯纳麦塔尔公司）

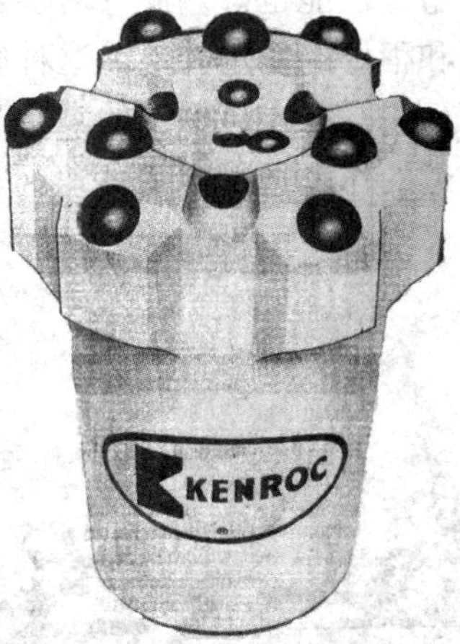

图 6-40 普通凿岩机用硬质合金球齿钻头
（肯纳麦塔尔公司）

b 钻杆

冲击式穿孔钻杆有两种主要类型：一种适用于普通凿岩机，另一种适用于潜孔钻机。普通凿岩机使用的钻杆为重型钻杆，以便能经受住由凿岩机向钻头传递冲击功。这种钻杆的直径大约是 25~50mm，其断面是六角形或圆形的。支架式凿岩机所用的接杆有一系列的长度（2.4~3.7m）、直径和螺纹类型。潜孔钻机使用的钻杆是较轻型的，因为它不需要传递冲击功给钻头。这种钻杆是一种薄壁管，每端都有螺纹，其强度足以抵抗施加给冲击器的扭矩和推力。

6.3.2 挖掘与装载

6.3.2.1 机械铲、反铲、索斗铲、抓铲

构成地壳的岩石及其衍生物，其性质和特征差别极大，从而不可能在所有采掘设计中都采用同样的数据。但经常会出现与过去相类似的情况，因此已往的数据常常可作为进行类似设计的参考资料。

机械铲、索斗铲、抓铲和反铲适用于各种不同的作业，具有极其广泛的工作范围。它们的设计能适应不断变化的各种工作条件。

在矿山，很多情况下常常需要针对每项具体作业选择合适的机械铲或索斗铲。

各种类型的牵引装置是用来移动挖掘机的，它与装有全部机构的机架组成一体。

挖掘装置的尺寸已加大到几乎令人不可置信的程度，以满足生产不断增长的需要。采矿机械铲铲斗容积已达 19m^3，剥离机械铲已达 138m^3。世界上最大的自行式挖掘机最近已投入生产，它是一台装有 168m^3铲斗的迈步式索斗铲。制造厂家认为，剥离机械铲和迈步式索斗铲的尺寸可以不受限制，但采矿机械铲的铲斗容积能否加大，主要应看与其配套的载重汽车容积大小。因此挖掘设备尺寸的决定因素出自于实际和经济方面的考虑。

间断式挖掘机有关间断式挖掘机的主要问题详述如下：

（1）采矿机械铲。采矿机械铲装在双履带装置上，这种安装型式使用普遍，对机械铲可能遇到的任何工作条件几乎都能适用。履带的承载面积较大，所以在松软岩层上能顺利移动，稳定性能也好。此外对猛烈铲掘时所产生的冲击动载，双履带装置也具有强大的抗衡作用和很好的稳定性能。这种履带装置尤其适用于工作面底板不平并伴有尖利石块的情况，而且它与采矿机械铲的大小和重量也正相适应。因为采矿工作要求机械铲尽量减少在相距较远的作业场所之间高速而又频繁地转移。图 6-41 为一台电铲对载重汽车进行装载的情况。

图 6-41　一台电铲对载重汽车进行装载

（2）履带式索斗铲。这种挖掘设备在采矿和剥离作业中应用很广。图 6-42 是一台柴油机驱动的双履带索斗铲。这种挖掘机的悬臂长度和铲斗容积的配比是有一定限制的，其连接部件较少，反应较快，因此动作迅速。它能在狭窄地区有效地工作，并能横越崎岖不平的地带，因此对许多采矿作业来说它是一种理想的挖掘机械。

（3）反铲。在露天开采中，反铲通常是一种辅助设备，它适用于铲除和清理地表上的覆盖物。经常用于挖掘沟渠和清除沟渠中的岩土。图 6-43 是一台反铲正在挖沟的情况。

表 6-6 表示了各种斗容反铲的一般规格和工作范围。

（4）抓铲。图 6-44 为抓铲的各个组成部分，包括底座、起重设备和抓斗等。图中未表示出牵线。牵线的用途是：不让抓斗旋转，在抓斗下降到挖掘位置时控制其位置。抓铲特别适合于将松散物料从一个高度垂直提运到另一个高度。很多作业任务要求清除处于抓铲水平以下的物料或者把物料提升到机器所处的水平以上。操作时用下放钢绳吊着抓斗，松开锁斗绳就使抓斗卸载。

图 6-42 柴油机驱动的双履带索斗铲

图 6-43 正在挖沟的反铲

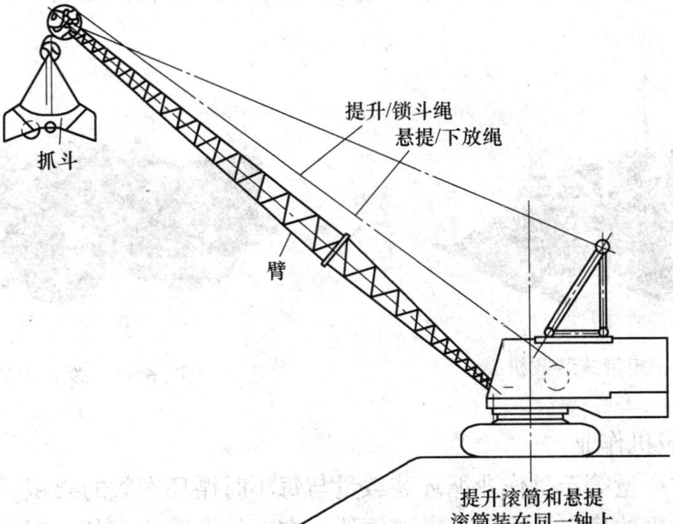

图 6-44 抓铲各部分名称

表 6-6　装有标准履带的反铲的尺寸和技术规格

斗容/m^3	悬臂长度/mm	回旋半径/mm	最大挖掘深度/mm	伸展距离/mm	标准履带装置		履带宽度/mm
					长度/mm	间宽/mm	
0.19~0.57	5334	3048	5563	8992	3334	2629	508
0.57~0.96	5791	3353	6096	9982	3658	2845	660
0.67~0.96	6706	3683	7163	11430	3689	2946	660
0.67~1.34	7315	3988	7544	12268	3994	3454	762
1.34~1.72	8534	4724	8915	14249	4140	3505	838
1.91~2.68	9449	5105	9677	15545	4851	3886	838
1.91~3.25	10363	5791	11048	17069	5118	4191	914

6.3.2.2　前端式装载机和铲运机

A　前端式装载机

采矿用前端式装载机基本上有两种。履带式的前装机（图 6-45）实质上是一种挖掘机，它用于单纯的挖掘作业或需要稳定性较高和（或）需要有一定漂浮性的作业地点。在欧洲和日本的非金属矿，由于气候和地面条件，这种装载机成了一种理想的设备，而在世界其他大多数地区，其用途则受到限制。但在特殊的情况下，例如在挖掘条件要求较高的地方，在机械设备要求有高度稳定性而地基又极为软弱或地面凹凸不平的作业地点，选用履带式优于轮胎式。

轮胎式前装机（图 6-46）基本上是一种高速的装载机械。常用作单纯的装载和用于需要高度通用性和机动性的场合。这种装载机遍及世界各地而且其使用范围还在日益迅速扩大。由于轮胎式前装机在增强耐久性和增大容量两方面已有了发展，它的用途已从铲装岩堆和其他松散矿岩，逐步扩展到铲装那些原来由机械铲挖掘的爆破矿岩和非固结性的整体矿岩。

图 6-45　履带式装载机

图 6-46　轮胎式装载机

a　前端式装载机作业

装载机的小时产量等于每作业循环装载量与每小时循环次数的乘积。循环周期的长短随作业条件和装载机的稳定性而变化。随便那一方面的误算都会使小时作业循环产生 100 倍或更多的误差。表 6-7 可以清楚地看出循环时间对每小时循环次数的影响。

表 6-7 循环时间对每小时循环次数的影响

循环周期/min	循环次数/h
0.3	200
0.5	120
0.7	86

每循环的装运量反映了铲斗容积、装载特性（装载系数）和矿岩容重。一个常见的错误是把 SAE（美国汽车工程师协会）额定铲斗容积的装载量作为每循环的装载量。在所有情况下都应当确定松散矿岩的容重（t/m^3），用某些方法对已知体积的试样进行称量便可得到。

$$\text{额定(最大)小时生产量(t)} = \text{铲斗额定容积}(m^3) \times \text{装载系数} \times \frac{\text{矿岩容重}(t/m^3)}{0.9072} \times \text{循环次数}/h$$

计算更长期的产量时，上式中还应取一个总有效利用系数。

b 铲斗容积

铲斗额定（堆装）容积一般按铲斗的自然尺寸计算，并假定铲斗置于这样的位置，即通过斗刃及防溢板最上端的联线为水平时，装载物的安息角为 2∶1（图 6-47）。平装时，铲斗容量可用相同方法求得，只是装载物的安息角为 0。平装时的铲斗容量与铲斗外形相差无几，但据经验估计它可以达到额定（堆装）容量的 85%。

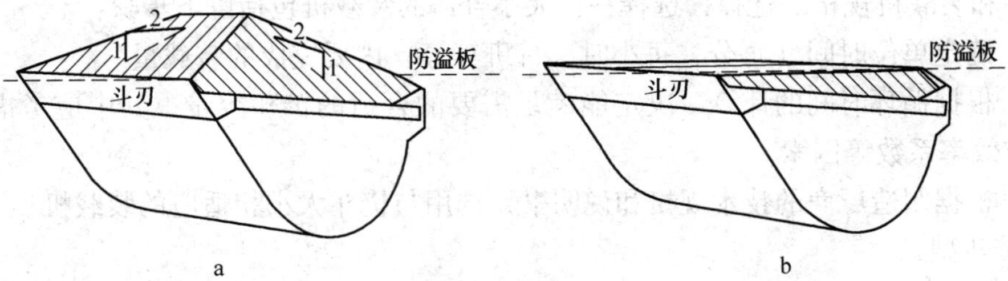

图 6-47 铲斗的额定（堆装）容量和平装容量

a—额定（堆装）容量；b—平装容量

c 矿岩装载特性

实际装载容积与所装矿岩性质有关，一般可达任何铲斗额定容量的 75%~100%（偶尔可超过 100%）。装载特性主要取决于被装物料粒度的大小、均匀程度和水分含量。清洁干燥和粒度均匀的物料易于铲装，但其装载特性却最差。粒度增大和颗粒棱角增多，则难于铲装，但装载特性较好。水分含量对粒度大于 3mm 的物质影响不大。粒度小于 3mm 时，水分增加能改善装载特性，直至水分含量达到使物料开始流动时为止。混合物料的铲装和装载特性与粒度为 3mm 以下的矿岩相似。

表 6-8 列出一些松散物料每循环的实际装载量，其值以额定铲斗容积的百分数来表示。

表 6-8 一些松散物料每循环的实际装载量

松散物料	废渣或粒状物	混合物	粒度 3~19mm	粒度 19~152mm	粒度 ≥152mm	片状和块状物
装载系数（额定铲斗容积）/%	95~100+	95~100+	85	90~95	85~90	75~85

d 装载机循环周期

装载机循环周期由铲装、运输、倾卸和返回等四段时间组成。无论在岩堆或台阶作业，装载机都需要转换四次运动方向。从岩堆向汽车中装载时其运输距离最短。表 6-9 列出向汽车装载时的各段循环时间。其值将随操作人员的操作技术、装载物料的品种、汽车吨位和工作面底板条件等因素的不同而变化（要高于下列数值）。

表 6-9 向汽车装载时的各段循环时间

项 目	铲装	运输	倾卸	返回	总计
循环时间/min	0.06	0.15	0.05	0.14	0.40

装载机除向汽车装载以外，也包括长距离运输，但不管运距长度如何，装载机都必须完成转弯、调头等基本调动动作。

e 成本和生产率

装载量的变化与机器的大小几乎成正比，而每吨成本则随机器规格的增大而稍有减少。

铲斗和装载机规格的选择，选择一台大小合适的装载机包括以下步骤：

（1）确定单位时间（每分，每小时，每班等等）内要完成的装载量。

（2）根据循环时间的计算，决定能满足需要的合适的铲斗容量。其中应考虑装载系数和工作效率系数等因素。

（3）根据制造厂商的技术规格和说明书，选用与铲斗大小相适应的装载机。

f 铲斗型式

铲斗有两种基本型式：一种是最通用的直刃式铲斗，它用于清理和铲装块度大小不同的松散矿岩。一种是尖刃式或“V”型刃铲斗，这种铲斗便于插入和铲装爆破后的岩堆。两种型式的铲斗都可装斗齿，以便铲入较密实的矿岩。

g 配重

为了使装载机达到较好的稳定性，往往需要有配重，它能增加铲装时的推压力或增加“作业负荷”能力。按美国汽车工程师协会规定，在光滑平坦的硬地面上，当速度≤6.4km/h 时，“安全作业负荷”应为倾倒负荷的 50%或略小一些。配重可以是固定在机器适当地方的铁块，也可以是装在轮胎上的液体或干式压载物。两者均有利弊，通常是根据人们的实践经验来选用。

h 轮胎式装载机的轮胎

“黏着力”和“漂浮性”是两个不同的且相反的因素。黏着力是一物体的摩擦力，像轮胎在地面上的摩擦力。增加黏着力的方法有：

（1）对一定充气压力的轮胎，增加轮胎的自重或负荷。

（2）负荷一定时，增加轮胎与地面接触的长度（而不是增加宽度）。大直径轮胎或减少充气压力都会增加轮胎与地面接触的长度。

漂浮性是一个物体（例如一个轮子），能够“浮于”或置于地面上的能力。增加漂浮性的方法有：

（1）对一定充气压力的轮胎，减少轮胎的自重或负荷。

（2）负荷为一定时，增加轮胎与地面接触的长度或宽度。大直径的轮胎，宽度大的轮胎或降低充气压力也会增加漂浮性。因此，与采用这些措施的同时增加自重，就能使轮胎在沙地上的黏着力和漂浮性都得到改善。

胎面的结构影响轮胎在不同地面上的黏着力和漂浮性。“冲进型”花纹结构（如牵引式花纹）所产生的附加拖力比由摩擦而产生的附着力还要大。它的花纹凸肋随时都楔入地面，靠地面的抗剪力而阻止打滑。当发生打滑时，这种“冲进型”花纹也比“非冲进型”花纹能更快地插入地面，使滚动阻力增加并减少拖拉能力。

“非冲进型”花纹（如砂子或岩石地面上用的那种类型花纹），在抗剪力较低的松散物质面上能产生较大的黏着牵引力，因为它们把很小的力矩作用在单个物质的颗粒上。

对极软的地面，牵引式花纹的效果最好。对大多数矿山的条件，岩石地面上用的突缘式花纹可使轮胎延长寿命，成本最低。

岩石地面上用的超深型花纹轮胎，虽然价格较贵，但对于装载爆破的岩石，一般使单位产量的成本或单位时间内的费用为最低。较宽的轮胎也能降低单位费用。据经验估计，适当增大橡胶与地面的接触面积，可以使轮胎的磨损或切断达到最少程度。

大型特殊的低压轮胎或“飞机型”轮胎，用于厚沙地面效果最好。

B　铲运机

露天采矿用的铲运机有两种基本类型：轮胎式拖拉铲运机和履带式拖拉铲运机。轮胎式拖拉铲运机的合理运距较长，速度和生产率较高，因此近年来应用较广。履带式拖拉铲运机一般在短运距和软地面的小规模剥离作业中作短期或定期之用。轮胎式拖拉铲运机广泛地用于覆盖层的剥离作业。有时也用来给选矿厂装运矿石。其他次要的作业是修坝、筑堤和修路。

轮胎式拖拉铲运机可设计和制造成四种基本类型，每一种各有一套适用条件。

三轴式适于在路况良好的平路上进行高速长距离铲运作业（图6-48）。

两轴式用于中等运距，有一定坡度和底板条件适中的散装铲运作业（图6-49）。

图6-48　三轴轮胎式拖拉铲运机

串接式动力铲运机，有两轴和三轴的。三轴串接动力式铲运机通常是一种大装载量的设备，适于在坡度适中的较好道路上作长距离铲运。两轴串接动力式铲运机主要用于极恶劣的条件，坡道较陡，底板条件和路面较差等情况下的短途到中距离运送。它们在适宜条件下都能自行装载（图 6-50）。

提升式铲运机用于适中的条件下短途铲运各种矿岩。它可以完全自行装载（图6-51）。

图 6-49　两轴轮胎式拖拉铲运机

图 6-50　串接式动力铲运机

图 6-51　提升式铲运机

a　铲运机的应用

铲运机的最大用途是铲装非固结性矿岩。这些矿岩在铲装前不需松动或只需略微松动。但铲运机在铲运那些需要松动或是先爆后松动的矿岩方面应用范围正日益扩大。

有许多露天采矿设备可供选择。当剥离物料离排土场较近时，像露天煤矿剥离那样，大型机械铲和索斗铲一般能发挥最大的生产能力和达到最低的运营费用，特别是在平地作业时效果更好。对于小型矿山，一些机动性较好的设备，如大型推土机，大型轮胎式装载机和小型履带式机械铲和索斗铲等总的使用效果较好，费用较低。

在某些条件下，如露天矿较深而不规则，不能进行捣堆排土，这时常常要进行装载和运输矿岩。适合这种条件的设备是水力运输设备，挖掘机-皮带运输机联合设备，装载机-汽车联合设备或铲运机配合推送设备等。前两类设备只用于大量的松散物料，后两类设备的适应性极大，用途很广。铲运机的装载费用最低，在中短距离运送时，运输费用也比较适当。装载机-汽车联合设备最适于长距离装运爆破破碎的硬岩。但是，为了给妥当的选型提供数据，还必须作详细的研究和分析。

b 成本和生产率

为了达到最好的效果，应进行综合的费用比较。一些厂商提供计算机计算业务来选择机械和确定其需要量。一台既定机器在一定条件下的最佳装载时间，可从简单的装载量增长曲线得到。最佳装载时间也随所用的拖拉机功率大小而变化。

铲运机类型和规格是多种多样的。设备制造厂及其经销处均能提供有关数据，帮助用户选择机械的容量类型，台数和附属设备。

6.3.3 露天铜矿开采

对露天铜矿来说，在考虑露天开采设计的基本原则的同时，还须额外考虑三个特殊的因素；而对于其他大多数金属矿和非金属矿来说，由于没有这种问题，在它们的常规开采设计中就不予考虑这三个特殊因素。

(1) 许多铜矿对废石都进行沥滤处理，沥滤铜的回收率对用常规选矿方法处理的矿石储量有影响。这种额外回收，不仅影响露天矿境界，而且也影响到划分矿石和废石的经济合理品位，这里所说的矿石是指运送给选矿厂或其他加工厂用的矿石，而废石是指那些为了开采选矿用矿石所必须剥离的可沥滤的或毫无价值的覆盖物。

(2) 斑岩铜矿常常伴生有少量的钼、金、银等金属，这些金属具有明显的经济价值，它们既影响矿石储量的计算，也影响划分矿石和废石的经济合理边界品位，从而对矿山设计也产生影响。通常，在矿山设计工作中，为了把这些副产品的价值计入在内，最简单的方法是将它们可回收的市场出售价值变换成铜当量数据，然后在矿山设计中就以铜金属和这种“铜当量”的价值总和为基础进行计算。这样，就需要定期地预测金属价格，再相应地定期修改矿石储量计算和开采计划。

(3) 在矿体的不同块段或区段中，铜的硫化物和非硫化物矿物的含量一般是不一样的。为了从一些区段能取得最经济的金属回收率和达到最优的矿山服务年限，应根据这些区段的矿物分析品位、冶炼性能和具体位置，酌情采用双重回收系统。

上述三个特殊因素对露天铜矿设计有重大的影响，下面进一步阐述它们的作用。

6.3.3.1 沥滤铜对矿石储量的影响

从被剥离的含铜废石或低于选矿边界品位的贫矿中，用沥滤法回收的沉淀铜、沉积铜和电解铜的吨数和价值，一直在不断增加，这种趋势还会继续保持或进一步增长。因此，在计算矿石储量、编制矿山短期计划以及确定露天矿最终境界的时候，对于为开采选矿用矿石而必须剥离的含铜覆盖层，只要它是在经济上可用沥滤法回收铜的，就应该考虑其回收价值。

在开采露天矿设计境界最后一层采掘带的矿量时，开采工作即将停止。从该层采出的选矿用的矿石，经选矿后获取的利润，正好等于采出该层矿石所必需的剥离费用。如果剥离的废石是毫无价值但需排弃的，那么剥离费用只是常规的成本费用项目。然而，如果废石在经济上含有可用沥滤法回收的价值，那么从这最后一层中沥滤回收的净现利，就应作为补偿岩石剥离的费用来考虑。这样，纯剥离费用就要降低，露天矿境界最后一层选矿用矿石即可相应以较高的剥采比采出，从而使境界内矿量增加，亦即在重新计算的露天矿最终境界内，要增加一层或数层采掘带。

为了确定从废石沥滤回收铜的净现利，既要依据预计的沥滤铜回收率，这种回收率一般是逐渐降低的，也要根据废石沥滤年限内的总回收铜量。尽管对这两个重要因素作了大量的研究，而且还在继续进行，但无论是回收率或是总回收量，都得不到可靠数据；还是要依赖经验判断来确立沥滤铜回收计算的基本准则。为了合理地规划沥滤铜的回收工作，无论对正在设计中的新矿山或是对将要进行沥滤工作的现有矿山来说，最好的资料来源是从那些有实践经验的铜矿得来的沥滤数据，这些铜矿长期对各种矿物组成的岩石进行过大量的沥滤实践。

由于缺乏有关从废石或不可选的贫铜硫化矿沥滤回收的专门数据，许多工程师在计算选矿用矿石储量和确定露天矿境界时，都不计从排土场沥滤回收铜的经济价值和作用。然而，如果铜矿的剥离物中含有大量容易沥滤回收的价值，那么这种略而不计的作法就可能大大地低估了铜矿的潜在价值。在赋存有氧化铜和辉铜矿矿化带的地方，宜作些适当规模的试验，以便为沥滤回收计算提供必要和可靠的数据。

对于服务年限长的铜矿，假若是以固定处理能力的选矿厂，处理品位较高的矿石，而且也不准备扩建，那么一般是不需要再以高精度重算矿石储量的。这类矿山，由于在铜的出售价格和总生产费用之间有足够的余额，也就无需经常修订露天矿境界。然而，如果打算扩大矿山企业的生产能力，为了评定各种扩建方案的经济性，就必须这样编制扩建前和扩建后的采矿计划：计划上既要逐年表示选矿厂处理矿石的品位，还要包括预期从废石沥滤回收的铜量。这样做的理由是：在计算露天矿经济合理境界扩大后的矿石储量时，只能在厂矿已完全被折旧，从理论上讲已不需要提取投资利润，或可以进一步准备从废石沥滤回收铜的情况，靠近露天矿境界的贫矿才能成为矿石。甚至在正常开采停止以后，继续进行沥滤工作也是经济可行的。

沥滤铜的回收除了对露天矿境界的扩大有影响外，还影响到选矿用的矿石储量，因为这时可以提高选矿的边界品位，而有更多低于此品位的贫矿进行沥滤处理，从而使矿山企业更有利可图。通常，选矿边界品位是这样一个品位：选矿工作以此品位回收的铜和少量其他金属副产品的总价值，正好等于总的生产费用加上起码的利润。对于某些矿体来说，处于边界品位的矿块也可以送去沥滤场，虽然这时不能回收伴生的少量金属或副产品，但沥滤回收的铜价值仍会超过它的生产费用。严格墨守这种分析，通常会缩短矿山存在年限，减少矿山总的产铜量，但却使净现利提高，并且（或者）总盈利也增大。此外，在衡量相对的盈利情况和判断某矿块是送去选矿或废石沥滤时，必须考虑所估计的沥滤回收率和回收量不会像通常熟知的选矿回收那样精确。

6.3.3.2 伴生的少量金属或副产品对露天矿设计和储量计算工作的影响

在许多露天铜矿中，其伴生的金、银、钼以及其他各种少量金属副产品具有重大的意义。许多刚开始投入生产的矿山，主要靠这些少量金属和副产品生存。

伴生的少量金属或副产品的价值常转换成铜当量，添加在铜的品位上，既用于计算圈定露天矿境界时所用的经济合理剥采比，也用来选择选矿的边界品位。这种伴生情况也影响到冶炼方法选择、生产费用和基本建设投资。

只要这种少量金属或副产品能经济地回收，在计算经济合理剥采比中采用铜当量，就会增加矿石储量，并明显地影响初始的露天矿设计和生产率，而且也会影响到今后有关设备、生产率和补充资金等的调整变动。

作为一个例子，现假设某矿体含铜0.4%。如果只根据此铜品位计算，其经济合理剥采比是3∶1。如果副产品价值是铜的10%，那么副产品扣除附加费用支出后所增加的价值可能是0.25~0.30美元/t。这样，经济合理剥采比变成4∶1，而不是原来的3∶1。

在选矿边界品位的计算中，为了把少量伴生金属或副产品的价值考虑在内，可采用这样的概念：某级品位的矿石，若其铜和副产品出售后所增加的收入，超过选矿、冶炼和销售过程中所增加的费用，那么这种矿石就是可供选矿的矿石。在典型的铜矿床中，价值分布的情况往往是这样的，即铜的边界品位只减小一点，矿石储量就能大大增加。因此，副产品的存在，使单纯按铜计算的边界品位数值降低，从而明显地影响剥采比。

6.3.3.3 硫化矿物和非硫化矿物的区分

大多数斑岩铜矿床的露天矿，具有冶炼特性各异的矿石带。靠近地表的铜矿体大都是上部部分氧化并可能富集。

铜的硫化矿物及其副产品常用浮选法回收，而氧化铜矿物最好用沥滤法提取。有时，开采出来的硫化矿或非硫化矿是用两套流程处理，一是浮选，另一是沥滤。在个别场合，当铜矿石主要是硅酸盐矿物时，甚至需要更复杂的沥滤车间，通常要接着用电解法来生产阴极铜。

在编制露天矿长远规划、短期计划和设计时，应充分考虑每一指定时期内要开采的矿石量和类型，使矿山生产的矿石数量、品位和配矿都取得最大的经济效果。为达到此目的，关键在于深入研究各部分矿体的地质条件、矿物组成和冶炼特性。然后，针对矿山的各部分，分别考虑每种矿石的回收率、开采和处理费用，并计算经济剥采比和边界品位。

6.4 当前我国采矿技术的现状和发展趋势

6.4.1 当前我国采矿设备与采矿技术的现状

6.4.1.1 采矿设备

（1）地下采矿设备。当前，我国的地下采矿设备正表现出自动化、液压化、大型化等发展特征。最大的电动铲运机装载量已经达到了25t，且井下载重汽车的最大承重量已达80t。在设备自动化方面，遥控铲运机逐渐被应用于采矿生产过程中。为了实现对一些高风险部位和小空间区域矿产资源的有效开采，相关专家已经研发出最小斗容仅为

0.38m^3的微型铲运机。微型铲运机设备将会朝着更加精密化、微型化的方向发展，还会在地下矿产资源的开采中得到大面积推广和应用。通过自动化远程遥控设备，不但能显著提升凿岩工作的综合效率，同时也能在很大程度上改善爆破破碎质量，并为整个凿岩施工过程的安全性提供保障。在配套作业方面，地下采矿设备已经基本实现了全程化、机械化配套作业，且各种类型的遥控铲运机、液压凿岩机等都逐渐在采矿行业得到越来越广泛的应用。

（2）露天采矿设备。露天采矿设备正表现出大型化的发展特征，这对矿产资源的集中化开采来说有着十分重要的意义，同时也是控制开采成本、提升经济效益的有效渠道。

6.4.1.2　采矿技术

伴随社会生产水平的提升以及人们日常生活质量的改善，矿产资源的市场供给与需求之间的矛盾也越来越显著，不少矿产开采企业都逐渐加大了对矿产资源的开采力度。我国在大力开展经济建设的同时也意识到了生态文明建设的重要性，并研发出越来越多低污染、少能耗的新型采矿技术，这就使得矿产资源的开采与生态环境的保护实现了有机结合。现阶段，我国在矿产资源开采过程中应用较多的技术主要有溶浸采矿技术、空场采矿技术、充填采矿技术和崩落采矿技术等。

（1）溶浸采矿技术。这是现阶段采矿行业应用较为广泛且效果较好的采矿技术之一。在实际应用该技术的时候，需要充分考虑到矿物的化学特性与物理特征。以此为基础，在待开采的矿物层中注入溶浸液体，通过化学反应，使矿石中的某些成分浸入到溶浸液之中，然后再从溶浸液之中提取出真正有用的成分。

（2）空场采矿技术。空场采矿技术指的是把矿块分割为矿房和矿柱，然后再分别进行回采。作业人员应首先完成矿房的开采，然后再进行矿柱的开采，在回采矿柱的时候应采用敞空的方式进行。

（3）充填采矿技术。充填采矿技术主要指的是在回采作业的过程中借助充填料对采空区域进行完整填充。遇到特殊情况的时候，为了确保采空区的稳定性，可采用充填和支护相结合的方式。对采空区进行充填的主要目的是避免崩落围岩使地表出现沉降现象，从而为整个回采作业过程提供安全有序的工作环境。

在进行地下矿山开采过程中，应用充填采矿法，设备的大型化以及各工序的机械化是其主要优势。充填工艺技术的发展能够在一定程度上确保地下矿场的大规模生产安全，同时也能够降低生产成本，提高工作效率。随着充填采矿法的不断发展，胶结充填、全尾砂胶结充填等技术有了较好较快的应用。现阶段国内先进的充填采矿技术有膏体泵送充填技术、粗粒级水砂充填技术、泵压输送充填技术等，矿山实际使用这些技术都取得了良好的成效。

（4）崩落采矿技术。这一技术主要是利用爆破作业方法对围岩进行崩落，从而实现控制地压的目的，伴随采矿工作面的进一步扩大，采矿人员应有计划地进行围岩的崩落，利用崩落的围岩进行采空区处理，达到管控地压的目的。崩落采矿法主要包括自然崩落采矿法和无底柱崩落采矿法。崩落采矿法的优势是开采成本较低、开采量大、开采速度较快。

（5）岩体加固技术。岩体加固技术在实际应用的过程中需要借助锚索对大范围的岩体进行加固，锚杆支护通常可对表层之下2~3m的范围进行加固，锚索则可对岩体之下

10~20m 的范围进行加固。实践证明，通过运用岩体加固技术可使溜井、顶板中的不稳定围岩的稳固性得到进一步增强。

6.4.2 当代采矿技术的发展趋势

6.4.2.1 矿山地下开采技术发展趋势

（1）深部开采。在矿山浅层矿物资源不断开发利用的过程中，地下金属资源开发也逐渐向着纵深方向发展。同浅埋矿床相比，深部矿岩在赋存条件、地应力以及地质构造等方面有很大的差异，深部开采有着地温高、岩爆等更为复杂的开采技术条件。尤其是在现今我国经济不断发展的过程中，国家各个行业对金属产品有了更大的需求，这种情况会使我国浅层有色金属矿床逐渐消失，做好深部开采成为未来一段时间的主要开采方式。

（2）无废化采矿。研究无生态危害的采矿技术实现无废化采矿也是目前矿业发展过程当中的一项重要课题。使用采切比小的采矿方法最大程度减少废石的采出率。建设井下选厂，将尾砂和废石充填采空区或用于生产建筑材料或作为其他工业的添加剂和原料。当今时代，我国的战略发展目标是实现环境友好型与资源节约型社会的建设，这同时也是我国未来一段时间经济发展的基本要求。对矿山进行综合治理和环保化，治理废气、废渣、废水以及粉尘污染应执行严格标准，对矿山中已经废弃的尾矿坝以及废石场等进行绿化。当代采矿技术工艺不仅要在自动化、智能化发展方向上不断前进，同时也要实现生态化发展的基本目标，最大限度降低对周边生态环境造成的污染，使人们拥有一个良好的生存环境，这也是当前我国采矿技术工业发展研究需要着力解决的问题之一。

（3）智能化技术。

1）传感器技术。该技术主要包括有毒气体传感器、设备运行状态参数传感器、微震传感器、探地雷达以及风速传感器等。在实际矿山生产中，通过这部分技术的应用，能够为实际生产过程进行有效的优化与监控，获得大量的原始数据。

2）定位技术。在地下矿山生产中，因具有较强的电磁屏蔽、恶劣的作业环境以及狭长的空间，GPS 定位技术在应用范围和效果方面存在不足。目前射频识别技术以及 wifi 跟踪技术具有较好的应用空间与应用价值。

3）通讯技术。通讯系统从特定部门向着全矿范围转变，从单一语音功能向着数据网络传输以及语音视频方向转变。

4）软件技术。三维可视化就是其中的主要发展方向。目前矿业生产当中的主要软件有环境管理、环境评价、地理信息系统、爆破设计、生产调度、设备运行状态模拟、设备维修管理以及经济评估。通过这部分技术在实际矿山生产中的应用，能够提升全矿范围的信息共享能力，实现对生产过程中生产工具、劳动力以及作业地点等的实时调度与监控，使采矿工艺技术向着海量数据方向发展。

（4）高效采矿。近年来，地下采矿设备实现液压化、无轨化的同时，也不断向智能化和大型化方向发展。

6.4.2.2 矿山露天开采技术发展趋势

（1）陡帮开采新工艺。在露天采矿的过程中，由于前期的剥离量比较大，而且整体的采矿强度非常低，可以通过工作帮坡陡坡开采技术，不仅可以有效减少露天矿前期剥采比，而且也能够保证采矿强度得到大幅度提升，提高采出矿量，避免基建工程量过大，而且基建周期和边坡暴露时间也比较短。目前陡帮开采已经逐渐成为矿山生产建设开采的主要手段之一。

(2) 高台阶采矿工艺。高台阶露天采矿技术能够确保整个露天矿台阶高度的结构参数得到有效设计，保证钻孔的效率，增强整个露天矿开采的技术效果。

(3) 阶段连续开采工艺。通过阶段连续开采运输工艺，能够确保整个矿山开采通过铲车运输至汽车站，由汽车站运输到破碎站，然后由破碎站中的胶带运输机将矿石运输出采矿场。这个流程可使整个矿山的开采运输更加灵活，而且能够大幅度减少运输成本，非常适合深凹露天矿。阶段连续开采工艺的核心技术就是随着矿山开采深度的增大，使用能够随时移动的可移动式破碎站确保汽车运输的最佳距离，减少运输成本。但是由于固定式破碎机造价比较高，而且移动拆装量非常大，需要后期维护等特点，所以必须通过移动式破碎站来取代固定式破碎机。移动式破碎站能够大大提高整个深凹露天矿阶段连续开采的效果。

(4) 大型深凹露天矿陡坡铁路运输系统。露天矿在进入到深凹开采阶段后，大部分的坡度都会明显的减缓，这样就使得缓坡开采的效率比较低。而且随着开采深度不断增加，运输线路也会不断延长，造成露天矿的运输成本不断扩大，严重影响了矿产资源开采的经济效益。通过运用大型深凹露天矿陡坡铁路运输系统的研制，可以实现陡坡铁路爬行，机车动力牵引等技术突破也能够解决大型深凹露天矿陡坡开采存在的各种问题，不仅能够减少运输成本，而且也能够确保整个深凹型露天矿陡坡开采的效果。

(5) 大型深凹露天矿安全高效开采技术。在露天矿开采的过程中，安全高效开采技术是通过 GPS 定位实现实时自动化生产调度，并且在生产的过程中还能够对机械设备人员以及相关的生产要素进行跟踪调查，确保整个生产系统的运行效率得到大幅度提升，保证露天矿生产的整体实效性。

(6) 采场无公害爆破技术。在矿山爆破现场经常会出现剧烈震动、烟尘、噪音等各种各样的环境污染，所以通过无公害爆破技术可以有效预防爆破粉尘、爆破震动和爆破飞石。通过粉尘收集测试分析系统以及高效毒气吸收剂能够对矿山在爆破过程中产生的大量毒气进行吸收，并且减少爆破的振动强度。

(7) 露天转地下开采平稳过渡关键技术。随着露天矿山开采深度不断下降，必须加强对露天转地下开采平稳过渡关键技术进行分析。露天转地下崩落法对整个覆盖层的厚度进行全面的判断，能够通过矿岩复合覆盖层的工艺技术保证露天转地下崩落及采矿安全，确保整个露天采场的水量进行集中处理，并且也能够制定紧急应急处理预案，通过构建露天转地下开采全过程安全监控和灾害预警体系，能够及时针对矿山周边的岩体质量、振动指数和三维效应数据等进行深入的分析，保证对矿山灾害的有效预防。

(8) 装备水平朝大型化、智能化发展。在过去的 20 多年，采矿设备大型化的发展趋势非常明显，各种现代化的大型机械能够提高露天矿山开采的整体效率，促进采矿技术的不断发展，目前我国最大的露天矿产能为 2200 万吨，远远落后于国外大型露天矿 4000 万~5000 万吨的产量。当今社会正处于知识经济的时代，随着各种新技术的推广和应用，遥控技术、自动化技术、网络通信技术等现代化先进技术也逐渐被广泛应用于采矿行业，这就在很大程度上促进了我国矿业开采技术的智能化发展进程，我国在采矿技术智能化发展中将着力解决矿区无人化开采模式构建中面临的难题，与传统矿区开采模式相比，无人化开采模式不但能显著降低人工作业成本，同时还能大幅提升采矿工作效率，并降低整个采矿工作过程中面临的各种安全风险，使采矿企业的社会效益与经济效益得到有效提升。

（9）露天数字矿山开采技术。现在数字技术的快速应用，能够对生产的效率和生产质量有着全面的提升，目前我国的矿山技术装备生产水平、劳动生产效率和安全保障远远落后于西方先进水平，所以必须要加强对矿山智能开采技术和装备进行数字化发展，包括虚拟现实平台，集中管控平台，智能开采软件等现代化的管理方式，促进矿山的管理效果和管理水平得到大幅度增强。

参 考 文 献

[1] 吉文 I A. 美国采矿工程师协会采矿工程手册（第一分册和第二分册）[M]. 纽约：美国矿业、冶金和石油工程师学会，1973.
[2] 鲁宾斯坦 J，巴斯基 L A. 有色金属矿床（以前苏联为例）[M]. 泰勒和弗朗西斯集团，2000.
[3] http：//chinadataonline. org/member/hygk/hygkmshow. asp？code＝09.
[4] http：//www. chengxinml. com/mlid/free/tjnj/html/F0614e. htm.
[5] 金属世界通讯记者．中国有色金属工业的发展趋势及其对未来的影响展望 [J]. 金属世界，2008，26：1～12.
[6] 占丰林，蔡美峰．高硫矿山高温采场的成因、危害及防治措施 [J]. 矿业研究与开发，2006，26（1）：71～73.
[7] 占丰林，杨建永，饶运章，等．东乡铜矿Ⅶ号难采矿体采场顶板控制技术 [J]. 南方冶金学院学报，1996，17（4）：237～241.
[8] 易德新．缓倾斜极厚难采矿体采矿方法的试验研究 [J]. 有色金属：矿山部分，1996，79（2）：9～14.
[9] 林睦曾．岩石热物理学及其工程应用 [M]. 重庆：重庆大学出版社，1991.
[10] 冯卫国．积分变换 [M]. 第 2 版．上海：上海交通大学出版社，2000.
[11] 王志方．浅论砂浆长锚索支护技术 [J]. 矿山技术，1990，5：9～12.
[12] 占丰林，蔡美峰．地温梯度对地下矿山地应力计算的影响 [J]. 矿业研究与开发，2006，26（3）：24，25，48.
[13] 占丰林，刘湘萍，李春超．高温后裂隙岩体锚杆锚固相似模拟试验研究 [J]. 采矿技术，2007，7（1）：48，49，55.
[14] 占丰林，蔡美峰．高温对采场顶板锚索加固系统的影响 [J]. 辽宁工程技术大学学报，2007，26（4）：524～526.
[15] 皮弗雷达 E P，克拉克 G B，哈特曼 H L，等．露天采矿 [M]. 纽约：美国矿业、冶金和石油工程师学会，1968.
[16] 占丰林．高温环境下岩体锚固机理——“胀锚拱理论” [J]. 辽宁工程技术大学学报，2008，27（5）：686～688.
[17] 占丰林，蔡美峰．高温采场岩体传热模型及其解法 [C]. 2008 年国际岩石力学青年学者论坛（中国北京）论文集．泰勒和弗朗西斯集团，2008.
[18] 占丰林．高温环境下岩体锚固机理研究 [D]. 北京：北京科技大学，2006.
[19] 王华俊．新中国成立 70 周年有色金属工业取得辉煌成就——建立了完整的有色金属工业体系，正由有色金属大国向强国阔步迈进 [J]. 中国有色金属，2019，18：26～31.
[20] 张轮，锁文昌．当代采矿技术发展趋势及采矿技术研究 [J]. 世界有色金属，2019，7：42～43.
[21] 陆忻宁．地下矿山开采技术及其趋势探讨 [J]. 世界有色金属，2019，3：70，72.
[22] 郑钊，王林，许龙．地下金属矿山开采技术发展趋势探索 [J]. 世界有色金属，2019，2：63～64.
[23] 张仙冲．金属矿山露天采矿技术进展与发展研究 [J]. 世界有色金属，2019，3：73，75.